工业和信息化部"十四五"规划教材

数字图像视频处理及应用

刘　颖　李　娜　等　编著

西安邮电大学学术专著出版基金资助

科学出版社

北　京

内 容 简 介

本书以图像视频处理的基本原理为主线,以实际应用为扩展,以前沿技术动态为补充,介绍图像视频处理领域的研究热点及关键技术。全书共11章,分为四部分。第一部分包括第1~3章,主要介绍图像视频处理的基本概念与理论。第二部分包括第4~8章,主要介绍图像处理的关键技术及其实际应用。第三部分包括第 9、10 章,主要介绍视频处理的关键技术及其实际应用。第四部分为第 11 章,主要介绍多模态信息处理技术。

本书可作为普通高等院校信息工程、通信工程、人工智能等专业的教材与参考用书,也可供相关专业科研与技术人员使用。

图书在版编目(CIP)数据

数字图像视频处理及应用 / 刘颖等编著. —北京:科学出版社,2023.11

工业和信息化部"十四五"规划教材

ISBN 978-7-03-076639-7

Ⅰ. ①数… Ⅱ. ①刘… Ⅲ. ①数字图像处理–高等学校–教材 Ⅳ. ①TN911.73

中国国家版本馆 CIP 数据核字(2023)第 193977 号

责任编辑:宋无汗 郑小羽 / 责任校对:任苗苗
责任印制:师艳茹 / 封面设计:陈 敬

科学出版社 出版
北京东黄城根北街 16 号
邮政编码:100717
http://www.sciencep.com
北京凌奇印刷有限责任公司印刷
科学出版社发行 各地新华书店经销
*
2023 年 11 月第 一 版 开本:720×1000 1/16
2024 年 7 月第二次印刷 印张:20 3/4
字数:418 000
定价:128.00 元
(如有印装质量问题,我社负责调换)

《数字图像视频处理及应用》编委会名单

主　编　刘　颖　李　娜

编　委　(按姓氏拼音排序)

毕　萍　房　杰　甘玉泉

公衍超　李大湘　刘卫华

王殿伟　王　倩　朱婷鸽

前　　言

近年来，随着计算机硬件性能与软件技术的不断提高，图像视频处理技术发展迅速，在众多领域得到了广泛应用，如智能监控、智能交通、人机交互、医学影像处理等。同时，许多高校已将图像视频处理的相关课程纳入了学生培养体系。本书以图像视频处理的基本原理为主线，以实际应用为扩展，以前沿技术动态为补充，激发学生的学习兴趣，引导学生钻研学术，培养学生不断探索、勇于创新的科学精神。

西安邮电大学图像与信息处理团队依托西安邮电大学与陕西省公安厅联合创建的"陕西省法庭科学电子信息实验研究中心"等科研平台，结合我国公共安全领域实际应用需求，从事图像视频处理领域的研究开发工作。本团队在图像识别、图像分割、图像增强与修复等图像处理领域，在视频编码与码率控制、视频异常行为分析等视频处理领域，在多模态异构数据分析处理领域，取得了一些研究成果，积累了一些研究经验。本团队将相关研究工作沉淀总结，编写了本书。本书区别于其他数字图像视频处理技术书籍的特点是，不仅介绍了相关领域的基础概念和理论，还介绍了相关的实际应用和前沿发展动态。

本书分为基础知识、图像处理、视频处理与多模态信息处理四个部分，共11章。第一部分包括第1~3章，主要介绍图像视频处理的基本概念与理论，具体包括颜色模型、图像格式、视频属性、离散余弦变换、小波变换、深度学习基础和常见网络模型等。第二部分包括第4~8章，主要介绍图像处理的关键技术及其实际应用，具体包括图像增强处理、图像水印技术、图像检索、高光谱图像处理和高动态范围图像处理。第三部分包括第9、10章，主要介绍视频处理的关键技术及其实际应用，具体包括视频编码与码率控制、视频目标检测与跟踪。第四部分为第11章，介绍多模态信息处理技术。近年来，多模态技术是研究热点，被认为是人工智能发展的刚需技术。这部分内容包括图像、语音与文本等模态的特征表达，跨模态检索和多模态联合决策等。

全书由刘颖统稿，刘颖和李娜汇总校订。第1章由刘颖编写，第2章由毕萍编写，第3章由王倩编写，第4章由王殿伟编写，第5章由朱婷鸽编写，第6章由李大湘编写，第7章由甘玉泉编写，第8章由刘卫华编写，第9章由公衍超编写，第10章由李娜编写，第11章由房杰编写。研究生杨剑宁、庞羽良、薛家昊、宋朝琦、冯小东等参与了部分校对工作。

　　鉴于作者水平有限，书中难免有不足之处，敬请读者见谅，并欢迎读者提出宝贵意见。

作　者

2023 年 5 月

目　　录

第1章 绪　　论

1.1　引　　言

图像处理的早期应用领域之一是报纸业。早在 20 世纪 20 年代，报纸业就使用 Bartlane 电缆图像传输系统在纽约和伦敦之间传输图像。该系统使用博多码 (Baudot code)将图像编码成 5 个灰度级，并用穿孔带记录，通过跨越大西洋的海底电缆进行数据传输，最后在接收端由专用打印机重建图像。图像编码穿孔带如图 1.1 所示。1921 年，通过 Bartlane 电缆图像传输系统从伦敦传输到纽约的第一张图像如图 1.2 所示[1]。

图 1.1　Bartlane 电缆图像传输系统使用的图像编码穿孔带

图 1.2　通过 Bartlane 电缆图像传输系统传输的第一张图像[1]

20 世纪 20 年代中期到末期，改进的 Bartlane 系统采用了新的光学还原技术，增加了图像的灰度等级，因而接收端的图像重构质量得到了提高。

20 世纪 50～60 年代，计算机的发明与进步带动了数字图像处理技术的发展。1964 年 7 月 28 日，美国成功发射"徘徊者 7 号"探测器，其携带了 6 架摄像机用于探索月球。1964 年 7 月 31 日，"徘徊者 7 号"在光线影响月球前 17min 拍摄的月球表面图像如图 1.3 所示。

图 1.3 "徘徊者 7 号"拍摄的月球表面图像[1]

20 世纪 70～80 年代，数字图像处理技术被很好地应用到医学、通信领域。1979 年，美国科学家阿兰·麦克莱德·科马克(Allan MacLeod Cormack)、英国科学家高弗雷·豪斯费尔德(Godfrey Hounsfield)因发明计算机断层扫描(computed tomography, CT)而共同获得诺贝尔生理学或医学奖。1984 年，国际电报电话咨询委员会(International Telegraph and Telephone Consultative Committee，CCITT)首次颁布了实用化视频压缩编码的国际标准，用于在网络上传输实时图像。

20 世纪 90 年代，个人计算机开始普及，利用计算机技术，可以更有效地对数字图像视频进行存储、传输和处理。数字图像视频处理技术开始在航空(遥感探测)、公共安全(指纹识别、视频监控等)、视频与多媒体系统、电子商务、工业生产等领域中发挥重要作用。

21 世纪初，随着互联网的飞速发展，数字图像的存储、压缩、传输与处理技术得到了突破性进展。特别是 2012 年以来，深度神经网络技术的流行与计算机硬件水平的不断革新，使数字图像视频处理技术得到了空前的发展。基于深度学习的数字图像视频处理技术已深入影响了很多领域的发展，让很多工作更加高效，如医疗、公共安全与电子商务等领域，也促使了很多新技术的诞生，如车辆自动驾驶、虚拟现实等技术。

1.2 基 本 概 念

1.2.1 图像的基本概念

1. 像素

数字图像由像素组成，像素是组成数字图像的基本单位。像素值是在数字化图像的过程中被赋予的值，用于表示原图像中某一个小方格的平均亮度信息，也可以说是该小方格的平均反射[2](透射)密度信息。用来表示一幅图像的像素越多，数字化结果越接近原始的图像。

2. 分辨率

分辨率，也可称为解析度、解像度，泛指显示系统对细节的分辨能力，具体还能细分为显示分辨率、图像分辨率、打印分辨率和扫描分辨率等。分辨率的大小最终会决定图像细节是否丰富。通常情况下，一幅图像的分辨率越高，其包括的像素点也就越多，图像的细节也就越丰富，印刷结果的质量也就越好。但是，高分辨率也会相应地增大图像所占的存储空间。

描述分辨率的单位有如下几个。

(1) 点每英寸(dots per inch，DPI)：每英寸(1 英寸= 2.54 厘米)长度包含的点数，多用作输入输出设备分辨率的度量。

(2) 线每英寸(lines per inch，LPI)：每英寸的线条数，多用作报刊等印刷品精度或分辨率的度量。

(3) 像素每英寸(pixels per inch，PPI)：每英寸对角线上的像素数，又被称为像素密度。当显示器、打印图像的 PPI 超过一定数值时，人眼就辨别不出颗粒感了。

(4) 像素每度(pixels per degree，PPD)：视场角中平均每 1° 夹角内填充的像素点数量。

3. 图像文件结构

一般情况下，图像的文件结构主要包括三部分：文件头、文件体及文件尾。

(1) 文件头：主要包括生成或编辑此图像文件的软件信息和图像自身的参数。

(2) 文件体：主要包括图像数据和颜色变换查找表或调色板数据。文件体作为一个文件的主体，决定了此文件的容量大小。

(3) 文件尾：主要包括部分用户信息，但文件尾并不是必选项，有些文件格式就不需要文件尾。

4. 常见的颜色模型

颜色模型也可以称为色度空间模型，是指在某个三维颜色空间中的一个可见光子集，其包括某一个色彩域中的所有色彩。

1) RGB 模型

RGB 模型中的 R 表示红色(red)、G 表示绿色(green)、B 表示蓝色(bule)。如图 1.4 所示，RGB 模型可以看作三维直角坐标颜色系统中的一个单位正方体。任何一种颜色在 RGB 颜色空间中都可以用三维空间中的一个点来表示。在 RGB 颜色空间内，当三种基色的亮度值为零时，即在原点处，就显示为黑色。当三种基色都达到最高亮度时，就是白色。在连接黑色(原点)与白色(顶点)的中轴线[3,4]上，是亮度等量的三基色混合而成的灰色，该线称为灰度线。

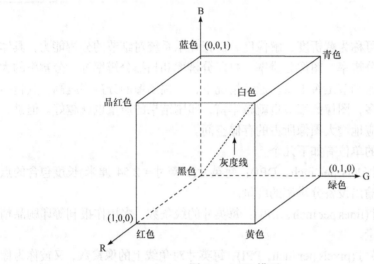

图 1.4　RGB 模型

色彩变化：三个坐标轴 RGB 最大分量顶点与 YMC(yellow(黄色), magenta(品红色), cyan(青色))顶点的连线。

深浅变化：RGB 顶点、YMC 顶点到原点和白色顶点的中轴线的距离。

明暗变化：中轴线上点的位置，距离原点越近，其亮度值就越小，反之，距离白色顶点越近，其亮度值就越大。

2) HSV 模型

HSV 模型中的 *H* 表示色调(hue)、*S* 表示饱和度(saturation)、*V* 表示明度(value)。

如图 1.5 与图 1.6 所示，*H* 用角度[5]度量，取值范围是从 0°到 360°，计算方式为从红色开始逆时针进行计算，红色是 0°，绿色是 120°，蓝色是 240°。黄色、青色、品红色作为它们的补色，分别是 60°、180°、300°。

S 代表颜色接近光谱色的程度。一种颜色，可以视为某种光谱色与白色混合的结果。其中，光谱色所占的比例越大，颜色接近光谱色的程度就越高，颜色的饱和度也就越高。饱和度高，颜色则深而艳。光谱色的白光成分为 0 时，饱和度达到最高。通常 *S* 的取值范围为 0~1，该值越大，颜色就越饱和。

V 代表颜色明亮的程度，对于光源色，明度值与发光体的光亮度有关；对于物体色，该值和物体的透射比或反射比有关。通常 *V* 的取值范围为 0(黑)~1(白)，如图 1.6 所示。

除以上介绍的颜色模型外，还有 HSI、YUV、CMYK、YCbCr 等颜色模型。

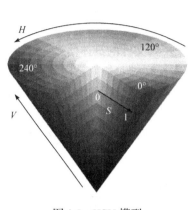
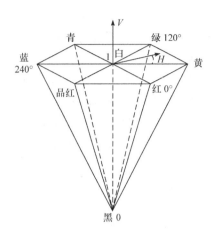

图 1.5　HSV 模型　　　　　　　　图 1.6　HSV 模型分解图

5. 常见的图像格式

(1) 联合图像专家组(joint photographic experts group，JPEG)是一种针对连续色调静态图像的压缩标准，其主要采用预测编码、离散余弦变换及熵编码联合编码的方式，是一种有损压缩格式。JPEG 格式是目前最常用的图像文件格式之一，后缀名为.jpg 或.jpeg。

(2) 位图(bitmap，BMP)，也称为与设备无关的位图，是微软视窗平台上的一种简单的图形文件格式。这种格式的特点是包含的图像信息较丰富，几乎不进行压缩，故需要较高的存储成本。

(3) 图像互换格式(graphics interchange format，GIF)是一种位图图形文件格式，以 8 位色(256 种颜色)重现真彩色图像。作为一种压缩格式，其使用 LZW 压缩算法编码，可以有效缩短传输时间。

(4) 标签图像文件格式(tagged image file format，TIFF)是一种灵活的位图格式，主要用来存储包括照片和艺术图在内的图像，是一种高位彩色图像格式。

(5) 便携式网络图形(portable network graphics，PNG)是一种无损压缩的位图图形格式，支持索引、灰度、RGB 三种颜色方案及 Alpha 通道等特性。PNG 的开发目标是改进和替代 GIF 作为适合网络传输的格式且不需专利许可，使之适用于因特网和其他领域。

可以根据不同的场景需求及各图像格式的特点，在不同的场合应用特定的文件格式。

1.2.2　视频的基本概念

视频[6]也可称为录像、影像，是一种用电信号捕捉、记录、处理、储存、传输和再现一系列静态影像的技术。当连续的图像变化每秒超过一定帧数时，人眼依据视觉暂存原理不能分辨出单一的静态画面，视觉效果较佳且连续的画面称为视频。

视频的属性与图像不同，表 1.1 展示了某一视频文件的具体信息，包括时长、帧宽度、帧高度、数据速率、总比特率、帧速率。视频时长就是播放完这段视频所需要的时间。帧宽度和帧高度分别指视频中图像的宽与高的像素数。数据速率指某视频或者视频流单位时间的数据量大小。总比特率指包含音频流等其他流数据的单位时间数据量。帧速率指每秒刷新的画面的帧数，或者理解为图形处理器每秒钟的刷新次数。

表 1.1　某一视频文件的具体信息

文件属性	参数
时长	01:27:24
帧宽度	1920
帧高度	1028
数据速率	10070Kbit/s
总比特率	10166Kbit/s
帧速率	25 帧/秒

1.3　数字图像视频处理技术的应用

数字图像视频处理技术在社会各领域的应用越来越广泛并且深入，如智能交通、公共安全、教育、医疗、航空航天等。数字图像视频处理技术的不断进步使得很多事情成为可能。例如，通过处理各类传感器获取的视频图像及其他数据，汽车可以感知道路交通等环境信息并自动做出控制车辆的决策，进而实现自动驾驶；再如，借助多组微型高清摄像头，医生可以操作手术机器人对患者进行治疗。此外，数字图像视频处理技术的发展也使得很多工作更为高效。例如，公安机关通过分析案件中的监控视频与现场勘查图像，能够快速获取破案的关键线索，提升办案效率；又如，在低带宽条件下，视频图像清晰化技术可以使远程在线课堂变得清晰流畅，保证在线学习质量；再如，通过采用更高效的视频图像编码与码率控制技术，航空航天中各项任务的执行与监控得到了更高的保障。

1.3.1　在智能交通领域的应用

在当下的交通运输领域，数字图像视频处理技术已经得到了广泛和成熟的应用，包括车辆交通违法行为的自动识别与处理、道路闸口与停车场的车牌图像识别等。在目前正在发展的智能交通领域，汽车自动驾驶技术与智能交通基础设施建设是两个非常重要的发展方向，而数字图像视频处理技术是其重要的技术驱动力。

汽车自动驾驶技术的核心挑战是对通过不同传感器(RGB、深度相机、红外摄像头、雷达等)获取的道路交通信息进行智能分析，并且准确高效地识别道路信息(行车标识线、道路地标等)、交通环境(行人、车辆等其他交通参与者)、交通控制信息(交通灯、交警手势、道路标识牌等)及行车过程中的障碍物等，进而做出使车辆安全可靠运行的决策。近年来，汽车自动驾驶技术飞速发展。2012 年，美国内华达州机动车驾驶管理处为谷歌公司颁发了美国首例自动驾驶汽车路测许可证，截至 2016 年 8 月，谷歌公司的多辆自动驾驶汽车累计路测行驶了近 300 万公里。2018 年 3 月，百度公司获得首批 5 张 T3 自动驾驶测试试验用临时号牌，可在国内部分公开道路上进行测试。2022 年 7 月，百度公司获得重庆、武汉两地的自动驾驶全无人商业化运营牌照，标志着自动驾驶技术真正走进了人们的生活[7,8]，无人驾驶汽车如图 1.7 所示。未来想要实现完全的汽车自动驾驶，离不开数字图像视频处理技术进一步的发展与完善。

数字图像视频处理技术不仅对于汽车自动驾驶技术意义重大，而且在智能交通基础设施建设中扮演着重要角色。智能交通基础设施包括传统的道路监控摄像头，以及获取信息更为丰富的道路交通、车辆、行人监控传感器，结合下一代通信技术、V2X 车联网技术等，可以为交通参与者提供丰富的实时道路交通信息，如图 1.8 所示，这些信息都需要经过数字图像视频处理技术的处理加工，以实现更加智能与安全的交通系统。

图 1.7　无人驾驶汽车示意图

图 1.8　智能交通基础设施示意图

1.3.2　在公共安全领域的应用

数字图像视频处理早已成为公共安全领域重要的技术支撑，尤其是在侦破各类刑事、民事案件中，现勘图像和视频能够提供有效的案件线索，对于筛查定位嫌疑人、还原案发经过等有重要的帮助。例如，个人指纹信息携带独一无二的身份信息，鞋印与车辆轮胎痕迹携带强指向性的身份特征信息，将其与数字图像视频处理与模式识别技术进行结合，可以在很大程度上帮助办案人员从繁重的人工信息比对与走访工作中解脱出来，进而提高办案效率。

以车辆信息为例，汽车已经成为当下日常生活中必不可少的交通工具，车辆的轮胎花纹印迹已成为各类案件侦破的关键。但目前轮胎花纹的种类繁多，长期以来又没有进行大型且系统的归纳建档，因此公安机关侦查人员只能靠记忆、现查现找的方式去核对车型，在实际操作过程中工作量极大、准确率过低。轮胎花纹与所匹配的车辆类型及型号之间具有极强的规律性，这种规律性可为案件侦查工作提供大量有价值的指向性信息，从而缩小侦查范围，确定嫌疑车辆的类型，甚至型号。因此，若建立轮胎花纹图像数据库，结合数字图像处理技术，将案发现场的现勘轮胎花纹图像与数据库中的图像进行对比，就可以帮助确定现勘图像中轮胎花纹对应的车辆类型或型号。2015 年，上海市公安局嘉定分局开始建设"常见车辆轮胎花纹图谱数据库"，截至 2018 年，该数据库的建设已经趋于完善，并成功地帮助办案人员破获了多起案件[9]。近年来，西安邮电大学图像与信息处理团队分别建立了轮胎花纹、鞋印、车牌等现勘图像数据库，并结合数字图像视频处理技术进行研究，使算法与模型能够自动地抽取现勘图像关键特征信息[10-14]。图 1.9 为轮胎花纹图像。

数字视频处理技术在公共安全领域的更多应用也在飞速发展，如行人重识别、视频异常行为与事件检测、视频清晰化等技术逐渐从科学研究走向落地应用。如

图 1.10 所示，视频中的人可能存在异常行为，需要对该行为进行识别。虽然由于实际应用场景的复杂性等因素，上述技术尚未大规模应用，但是随着数字视频处理技术的进步与发展，相关技术的成熟应用指日可待。

图 1.9 轮胎花纹图像

图 1.10 异常行为与事件检测

1.3.3 在教育领域的应用

数字图像视频处理技术在教育领域的应用主要包括在线课堂系统的建立与应用、图像视频的编码与清晰化、以虚拟现实技术为基础的教学目标的实现(如数学学科中的立体图形、物理学科中的实验、生物学科中的器官和标本展示)等。

20 世纪末开始，得州大学奥斯汀分校、麻省理工学院、耶鲁大学与哈佛大学等美国高校尝试将一些课程资源共享于互联网上，取得了不错的反响，如哈佛大学的公开课"幸福心理学"在全球影响了很多人。21 世纪初，随着互联网与数字图像视频处理技术的发展，在线课堂等远程教育技术逐步成熟。2012 年，美国一些顶尖大学联合发起建立了大规模开放在线课程(massive open online courses,

MOOC)平台，不仅学生可以跨专业跨学校选择课程，而且很多大学之外的人员也能够系统地学习某类课程。2013 年起，中国也相继建立"学堂在线""中国大学MOOC"等在线课程平台。图 1.11 为西安邮电大学"刑侦视频图像处理"在线课程。目前，可以在这些平台上学习国内外很多著名高校的特色课程，这些便利都要归功于数字图像视频处理技术的发展与应用。

随着图像处理技术的发展与实际应用需求的增长，实时线上课堂逐渐成为一种重要的课堂形式。与录播线上课堂不同的是，实时线上课堂对于实时画面与实时互动的质量有着更高的要求，对此，视频图像编码的高效率与高清晰化等技术使得实时线上课堂从最初的卡顿延迟发展到了如今的清晰流畅。然而，未来探索更为新颖的教育方式需要更为先进的数字图像视频处理技术。例如，虚拟现实与增强现实技术可以非常直观地呈现数学、物理、化学与生命科学等学科中较难想象的概念与知识，如图 1.12 所示。

 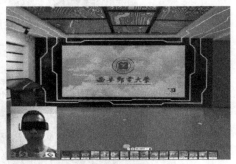

图 1.11　"刑侦视频图像处理"在线课程　　　　图 1.12　智慧课堂示意图

1.3.4　在医疗领域的应用

数字图像视频处理技术是现代医学成像领域的基石之一，包括超声、X 射线、计算机断层扫描、磁共振、显微成像、电子内窥镜成像等在内的技术对医疗诊断进行了革命性的推动。此外，针对医学图像的智能分析也一直是数字图像视频处理技术的研究热点，面对目前不断增长的海量医疗影像数据，智能分析、自动病理诊断、目标或病灶检测分割都是医疗领域较为迫切的需求。随着深度神经网络的兴起，基于深度学习的医学图像视频处理技术的准确度有了很大的提升，距离大规模成熟应用也越来越近。

在疾病治疗领域，基于数字图像视频处理技术的诊疗手段也已进入应用阶段，并展现出了巨大的潜力。例如，手术机器人技术，主要包括 3D 成像、机械臂控制与医生操作台技术。其中，3D 成像技术可将手术部位放大 10 到 15 倍，使手术精度大幅增加，对患者来说，可以使创伤更小，愈合更快；对医生来说，3D 成像比肉眼观察更清晰，可更精准实施手术。2000 年，美国首次使用手术机器人进行前列腺癌根治性切除手术。此后，手术机器人技术迅速发展，治疗范围扩展到了泌尿外科、心脏外科、胸外科、胃肠外科、肝胆外科、妇产科、普外科、耳鼻喉科等。2005 年，中国香港地区首次引入手术机器人进行治疗。此外，结合下一代通信技术与虚拟现实技术，通过手术机器人进行远程手术也将逐步成熟，届时医疗资源的分配将不再围绕着大城市与大医院，普通地区的普通人也可以享受高质量的医疗资源，而这需要数字图像视频处理技术的进一步发展。

1.3.5 在航空航天领域的应用

航空航天领域的实际需求一直是数字图像视频处理技术发展的重要动力。1957 年，人类发射了第一颗人造卫星，正式开始了宇宙空间探索。之后，人造卫星逐步升级，并出现了太空探测器、载人飞船、宇宙空间站等更加高级的航天设备。这些设备均依赖摄像机获取图像和视频来辅助完成航天任务。美国的"徘徊者 7 号""水手 4 号""卡西尼号"等宇宙探测器先后获得月球、火星、土星的清晰照片，为人类认识研究宇宙奠定了重要的基础。近年来，中国的"嫦娥"系列、"天问一号"探测器分别对月球、火星进行了探测。2020 年，中国"嫦娥五号"探测器成功实现在月球表面进行采样并返回[15]。此外，在轨运行的国际空间站与中国"天宫"空间站很多任务的完成需要实时视觉信息的引导，包括舱段转位、航天器对接、货物搬运、航天员出舱等。这些航天任务的完成都离不开高效、可靠的数字图像视频处理技术。航空领域中的重要应用之一是利用航空器对地球表面拍摄图像与视频并将其传回地面，在这个过程中，数字图像视频处理技术扮演了重要角色，通过对获取的图像视频数据进行处理，可有效协助地图构建、资源调查、灾害检测、农业与城市规划等重要工作的进行。

随着航空航天任务复杂性的提高，对数字图像视频的清晰度和数据传输实时性的要求越来越高，需要更高效的数字图像视频编码与解码、航空航天器与地面通信的码率控制等技术确保航天任务的高质量完成。摄像设备的进步也使数据体量更加庞大，智能自动化处理海量数据的需求也随之迫切。未来人类还要进一步探索宇宙空间，对航天任务有更高的需求，如航天器的自动控制、星球表面探测车自动采集样本、海量视频图像数据的获取与智能分析，这些都需要更先进的数字图像视频处理技术。

综上，数字图像视频处理技术已在很多领域应用，除了本章提到的智能交通、公共安全、教育、医疗、航空航天，还包括工业生产、城市管理、通信技术、采矿等。本章通过数字图像视频处理技术的发展历程，介绍了数字图像视频处理技术的主要应用内容，相信随着下一代通信技术与深度学习技术等的不断发展，数字图像视频处理技术将得到更大的提高，将在很多领域的未来发展中扮演关键角色，为人们带来更多不同的体验。

1.4 本书的内容及特色

为满足社会对高素质计算机视觉人才培养的需求，本书以数字图像视频处理技术原理为主线，以前沿技术动态为补充，以其实际应用为拓展，从基础理论到前沿技术，再到实践应用，激发学生的学习兴趣，引导学生钻研学术，鼓励学生勇于创新，综合提高学生的专业素质。

第 1 章概述图像与视频基本概念及其在不同领域的应用。第 2、3 章主要介绍研究方法，包括传统方法(以离散余弦变换和小波变换为代表)、深度学习方法和常见网络模型。第 4~8 章从单幅图像处理的角度，分别介绍图像增强、图像水印、图像检索、高光谱图像处理和高动态范围图像处理的基本原理及其应用示例。第 9、10 章从视频处理的角度，分别介绍视频编码，码率控制和目标检测、跟踪的基本原理及其应用示例。第 11 章介绍多模态信息处理技术，包括图像、语音与文本等模态的特征表达，跨模态检索及多模态联合决策等。本书内容充实，层层递进，理论与实践紧密结合。

思 考 题

1. 简述数字图像视频处理技术的发展过程。
2. 简述图像与视频的区别。
3. 请举例说明数字图像视频处理技术在现实中的应用。

参 考 文 献

[1] RAFAEL C G, RICHARD E W. Digital Image Processing[M]. 3rd ed. New Jersey: Prentice Hall, 2007.

[2] 孟倩, 王忠芝. 数字视频技术在"数字图像处理"课程教学中的应用[J]. 中国林业教育, 2015, 33(1): 62-64.

[3] 杜号军. 数字图像处理实验教学研究与实践探讨[J]. 学周刊, 2019, 19: 7-8.

[4] CASTLEMAN K R. Digital Image Processing[M]. New Jersey: Prentice Hall, 1998.

[5] 黄兆泼. 数字图象处理技术的应用[J]. 职业时空, 2007, 7: 51-52.

[6] 谭鹃. 视频图像处理技术的发展应用探析[J]. 中国新通信, 2015, 17(1): 70-71.

[7] 百度 Apollo. 中国自动驾驶政策全球领跑, 两城率先开展全无人商业化运营[EB/OL]. (2022-08-08)[2022-10-07]. https://www.apollo.auto/news/autonomous-driving/7539.

[8] 百度 Apollo. 交通运输部批准百度开展交通强国建设试点工作[EB/OL]. (2022-08-26)[2022-10-07]. https://www.apollo.auto/news/its/7851.

[9] 任浩, 董放. "常见车辆轮胎花纹图谱数据库"的应用[J]. 广东公安科技, 2018, 26(1): 53-56.

[10] 张帅. 用于轮胎花纹分类的图像特征提取算法研究[D]. 西安:西安邮电大学, 2019.

[11] 刘颖, 董海涛, 樊安. 轮胎痕迹图像检索现状与未来[J]. 西安邮电大学学报, 2018, 23(4): 8-14.

[12] 刘颖, 葛瑜祥. 基于 CNN、SVM 和迁移学习的轮胎花纹分类[J]. 西安邮电大学学报, 2018, 23(3): 38-44.

[13] 刘伟, 姜乐怡, 朱婷鸽, 等. 鞋印图像检索研究现状与发展趋势[J]. 西安邮电大学学报, 2021, 26(2): 70-76.

[14] 胡丹. 刑侦现勘图像特征提取算法研究[D]. 西安:西安邮电大学, 2018.

[15] 国家航天局. 嫦娥五号着陆器和上升器组合体着陆后全景相机环拍成像[EB/OL]. (2020-12-03)[2022-10-07]. http://www.cnsa.gov.cn/n6758823/n6758842/c6810698/content.html.

第 2 章　图像常用变换

为了有效和快速地对图像进行处理，常常需要将原定义在图像空间的图像以某种形式转化到另外一些空间，并利用图像在这些空间的特有性质方便地进行一定的加工，最后转换回图像空间以得到所需的效果，这些转换方法称作图像变换技术[1]。

由此可见，变换应是双向的，或者说需要双向的变换。在图像处理中，一般将从图像空间向其他空间的变换称为正变换，将从其他空间向图像空间的变换称为反变换或逆变换。

本章介绍一些比较经典和常用的基本图像变换，对每种变换都讨论正变换和反变换。

2.1　可分离变换和正交图像变换

可分离变换是一类重要的空间之间的变换，由于其特殊的性质可简化计算，所以在实际中得到了广泛的应用[1]。

先考虑一维(1-D)的情况。若图像尺寸为 $N×N$，1-D 可分离变换的一般形式可用式(2.1)表示：

$$T(u) = \sum_{x=0}^{N-1} f(x)h(x,u), \quad u = 0,1,\cdots,N-1 \tag{2.1}$$

式中，$T(u)$ 为 $f(x)$ 的变换；$h(x,u)$ 为正向变换核。同理，反变换可表示为

$$f(x) = \sum_{u=0}^{N-1} T(u)k(x,u), \quad x = 0,1,\cdots,N-1 \tag{2.2}$$

式中，$k(x,u)$ 为反向变换核。

对于二维(2-D)的情况，正变换和反变换可分别表示为

$$T(u,v) = \sum_{x=0}^{N-1}\sum_{y=0}^{N-1} f(x,y)h(x,y,u,v), \quad u,v = 0,1,\cdots,N-1 \tag{2.3}$$

$$f(x,y) = \sum_{u=0}^{N-1}\sum_{v=0}^{N-1} T(u,v)k(x,y,u,v), \quad x,y = 0,1,\cdots,N-1 \tag{2.4}$$

式中，$h(x,y,u,v)$ 和 $k(x,y,u,v)$ 分别为正向变换核和反向变换核。这两个变换核

只依赖于 x、y、u、v，与 $f(x,y)$ 或 $T(u,v)$ 的值无关。

下面的一些讨论对正向变换核和反向变换核都适用，这里以正向变换核为例。首先，如果式(2.5)成立：

$$h(x,y,u,v) = h_1(x,u)h_2(y,v) \tag{2.5}$$

则称正向变换核是可分离的。进一步，如果 $h_1(x,u)$ 与 $h_2(y,v)$ 的函数形式一样，则称正向变换核是对称的，此时式(2.5)可写成：

$$h(x,y,u,v) = h_1(x,u)h_1(y,v) \tag{2.6}$$

可见，具有可分离变换核的 2-D 变换可分成两个步骤计算，每个步骤用一个 1-D 变换。

由两步 1-D 变换计算 2-D 变换如图 2.1 所示。将式(2.5)代入式(2.3)，首先沿 $f(x,y)$ 的每一列进行 1-D 变换得到：

$$T(x,v) = \sum_{y=0}^{N-1} f(x,y)h_2(y,v), \quad x,v = 0,1,\cdots,N-1 \tag{2.7}$$

然后沿 $T(x,v)$ 的每一行进行 1-D 变换得到：

$$T(u,v) = \sum_{x=0}^{N-1} T(x,v)h_1(x,u), \quad u,v = 0,1,\cdots,N-1 \tag{2.8}$$

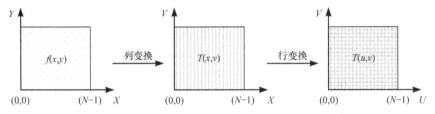

图 2.1　由两步 1-D 变换计算 2-D 变换

当 $h(x,y,u,v)$ 是可分离的且对称的函数时，式(2.3)也可写成矩阵形式：

$$\boldsymbol{T} = \boldsymbol{AFA} \tag{2.9}$$

式中，$\boldsymbol{F}$ 为对应图像 $f(x,y)$ 的 $N \times N$ 图像矩阵；$\boldsymbol{A}$ 为对应变换核 $h(x,y,u,v)$ 的 $N \times N$ 对称变换矩阵(因此在式(2.9)中不用转置)，其元素为 $a_{ij} = h_1(i,j)$；$\boldsymbol{T}$ 为对应变换结果 $T(u,v)$ 的 $N \times N$ 输出矩阵。利用矩阵形式除表达简洁外，另一个优点是所得到的变换矩阵可分解成若干个具有较少非零元素的矩阵的乘积，这样可减少冗余和操作次数。为了得到反变换，对式(2.9)的两边分别前后各乘一个反变换矩阵 $\boldsymbol{B}$：

$$\boldsymbol{BTB} = \boldsymbol{BAFAB} \tag{2.10}$$

如果 $B = A^{-1}$，则

$$F = BTB \tag{2.11}$$

这表明图像 F 可完全由其变换结果来恢复。如果 B 不等于 A^{-1}，则可由式(2.10)得 F 的一个近似：

$$\hat{F} = BAFAB \tag{2.12}$$

在 $B = A^{-1}$ 的基础上，如果有(*代表共轭)

$$A^{-1} = A^{*T} \tag{2.13}$$

则称 A 为酉矩阵(相应的变换称为酉变换，是线性变换的一种特殊类型)。进一步，如果 A 为实矩阵，且

$$A^{-1} = A^{T} \tag{2.14}$$

则称 A 为正交矩阵，相应的变换称为正交变换。此时，正反变换式(2.1)和式(2.2)，或式(2.3)和式(2.4)，都构成正交变换对。

2.2　傅里叶变换

傅里叶变换[2]是可分离变换和正交变换中的一个特例，对图像做傅里叶变换将其从图像空间变换到频域空间，则可利用傅里叶频谱特性进行图像处理。20 世纪 60 年代傅里叶变换的快速算法被提出来以后，傅里叶变换在信号处理和图像处理中都得到了广泛的应用[3-5]。

2.2.1　一维和二维傅里叶变换

一般地，一维傅里叶变换在信号处理课程中已有详细介绍，这里仅简单回顾其定义式。

单变量连续函数 $f(x)$ 的傅里叶变换 $F(u)$ 定义为

$$F(u) = \int_{-\infty}^{\infty} f(x)\exp(-j2\pi ux)dx \tag{2.15}$$

式中，$j = \sqrt{-1}$。相反，给定 $F(u)$，通过傅里叶反变换可以获得 $f(x)$，即

$$f(x) = \int_{-\infty}^{\infty} F(u)\exp(j2\pi ux)du \tag{2.16}$$

式(2.15)和式(2.16)组成了傅里叶变换对。

式(2.15)和式(2.16)很容易扩展到两个变量 u 和 v，即

$$F(u,v) = \int_{-\infty}^{\infty}\int_{-\infty}^{\infty} f(x,y)\exp\left[-j2\pi(ux+vy)\right]dxdy \tag{2.17}$$

类似地，反变换为

$$f(x,y) = \int_{-\infty}^{\infty}\int_{-\infty}^{\infty} F(u,v)\exp\left[\mathrm{j}2\pi(ux+vy)\right]\mathrm{d}u\mathrm{d}v \tag{2.18}$$

然而，对于数字图像处理来说，感兴趣的是离散函数，所以单变量离散函数 $f(x)$(其中 $x = 0,1,2,\cdots,N-1$)的傅里叶变换，即离散傅里叶变换，由式(2.19)给出：

$$F(u) = \frac{1}{N}\sum_{x=0}^{N-1} f(x)\exp(-\mathrm{j}2\pi ux/N), \quad u = 0,1,2,\cdots,N-1 \tag{2.19}$$

同样，给定 $F(u)$，可用反变换来获得原函数，即

$$f(x) = \sum_{u=0}^{N-1} F(u)\exp(\mathrm{j}2\pi ux/N), \quad x = 0,1,2,\cdots,N-1 \tag{2.20}$$

与连续傅里叶变换不同，离散傅里叶变换和它的反变换总是存在的。这一点可以通过将式(2.19)和式(2.20)相互代入对方式子中，以及利用指数的正交特性得出：

$$\sum_{x=0}^{N-1}\exp(\mathrm{j}2\pi rx/N)\exp(-\mathrm{j}2\pi ux/N) = \begin{cases} N, & r=u \\ 0, & r\neq u \end{cases} \tag{2.21}$$

对于数字图像处理来说，$f(x)$ 的值总是有限的，因此其离散傅里叶变换或反变换的存在不是问题。

分析问题时，有时在极坐标下表示 $F(u)$ 很方便：

$$F(u) = |F(u)|\exp\left[\mathrm{j}\phi(u)\right] \tag{2.22}$$

式中，

$$|F(u)| = \left[R^2(u) + I^2(u)\right]^{1/2} \tag{2.23}$$

式(2.23)称为傅里叶变换的幅度或频率谱(简称"频谱")，同时有

$$\phi(u) = \arctan\frac{I(u)}{R(u)} \tag{2.24}$$

式(2.24)称为傅里叶变换的相角或相位谱。在式(2.23)和式(2.24)中，$R(u)$ 和 $I(u)$ 分别是 $F(u)$ 的实部和虚部。在研究图像增强时，还会使用功率谱，将其定义为傅里叶变换频率谱的平方：

$$P(u) = |F(u)|^2 = R^2(u) + I^2(u) \tag{2.25}$$

例 2.1 两个简单一维函数的傅里叶频谱实例，如图 2.2 所示。

一维离散傅里叶变换及其反变换向二维扩展是非常简单明了的。一个图像尺寸为 $M \times N$ 的函数 $f(x,y)$ 的离散傅里叶变换由式(2.26)给出：

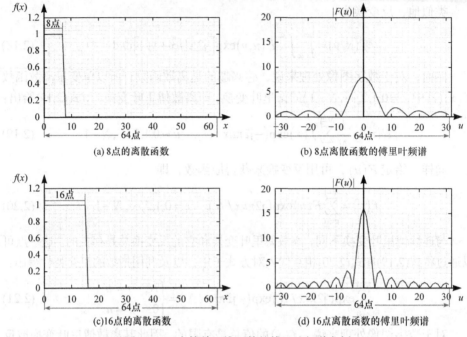

图 2.2   两个简单一维函数的傅里叶频谱实例

$$F(u,v) = \frac{1}{MN} \sum_{x=0}^{M-1} \sum_{y=0}^{N-1} f(x,y) \exp\left[-j2\pi(ux/M + vy/N)\right] \tag{2.26}$$

同样，给出 $F(u,v)$，可以通过傅里叶反变换获得 $f(x,y)$，由式(2.27)给出：

$$f(x,y) = \sum_{u=0}^{M-1} \sum_{v=0}^{N-1} F(u,v) \exp\left[j2\pi(ux/M + vy/N)\right] \tag{2.27}$$

式中，$x = 0,1,2,\cdots,M-1$；$y = 0,1,2,\cdots,N-1$。式(2.26)和式(2.27)构成了二维离散傅里叶变换对。

一个二维离散函数的平均值可以用式(2.28)表示：

$$\overline{f}(x,y) = \frac{1}{MN} \sum_{x=0}^{M-1} \sum_{y=0}^{N-1} f(x,y) \tag{2.28}$$

如果将 $u = v = 0$ 代入式(2.26)，可以得到：

$$F(0,0) = \frac{1}{MN} \sum_{x=0}^{M-1} \sum_{y=0}^{N-1} f(x,y) \tag{2.29}$$

比较式(2.28)和式(2.29)可得

$$\overline{f}(x,y) = F(0,0) \tag{2.30}$$

即一个二维离散函数的傅里叶变换在原点的值(零频率分量)与该函数的均值相等。

二维傅里叶变换的频率谱、相位谱和功率谱分别定义如下：

$$\left| F(u,v) \right| = \left[R^2(u,v) + I^2(u,v) \right]^{1/2} \tag{2.31}$$

$$\phi(u,v) = \arctan \frac{I(u,v)}{R(u,v)} \tag{2.32}$$

$$P(u,v) = \left| F(u,v) \right|^2 = R^2(u,v) + I^2(u,v) \tag{2.33}$$

式中，$R(u,v)$ 和 $I(u,v)$ 分别为 $F(u,v)$ 的实部和虚部。

例 2.2　灰度图像及其傅里叶频谱实例，如图 2.3 所示。

(a) 灰度图像1

(b) 图(a)的傅里叶频谱

(c) 图(b)执行对数变换后的频谱

(d) 灰度图像2

(e) 图(d)的傅里叶频谱

(f) 图(e)执行对数变换后的频谱

(g) 灰度图像3

(h) 图(g)的傅里叶频谱

(i) 图(h)执行对数变换后的频谱

图 2.3　灰度图像及其傅里叶频谱实例

2.2.2　傅里叶变换定理

设 $f(x,y)$ 和 $F(u,v)$ 构成一对变换，即

$$f(x,y) \leftrightarrow F(u,v) \tag{2.34}$$

则有以下一些定理成立。

1. 平移定理

平移定理可写成(其中 a、b、c 和 d 均为标量)：

$$f(x-a,y-b) \leftrightarrow \exp\left[-j2\pi(au+bv)\right]F(u,v) \qquad (2.35)$$

$$F(u-c,v-d) \leftrightarrow \exp\left[j2\pi(cx+dy)\right]f(x,y) \qquad (2.36)$$

式(2.35)表明，将 $f(x,y)$ 在空间平移相当于把其变换在频域与一个指数项相乘。式(2.36)表明，将 $f(x,y)$ 在空间与一个指数项相乘相当于把其变换在频域平移。另外，从式(2.35)可知，对 $f(x,y)$ 的平移不影响其傅里叶变换的幅值。

2. 旋转定理

旋转定理反映了傅里叶变换的旋转性质。首先借助极坐标变换 $x = r\cos\theta$ ，$y = r\sin\theta$ ，$u = \omega\cos\phi$ ，$v = \omega\sin\phi$ ，将 $f(x,y)$ 和 $F(u,v)$ 转换为 $f(r,\theta)$ 和 $F(\omega,\phi)$ ，接着将它们代入傅里叶变换对得到(其中 θ_0 为旋转角度)：

$$f(r,\theta+\theta_0) \leftrightarrow F(\omega,\phi+\theta_0) \qquad (2.37)$$

式(2.37)表明，对 $f(x,y)$ 旋转 θ_0 对应于将其傅里叶变换 $F(u,v)$ 也旋转 θ_0 。类似地，对 $F(u,v)$ 旋转 θ_0 对应于将其傅里叶反变换 $f(x,y)$ 旋转 θ_0 。

例 2.3　傅里叶变换旋转性质实例，如图 2.4 所示。

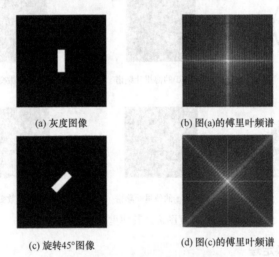

(a) 灰度图像　　　　　　　　(b) 图(a)的傅里叶频谱

(c) 旋转45°图像　　　　　　　(d) 图(c)的傅里叶频谱

图 2.4　傅里叶变换旋转性质实例

3. 尺度定理

尺度定理也称为相似定理(similarity theorem)，可给出傅里叶变换在尺度(缩放)变化时的性质，可用式(2.38)和式(2.39)表示(其中 a 和 b 均为标量)：

$$af(x,y) \leftrightarrow aF(u,v) \qquad (2.38)$$

$$f(ax,by) \leftrightarrow \frac{1}{|ab|} F\left(\frac{u}{a}, \frac{v}{b}\right) \tag{2.39}$$

式(2.38)和式(2.39)表明，$f(x,y)$ 在幅度方面的尺度变化会导致其傅里叶变换 $F(u,v)$ 在幅度方面的对应尺度变化，而 $f(x,y)$ 在空间尺度方面的缩放则会导致其傅里叶变换 $F(u,v)$ 在频域尺度方面的相反缩放。式(2.39)还表明，$f(x,y)$ 的收缩(对应 $a > 1$，$b > 1$)不仅会导致 $F(u,v)$ 的膨胀，而且会使 $F(u,v)$ 的幅度减小。

例 2.4　傅里叶变换尺度变化性质实例，如图 2.5 所示。

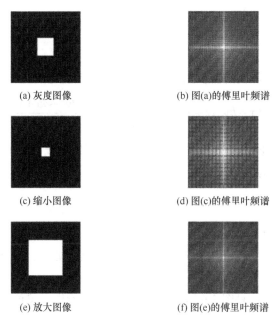

(a) 灰度图像　　　　　　　　(b) 图(a)的傅里叶频谱

(c) 缩小图像　　　　　　　　(d) 图(c)的傅里叶频谱

(e) 放大图像　　　　　　　　(f) 图(e)的傅里叶频谱

图 2.5　傅里叶变换尺度变化性质实例

4. 剪切定理

前面的平移定理、旋转定理和尺度定理都可以看成是根据式(2.40)和式(2.41)所示仿射变换在 XY 平面移动空间点而产生失真的特例。

$$x' = ax + by + c \tag{2.40}$$

$$y' = dx + ey + f \tag{2.41}$$

纯剪切是另一个特例，如

$$x' = x + by \tag{2.42}$$

$$y' = y \tag{2.43}$$

描述了水平方向上的剪切失真。例如，它可将一个正方形变为平行四边形或斜方形(具有相同高度和面积，但为斜的边)。此时，一个函数 $f(x,y)$ 变为另一个函数 $f(x+by,y)$。

根据剪切定理可知，对 $f(x,y)$ 的纯剪切会导致在 UV 平面产生一个改变 $F(u,v)$ 的对应失真，即

$$f(x+by,y) \leftrightarrow F(u,v-bu) \tag{2.44}$$

可见，在 UV 平面的失真也是一个纯剪切，但处在正交方向上。

对应地，垂直剪切可表示为 $x'=x$，$y'=dx+y$，此时其傅里叶变换受到水平剪切而变成 $F(u-dv,v)$。

5. 组合剪切定理

前面的平移定理、旋转定理和剪切定理可以结合，如

$$f(x+by,dx+y) \leftrightarrow \frac{1}{|1-bd|} F\left(\frac{u-dv}{1-bd}, \frac{-bu+v}{1-bd}\right) \tag{2.45}$$

采用矩阵表达形式，用矢量 x 表示 (x,y)，用矢量 x' 表示 (x',y')，则组合剪切的坐标变换可写为

$$x' = \begin{bmatrix} 1 & b \\ d & 1 \end{bmatrix} x \tag{2.46}$$

对水平剪切，变换矩阵为 $\begin{bmatrix} 1 & b \\ 0 & 1 \end{bmatrix}$ 或 $\begin{bmatrix} 1 & \tan s \\ 0 & 1 \end{bmatrix}$，对垂直剪切，变换矩阵为 $\begin{bmatrix} 1 & 0 \\ d & 1 \end{bmatrix}$ 或 $\begin{bmatrix} 1 & 0 \\ \tan t & 1 \end{bmatrix}$，其中 s 和 t 是图 2.6 所示的角度。图 2.6 给出了单位正方形受到各种剪切后的效果。

先水平剪切后垂直剪切可表示为

$$\begin{bmatrix} 1 & 0 \\ d & 1 \end{bmatrix} \begin{bmatrix} 1 & b \\ 0 & 1 \end{bmatrix} = \begin{bmatrix} 1 & b \\ d & 1+bd \end{bmatrix} \tag{2.47}$$

先垂直剪切后水平剪切可表示为

$$\begin{bmatrix} 1 & b \\ 0 & 1 \end{bmatrix} \begin{bmatrix} 1 & 0 \\ d & 1 \end{bmatrix} = \begin{bmatrix} 1+bd & b \\ d & 1 \end{bmatrix} \tag{2.48}$$

可见，将简单的剪切操作依次使用会产生不同的结果。用矩阵的语言来说，矩阵相乘的次序是不能交换的。组合剪切的结果具有与简单剪切相同的倾斜角 s 和 t。在图 2.6(d) 中，保持了 t，但产生了一个新角 p。在图 2.6(e) 中，保持了 s，但产生了一个新角 q。角 p 和 q 由 $\tan(p)=b/(1+bd)$ 和 $\tan(q)=d/(1+bd)$ 确定。

由于剪切不改变一个图形的面积，图 2.6 中所有变化后的图形仍具有单位面积。

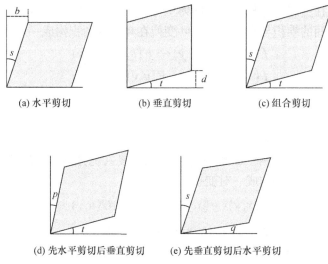

(a) 水平剪切　　　　　　　(b) 垂直剪切　　　　　　　(c) 组合剪切

(d) 先水平剪切后垂直剪切　　　　(e) 先垂直剪切后水平剪切

图 2.6　单位正方形受到各种剪切后的效果

6. 仿射定理

仿射定理结合了若干个前面介绍的定理，或者说，前面介绍的定理都是它的特例。当需要使用一系列仿射变换时，通用的形式比较有用。仿射变换可写为

$$g(x,y) = f(ax+by+c, dx+ey+f) \leftrightarrow$$

$$G(u,v) = \frac{1}{|\Delta|} \exp\left\{ \frac{\mathrm{j}2\pi}{\Delta} \left[(ec-bf)u + (af-cd)v \right] \right\} F\left(\frac{eu-dv}{\Delta}, \frac{-bu+av}{\Delta} \right) \quad (2.49)$$

式中，行列式 Δ 为

$$\Delta = \begin{vmatrix} a & b \\ d & e \end{vmatrix} = ae - bd \quad (2.50)$$

仿射变换的平面坐标可写为 $u' = (eu-dv)/\Delta$ 和 $v' = (-bu+av)/\Delta$，从而有

$$G(u,v) = \frac{1}{|\Delta|} \exp\left[\mathrm{j}2\pi(cu'+fv') \right] F(u',v') \quad (2.51)$$

对 (u,v) 坐标的反变换为

$$\begin{bmatrix} u \\ v \end{bmatrix} = \begin{bmatrix} a & d \\ b & e \end{bmatrix} \begin{bmatrix} u' \\ v' \end{bmatrix} \quad (2.52)$$

式(2.49)～式(2.52)中，b 和 d 分别为沿 x 和 y 方向的剪切；a 和 e 为线性缩放量；c 和 f 为平移量。

7. 卷积定理

两个函数在空间的卷积与它们的傅里叶变换在频域的乘积构成一对变换，而两个函数在空间的乘积与它们的傅里叶变换在频域的卷积构成一对变换：

$$f(x,y) \otimes g(x,y) \leftrightarrow F(u,v)G(u,v) \qquad (2.53)$$

$$f(x,y)g(x,y) \leftrightarrow F(u,v) \otimes G(u,v) \qquad (2.54)$$

8. 相关定理

两个函数在空间的相关与它们的傅里叶变换(其中一个为其复共轭)在频域的乘积构成一对变换，而两个函数(其中一个为其复共轭)在空间的乘积与它们的傅里叶变换在频域的相关构成一对变换：

$$f(x,y) \circ g(x,y) \leftrightarrow F^*(u,v)G(u,v) \qquad (2.55)$$

$$f^*(x,y)g(x,y) \leftrightarrow F(u,v) \circ G(u,v) \qquad (2.56)$$

如果 $f(x,y)$ 和 $g(x,y)$ 是同一个函数，称为自相关；如果 $f(x,y)$ 和 $g(x,y)$ 不是同一个函数，称为互相关。

2.3　离散余弦变换

离散余弦变换(discrete cosine transform，DCT)是一种可分离的且对称的正交变换。离散余弦变换与傅里叶变换有相当大的差别：傅里叶变换计算的对象是复数，而离散余弦变换则是以实数为对象的余弦函数。虽然离散余弦变换没有傅里叶变换的功能强大，但是它的计算速度要比对象为复数的傅里叶变换快得多，因此已被广泛应用到图像压缩编码、语音信号处理等众多领域[6-10]。

2.3.1　一维离散余弦变换

一维离散余弦变换的正变换核由式(2.57)表示：

$$\begin{cases} a(x,0) = \dfrac{1}{\sqrt{N}} \\[3mm] a(x,u) = \dfrac{2}{\sqrt{N}} \cos\dfrac{(2x+1)u\pi}{2N} \end{cases} \qquad (2.57)$$

式(2.57)也是离散余弦变换的基函数，将其代入正交变换公式得

$$\begin{cases} F(0) = \dfrac{1}{\sqrt{N}} \sum_{x=0}^{N-1} f(x) \\[3mm] F(u) = \sqrt{\dfrac{2}{N}} \sum_{x=0}^{N-1} f(x)\cos\dfrac{(2x+1)u\pi}{2N}, \quad u = 1,2,\cdots,N-1 \end{cases} \qquad (2.58)$$

式中，$F(u)$ 为 $f(x)$ 的离散余弦变换。

一维离散余弦反变换的核与式(2.58)的形式相同，并且反变换定义为

$$f(x) = \frac{1}{\sqrt{N}} F(0) + \sqrt{\frac{2}{N}} \sum_{u=0}^{N-1} F(u) \cos \frac{(2x+1)u\pi}{2N}, \quad x = 1, 2, \cdots, N-1 \quad (2.59)$$

离散余弦变换的矩阵形式定义更加简明实用，令 $N = 4$，则可得

$$\begin{bmatrix} F(0) \\ F(1) \\ F(2) \\ F(3) \end{bmatrix} = \begin{bmatrix} 0.500 & 0.500 & 0.500 & 0.500 \\ 0.653 & 0.271 & -0.271 & -0.653 \\ 0.500 & -0.500 & -0.500 & 0.500 \\ 0.271 & -0.653 & 0.653 & -0.271 \end{bmatrix} \begin{bmatrix} f(0) \\ f(1) \\ f(2) \\ f(3) \end{bmatrix} \quad (2.60)$$

若定义 A 为变换矩阵，F 为变换系数矩阵，f 为时域数据矩阵，则一维离散余弦变换的矩阵可表示为

$$F = Af \quad (2.61)$$

同理，可得到离散余弦反变换的矩阵形式：

$$\begin{bmatrix} f(0) \\ f(1) \\ f(2) \\ f(3) \end{bmatrix} = \begin{bmatrix} 0.500 & 0.653 & 0.500 & 0.271 \\ 0.500 & 0.271 & -0.271 & -0.653 \\ 0.500 & -0.271 & -0.500 & 0.653 \\ 0.500 & -0.653 & 0.653 & -0.271 \end{bmatrix} \begin{bmatrix} F(0) \\ F(1) \\ F(2) \\ F(3) \end{bmatrix} \quad (2.62)$$

即

$$f = A^{\mathrm{T}} F \quad (2.63)$$

离散余弦变换是一种正交变换，这可从如下两点得到证明：

(1) 离散余弦变换来源于切比雪夫多项式，而切比雪夫多项式是正交的，因此离散余弦变换也是正交的。

(2) 离散余弦变换的系数矩阵满足正交条件，即 $A^{\mathrm{T}} A = A A^{\mathrm{T}} = I$。

在实际应用中，由于根据离散余弦变换的定义式计算非常不方便，运算量极大，因此通常采用如下所述快速算法。比较傅里叶变换核和离散余弦变换核，离散余弦变换核就是傅里叶变换核的实部，变换计算中的乘法运算就是 $f(x)$ 与变换核的乘法运算。因此，先对 $f(x)$ 进行傅里叶变换，然后取实部就可以了。

首先，根据离散余弦变换的定义做如下推导：

$$F(u) = \sqrt{\frac{2}{N}} \sum_{x=0}^{N-1} f(x) \cos \frac{(2x+1)u\pi}{2N}$$

$$= \sqrt{\frac{2}{N}} \sum_{x=0}^{N-1} f(x) \mathrm{Re}\left(e^{-j\frac{(2x+1)u\pi}{2N}} \right)$$

$$= \sqrt{\frac{2}{N}} \mathrm{Re} \left(\sum_{x=0}^{N-1} f(x) \mathrm{e}^{-\mathrm{j} \frac{(2x+1)u\pi}{2N}} \right) \tag{2.64}$$

式中，Re 表示取复数的实部。

如果把实数域数据做如下的延拓：

$$f_\mathrm{e}(x) = \begin{cases} f(x), & x = 0, 1, 2, \cdots, N-1 \\ 0, & x = N, N+1, \cdots, 2N-1 \end{cases} \tag{2.65}$$

则 $f_\mathrm{e}(x)$ 的离散余弦变换可表示为

$$
\begin{aligned}
F(0) &= \frac{1}{\sqrt{N}} \sum_{x=0}^{2N-1} f_\mathrm{e}(x) \\
F(u) &= \sqrt{\frac{2}{N}} \sum_{x=0}^{2N-1} f_\mathrm{e}(x) \cos \frac{(2x+1)u\pi}{2N} \\
&= \sqrt{\frac{2}{N}} \mathrm{Re} \left(\sum_{x=0}^{2N-1} f_\mathrm{e}(x) \mathrm{e}^{-\mathrm{j} \frac{(2x+1)u\pi}{2N}} \right) \\
&= \sqrt{\frac{2}{N}} \mathrm{Re} \left(\mathrm{e}^{-\mathrm{j} \frac{u\pi}{2N}} \sum_{x=0}^{2N-1} f_\mathrm{e}(x) \mathrm{e}^{-\mathrm{j} \frac{2xu\pi}{2N}} \right)
\end{aligned} \tag{2.66}
$$

式中，$\displaystyle\sum_{x=0}^{2N-1} f_\mathrm{e}(x) \mathrm{e}^{-\mathrm{j} \frac{2xu\pi}{2N}}$ 为 $2N$ 点的离散傅里叶变换。因此，计算离散余弦变换时，可把序列长度延拓到 $2N$，然后做离散傅里叶变换，对结果取实部便可得到离散余弦变换。

同理，对离散余弦反变换也可进行相同的快速运算。首先在变换空间把 $F(u)$ 延拓：

$$F_\mathrm{e}(u) = \begin{cases} F(u), & u = 0, 1, 2, \cdots, N-1 \\ 0, & u = N, N+1, \cdots, 2N-1 \end{cases} \tag{2.67}$$

则离散余弦反变换可表示为

$$
\begin{aligned}
f(x) &= \frac{1}{\sqrt{N}} F_\mathrm{e}(0) + \sqrt{\frac{2}{N}} \sum_{u=0}^{2N-1} F_\mathrm{e}(u) \cos \frac{(2x+1)u\pi}{2N} \\
&= \frac{1}{\sqrt{N}} F_\mathrm{e}(0) + \sqrt{\frac{2}{N}} \sum_{u=0}^{2N-1} F_\mathrm{e}(u) \mathrm{Re} \left(\mathrm{e}^{\mathrm{j} \frac{(2x+1)u\pi}{2N}} \right) \\
&= \frac{1}{\sqrt{N}} F_\mathrm{e}(0) + \sqrt{\frac{2}{N}} \sum_{u=0}^{2N-1} F_\mathrm{e}(u) \mathrm{Re} \left(\mathrm{e}^{\mathrm{j} \frac{2xu\pi}{2N}} \mathrm{e}^{\mathrm{j} \frac{u\pi}{2N}} \right)
\end{aligned}
$$

$$= \frac{1}{\sqrt{N}}F_{\mathrm{e}}(0) + \sqrt{\frac{2}{N}}\operatorname{Re}\left(\sum_{u=0}^{2N-1}F_{\mathrm{e}}(u)\mathrm{e}^{\mathrm{j}\frac{2xu\pi}{2N}}\mathrm{e}^{\mathrm{j}\frac{u\pi}{2N}}\right)$$

$$= \frac{1}{\sqrt{N}} - \sqrt{\frac{2}{N}}F_{\mathrm{e}}(0) + \sqrt{\frac{2}{N}}\operatorname{Re}\left\{\sum_{u=0}^{2N-1}\left[F_{\mathrm{e}}(u)\mathrm{e}^{\mathrm{j}\frac{u\pi}{2N}}\right]\mathrm{e}^{\mathrm{j}\frac{2xu\pi}{2N}}\right\} \tag{2.68}$$

从式(2.68)可以看出，离散余弦反变换可以通过 $\left(F_{\mathrm{e}}(u)\mathrm{e}^{\mathrm{j}\frac{u\pi}{2N}}\right)$ $2N$ 点的傅里叶

反变换来实现。

2.3.2　二维离散余弦变换

二维离散余弦变换中，正变换核由式(2.69)表示：

$$\begin{cases} a(x,y,0,0) = \dfrac{1}{N} \\ a(x,y,u,v) = \dfrac{2}{N}\big[\cos(2x+1)u\pi\big]\big[\cos(2y+1)v\pi\big] \end{cases} \tag{2.69}$$

式中，$x,y = 0,1,2,\cdots,N-1$；$u,v = 1,2,\cdots,N-1$。

于是得到二维 DCT，如式(2.70)：

$$\begin{cases} F(0,0) = \dfrac{1}{N}\displaystyle\sum_{x=0}^{N-1}\sum_{y=0}^{N-1}f(x,y) \\ F(u,v) = \dfrac{2}{N}\displaystyle\sum_{x=0}^{N-1}\sum_{y=0}^{N-1}f(x,y)\big[\cos(2x+1)u\pi\big]\big[\cos(2y+1)v\pi\big] \end{cases} \tag{2.70}$$

式中，$f(x,y)$ 为空域二维向量；$u,v = 1,2,\cdots,N-1$。

二维离散余弦反变换定义为

$$f(x,y) = \frac{1}{N}F(0,0) + \frac{2}{N}\sum_{u=0}^{N-1}\sum_{v=0}^{N-1}F(u,v)\big[\cos(2x+1)u\pi\big]\big[\cos(2y+1)v\pi\big] \tag{2.71}$$

式中，$x,y = 0,1,2,\cdots,N-1$。

和一维 DCT 的矩阵表示形式相同，定义 $\boldsymbol{A}$ 为变换矩阵，$\boldsymbol{F}$ 为变换系数矩阵，$\boldsymbol{f}$ 为时域数据矩阵，则二维离散余弦变换的矩阵可表示为

$$\begin{cases} \boldsymbol{F} = \boldsymbol{A}\boldsymbol{f} \\ \boldsymbol{f} = \boldsymbol{A}^{\mathrm{T}}\boldsymbol{F} \end{cases} \tag{2.72}$$

图 2.7 给出离散余弦变换实例，其中图 2.7(a)是一幅原始图像，图 2.7(b)是对图 2.7(a)的离散余弦变换结果(变换幅值)。图 2.7(b)左上角对应低频分量，由图可见，图 2.7(a)中的大部分能量在低频部分。

(a) 原始图像　　　　　　　　　　　　　(b) 离散余弦变换结果

图 2.7　离散余弦变换实例

　　余弦函数是偶函数,所以离散余弦变换隐含 $2N$ 点的周期性。与隐含 N 点周期性的傅里叶变换不同,离散余弦变换可以减少在图像分块边界处的间断,这是它在 JPEG 图像压缩中得到应用的重要原因之一。在 JPEG 图像压缩算法中,首先将输入图像划分为 8×8 的方块,其次对每个方块进行二维离散余弦变换,将得到的 DCT 系数进行编码和传输,在接收端,将量化的 DCT 系数进行解码,并对每个方块进行二维离散余弦反变换,最后将操作后的方块组合成一幅完整的图像。图 2.8 给出一个 DCT 图像压缩实例,其中图 2.8(a)是原始图像,图 2.8(b)是对图 2.8(a)进行 DCT 后重构的图像。由图 2.8 可知,重构后的图像损失了部分细节信息,图像较为模糊。

　　离散余弦变换的基本函数与傅里叶变换的基本函数类似,都是定义在整个空间的,在计算任意一个变换域点的变换时都需要用到所有原始数据点的信息,所以离散余弦变换的基本函数也常被认为具有全局的本质或被称为全局基本函数。

(a) 原始图像　　　　　　　　　　　　　(b) DCT 重构图像

图 2.8　DCT 图像压缩实例

2.4　小　波　变　换

　　小波变换是分析和处理非平稳信号的一种有效工具。一幅图像做小波分解后,可得到一系列不同分辨率的子图像。可以用地图来类比，一幅地图的尺度是地域实际大小与它在地图上大小的比值，地图通常以不同尺度进行描述。在较大尺度上，大陆和海洋等主要特征是可见的，而城市街道这样的细节信息在地图上无法分辨；在较小的尺度上，细节变得可见而较大的特征却不易见到，所以需要用不同的尺度绘制地图。例如，从 1 幅 1024×1024 的图像生成 10 幅像素不同的附加图像(注意：像素不同对应图像大小不同，即像素较低的图像对应于没有细节信息的全局缩小位图，而像素较高的位图含有丰富的细节信息)，每一次丢掉隔行隔列的像素，得到的将是 512×512、256×256、$\cdots$、1×1 的图像，若都用 3×3 的边缘检测算子来执行边缘检测，则在原始图像上会得到小边缘，在 512×512 和 256×256 的图像上能得到稍大的边缘，而在 16×16 和更小的图像上就只能得到非常大的边缘[1]。小波变换作为一种多分辨率分析方法，具有很好的时-频和空-频局部特性，特别适合按照人类视觉系统的特征设计图像压缩编码方案，也非常有利于图像的分层传输，因此它在信号处理与分析、图像编码、计算机视觉等领域得到了广泛应用[11-15]。

2.4.1 小波变换基础

小波变换的基础主要是 3 个概念，即序列展开、缩放函数(也称"尺度函数")和小波函数[1]。以下讨论中均只考虑所定义函数成立的情况，而不考虑函数成立的条件(认为条件满足)。

1. 序列展开

先考虑 1-D 函数 $f(x)$，它可用一组系列展开函数的线性组合来表示：

$$f(x) = \sum_k a_k u_k(x) \tag{2.73}$$

式中，k 为整数，求和可以是有限项或无限项；a_k 为实数，称为展开系数；$u_k(x)$ 为实函数，称为展开函数。如果对各种 $f(x)$，均有一组 a_k 使式(2.73)成立，则称 $u_k(x)$ 是基函数，而展开函数的集合 $\{u_k(x)\}$ 称为基(basis)。所有可用式(2.73)表达的函数 $f(x)$ 构成一个函数空间 U，它与 $\{u_k(x)\}$ 是密切相关的。如果 $f(x) \in U$，则 $f(x)$ 可用式(2.73)表达。

为计算 a_k，需要考虑 $\{u_k(x)\}$ 的对偶集合 $\{u'_k(x)\}$(具体见下文)。通过求对偶函数 $u'_k(x)$ 和 $f(x)$ 的积分内积，就可得到 a_k：

$$a_k = \langle u'_k(x), f(x) \rangle = \int u'^*_k(x) f(x) \mathrm{d}x \tag{2.74}$$

式中，*代表复共轭。

下面仅考虑两种比较特殊的情况：

(1) 展开函数构成 U 的正交归一化基，即

$$\langle u_j(x), u_k(x)\rangle = \delta_{jk} = \begin{cases} 0, & j \neq k \\ 1, & j = k \end{cases} \tag{2.75}$$

此时基函数和其对偶函数相等，即 $u_k(x) = u'_k(x)$，式(2.74)成为

$$a_k = \langle u_k(x), f(x)\rangle \tag{2.76}$$

(2) 展开函数仅构成 U 的正交基，但没有归一化，即

$$\langle u_j(x), u_k(x)\rangle = 0, \quad j \neq k \tag{2.77}$$

此时可考虑基函数和其对偶函数的双正交性(bi-orthogonal)，即(仍按式(2.74)计算 a_k)

$$\langle u_j(x), u'_k(x)\rangle = \delta_{jk} = \begin{cases} 0, & j \neq k \\ 1, & j = k \end{cases} \tag{2.78}$$

例 2.5　双正交性示例。

可借助 2-D 矢量空间的几何矢量来解释双正交性。在一般情况下，如果双正交基是 u_1 和 u_2，其对偶基是 u'_1 和 u'_2，它们满足：$\langle u_1, u'_1\rangle = 1$，$\langle u_1, u'_2\rangle = 0$，$\langle u_2, u'_1\rangle = 0$，$\langle u_2, u'_2\rangle = 1$。

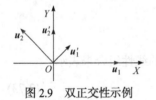

图 2.9　双正交性示例

通过求解上述线性方程组可得到各个对偶基的元素。例如，假设两个矢量 $\boldsymbol{u}_1 = \begin{bmatrix} 2 & 0 \end{bmatrix}^T$ 和 $\boldsymbol{u}_2 = \begin{bmatrix} -1 & 1 \end{bmatrix}^T$ 为 2-D 矢量空间中的双正交基，则它们的对偶基为 $\boldsymbol{u}'_1 = \begin{bmatrix} 1/2 & 1/2 \end{bmatrix}^T$ 和 $\boldsymbol{u}'_2 = \begin{bmatrix} 0 & 1 \end{bmatrix}^T$，如图 2.9 所示。

2. 缩放函数

考虑用上面的展开函数作为缩放函数,并对缩放函数进行平移和二进制缩放，即考虑集合 $\{u_{j,k}(x)\}$，其中：

$$u_{j,k}(x) = 2^{j/2} u(2^j x - k) \tag{2.79}$$

可见，k 确定了 $u_{j,k}(x)$ 沿 X 轴的位置；j 确定了 $u_{j,k}(x)$ 沿 X 轴的宽度(因此 $u(x)$ 也可称为"尺度函数")；系数 $2^{j/2}$ 控制 $u_{j,k}(x)$ 的幅度。给定一个初始 j(后文常取为 0)，就可确定一个缩放函数空间 U_j，U_j 的尺寸随 j 的增减而增减。另外，各个缩放函数空间 $U_j (j = -\infty, \cdots, 0, 1, \cdots, \infty)$ 是嵌套的，即 $U_j \subset U_{j+1}$。

根据上面的讨论，U_j 中的展开函数可表示成 U_{j+1} 中展开函数的加权和。设用

$h_u(k)$ 表示缩放函数系数，并考虑到 $u(x)=u_{0,0}(x)$，则有

$$u(x)=\sum_k h_u(k)\sqrt{2}u(2x-k) \tag{2.80}$$

式(2.80)表明，任何一个子空间的展开函数都可用其下一个分辨率(1/2分辨率)的子空间的展开函数来构建。式(2.80)称为多分辨率细化方程，它建立了相邻分辨率层次和空间之间的联系。

3. 小波函数

设用 $v(x)$ 表示小波函数，对小波函数进行平移和二进制缩放，得到集合 $\{v_{j,k}(x)\}$，即

$$v_{j,k}(x)=2^{j/2}v(2^j x-k) \tag{2.81}$$

与小波函数 $v_{j,k}(x)$ 对应的空间用 V_j 表示，如果 $f(x)\in V_j$，则类似式(2.73)，可将 $f(x)$ 用式(2.82)表示：

$$f(x)=\sum_k a_k v_{j,k}(x) \tag{2.82}$$

空间 U_j、U_{j+1} 和 V_j 之间有如下关系(见图 2.10 所给 $j=0,1$ 的示例)：

$$U_{j+1}=U_j\oplus V_j \tag{2.83}$$

式中，$\oplus$ 表示空间的并(类似于集合的并)。由此可见，在 U_{j+1} 中，U_j 和 V_j 互补。每一个 V_j 空间是与其同一级的 U_j 空间和上一级的 U_{j+1} 空间的差。

另外，U_j 中的所有缩放函数与 V_j 中的所有小波函数是正交的，可表示为

$$\langle u_{j,m}(x),v_{j,n}(x)\rangle=0 \tag{2.84}$$

根据式(2.82)和图 2.10，如果考虑把 j 取为趋近 $-\infty$，则有可能仅用小波函数，而完全不用缩放函数来表达所有的 $f(x)$。

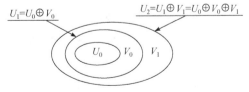

图 2.10　与缩放函数和小波函数相关的函数空间之间的关系

与前文对缩放函数的讨论对应，如果用 $h_v(k)$ 表示小波函数系数，则可以把小波函数表示成其下一个分辨率的各位置缩放函数的加权和：

$$v(x) = \sum_k h_v(k) \sqrt{2} u(2x-k) \tag{2.85}$$

进一步，可以证明缩放函数系数 $h_u(k)$ 和小波函数系数 $h_v(k)$ 具有如下关系：

$$h_v(k) = (-1)^k h_u(1-k) \tag{2.86}$$

4. 缩放函数和小波函数示例

先考虑单位高度和单位宽度的缩放函数：

$$u(x) = \begin{cases} 1, & 0 \leqslant x < 1 \\ 0, & \text{其他} \end{cases} \tag{2.87}$$

很容易证明这样的函数构成空间 U 中的正交归一化基，因为：

$$\langle u_j(x), u_k(x) \rangle = \int_{-\infty}^{\infty} u(x-j)u(x-k)\mathrm{d}x = \delta_{jk} = \begin{cases} 0, & j \neq k \\ 1, & j = k \end{cases} \tag{2.88}$$

图 2.11(a)～(d)分别给出将上述缩放函数代入式(2.79)得到的 $u_{0,0}(x) = u(x)$，$u_{0,1}(x) = u(x-1)$，$u_{1,0}(x) = 2^{1/2}u(2x)$，$u_{1,1}(x) = 2^{1/2}u(2x-1)$。其中，$u_{0,0}(x)$ 和 $u_{0,1}(x)$ 在 U_0 中，$u_{1,0}(x)$ 和 $u_{1,1}(x)$ 在 U_1 中。由图 2.11 可以看出，随着 j 的增加，缩放函数变窄变高，能表达更多的细节。

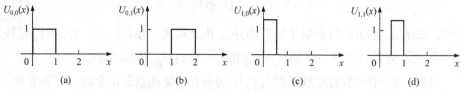

图 2.11 U_0 与 U_1 中的缩放函数

例 2.6 用缩放函数表示属于 U_1 的 $f(x)$。

对给定的 1-D 函数 $f(x)$，要根据其特点采用相应空间中的缩放函数来表示。

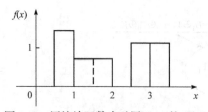

图 2.12 用缩放函数表示属于 U_1 的 $f(x)$

例如，对图 2.12 中的 $f(x)$，仅用 $j=0$ 的缩放函数是不能表达的，需要使用 $j=1$ 的缩放函数。换句话说，图 2.12 中的 $f(x)$ 是属于 U_1 的，而不是属于 U_0 的。

对图 2.12 中的 $f(x)$ 可用 5 个 U_1 中的缩放函数的组合来表示，即

$$f(x) = u_{1,1}(x) + 0.5\big[u_{1,2}(x) + u_{1,3}(x)\big] + 0.75\big[u_{1,5}(x) + u_{1,6}(x)\big] \tag{2.89}$$

注意：这里 $u_{1,2}(x) + u_{1,3}(x)$ 的组合可用 $u_{0,1}(x)$ 来表示(将它们中间的虚线除去，

并与图 2.11(b)对照就可以看出)，但 $u_{1,5}(x) + u_{1,6}(x)$ 的组合不能用 U_0 中的缩放函数表示。

与式(2.87)对应的小波函数为(图 2.13(a))

$$v(x) = \begin{cases} 1, & 0 \leqslant x < 0.5 \\ -1, & 0.5 \leqslant x < 1 \\ 0, & \text{其他} \end{cases} \quad (2.90)$$

图 2.13(a)～(d)分别给出将上述缩放函数代入式(2.81)得到的 $v_{0,0}(x) = v(x)$，$v_{0,1}(x) = v(x-1)$，$v_{1,0}(x) = 2^{1/2}v(2x)$，$v_{1,1}(x) = 2^{1/2}v(2x-1)$。其中，$v_{0,0}(x)$ 和 $v_{0,1}(x)$ 在 V_0 中，$v_{1,0}(x)$ 和 $v_{1,1}(x)$ 在 V_1 中。由图 2.13 可以看出，随着 j 的增加，小波函数也变窄变高，同样能表达更多的细节。

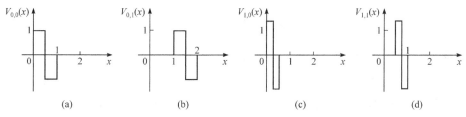

图 2.13 V_0 和 V_1 中的小波函数

图 2.13 所示小波函数也有人称为沃尔什函数，是一种最简单的母小波函数，又称哈尔小波函数。母小波函数是一类快速衰减且有限长的波函数，将其进行平移和二进制缩放就可得到一系列小波基函数来构建各种信号。平移和二进制缩放可表示为

$$v_{jk}(x) = v\left(\frac{x+k}{2^j}\right) \quad (2.91)$$

对它们进行双重求和就可表达需要的信号 $f(x)$：

$$f(x) = \sum_{j=0}^{J} \sum_{k=0}^{K} a_{jk} v_{jk}(x) \quad (2.92)$$

式中，J 为缩放尺度；K 为平移参数。

根据式(2.83)，对属于 U_{j+1} 的 $f(x)$，可结合使用 U_j 中的缩放函数和 V_j 中的小波函数来表达。这里需要先将 $f(x)$ 分解成两部分：

$$f(x) = f_a(x) + f_d(x) \quad (2.93)$$

式中，$f_a(x)$ 为用 U_j 中的缩放函数得到的对 $f(x)$ 的一个逼近(approximation)；$f_d(x)$ 为 $f(x)$ 和 $f_a(x)$ 的差(difference)，可表示为 V_j 中的小波函数的和。

例 2.7 用缩放函数和小波函数表示属于 U_1 的 $f(x)$。

现在再考虑图 2.12 给出的 $f(x)$，它属于 U_1，但可根据式(2.93)将 $f(x)$ 分解成两部分，并分别使用 U_0 中的缩放函数和 V_0 中的小波函数来表达。其中：

$$\begin{cases} f_a(x) = \dfrac{\sqrt{2}}{2}u_{0,0}(x) + \dfrac{\sqrt{2}}{2}u_{0,1}(x) + \dfrac{3\sqrt{2}}{8}u_{0,2}(x) + \dfrac{3\sqrt{2}}{8}u_{0,3}(x) \\[3mm] f_d(x) = -\dfrac{\sqrt{2}}{2}v_{0,0}(x) - \dfrac{3\sqrt{2}}{8}v_{0,2}(x) + \dfrac{3\sqrt{2}}{8}v_{0,3}(x) \end{cases} \tag{2.94}$$

它们的示意图分别见图 2.14(a)和(b)，它们的和见图 2.12。

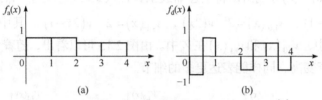

(a) 　　　　　　　　　　(b)

图 2.14　用缩放函数和小波函数表示属于 U_1 的 $f(x)$

2.4.2　一维小波变换

基于前文介绍的概念，下面先讨论 1-D 时的小波变换，并仅考虑以下两种情况：

(1) 小波序列展开：将连续变量函数映射为一系列展开系数；

(2) 离散小波变换：将一系列离散数据变换为一系列系数。

1. 小波序列展开

由前面的讨论可知，对一个给定的函数 $f(x)$，可以用 $u(x)$ 和 $v(x)$ 对它进行展开。设起始尺度 j 取为 0，则有(两组展开系数分别用 a 和 d 表示)

$$f(x) = \sum_k a_0(k)u_{0,k}(x) + \sum_{j=0}^{\infty}\sum_k d_j(k)v_{j,k}(x) \tag{2.95}$$

一般将 $a_0(k)$ 称为缩放系数(也称"近似系数")，$d_j(k)$ 称为小波系数(也称"细节系数")，前者是对 $f(x)$ 的近似(如果 $f(x) \in U_0$，则是准确的)，后者则表达了 $f(x)$ 的细节。$a_0(k)$ 和 $d_j(k)$ 可分别按式(2.96)和式(2.97)计算：

$$a_0(k) = \langle f(x), u_{0,k}(x) \rangle = \int f(x)u_{0,k}(x)\mathrm{d}x \tag{2.96}$$

$$d_j(k) = \langle f(x), v_{j,k}(x) \rangle = \int f(x)v_{j,k}(x)\mathrm{d}x \tag{2.97}$$

如果展开函数仅构成 U 和 V 的双正交基(如 2.4.1 小节中的第(2)种情况)，则 $u(x)$ 和 $v(x)$ 要用它们的对偶函数 $u'(x)$ 和 $v'(x)$ 来替换。

2. 离散小波变换

如果 $f(x)$ 是一个离散序列(如对一个连续函数的采样)，则将 $f(x)$ 展开得到的

系数称为 $f(x)$ 的离散小波变换(discrete wavelet transform, DWT)。此时式(2.95)~
式(2.97)分别写为(现在 $f(x)$、$u_{0,k}(x)$ 和 $v_{j,k}(x)$ 均代表离散变量的函数)

$$f(x)=\frac{1}{\sqrt{M}}\sum_k W_u(0,k)u_{0,k}(x)+\frac{1}{\sqrt{M}}\sum_{j=0}^{\infty}\sum_k W_v(j,k)v_{j,k}(x) \tag{2.98}$$

$$W_u(0,k)=\frac{1}{\sqrt{M}}\sum_x f(x)u_{0,k}(x) \tag{2.99}$$

$$W_v(j,k)=\frac{1}{\sqrt{M}}\sum_x f(x)v_{j,k}(x) \tag{2.100}$$

一般选 M 为 2 的整数次幂,所以上述求和对 $x=0,1,2,\cdots,M-1$,$j=0,1,2,\cdots,J-1$,
$k=0,1,2,\cdots,2^j-1$ 进行。系数 $W_u(0,k)$ 和 $W_v(j,k)$ 分别对应小波序列展开中的
$a_0(k)$ 和 $d_j(k)$,且分别称为近似系数和细节系数。同样,如果展开函数仅构成 U
和 V 的双正交基(如 2.4.1 小节中的第(2)种情况),则 $u(x)$ 和 $v(x)$ 要用它们的对偶
函数 $u'(x)$ 和 $v'(x)$ 来替换。

2.4.3 快速小波变换

小波变换在实现上有快速算法(Mallat 小波分解算法),即快速小波变换(fast
wavelet transform,FWT)。

考虑多分辨率细化方程,即式(2.80),并暂改用 m 表示求和变量,则

$$u(x)=\sum_m h_u(m)\sqrt{2}u(2x-m) \tag{2.101}$$

如果对 x 用 2^j 进行缩放,用 k 进行平移,并令 $n=2k+m$,则可得到:

$$u(2^j x-k)=\sum_m h_u(m)\sqrt{2}u\big[2(2^j x-k)-m\big]=\sum_n h_u(n-2k)\sqrt{2}u(2^{j+1}x-n) \tag{2.102}$$

与此相对应,如果考虑式(2.85),对 x 用 2^j 进行缩放,用 k 进行平移,并令
$n=2k+m$,则可类似地得到:

$$v(2^j x-k)=\sum_n h_v(n-2k)\sqrt{2}u(2^{j+1}x-n) \tag{2.103}$$

将式(2.81)代入式(2.100),可以得到:

$$W_v(j,k)=\frac{1}{\sqrt{M}}\sum_x f(x)2^{j/2}v(2^j x-k) \tag{2.104}$$

再将式(2.103)代入式(2.104),得到:

$$W_v(j,k)=\frac{1}{\sqrt{M}}\sum_x f(x)2^{j/2}\sum_n h_v(n-2k)\sqrt{2}u(2^{j+1}x-n) \tag{2.105}$$

将两个求和交换次序，可把式(2.105)写成：

$$W_v(j,k) = \sum_n h_v(n-2k)\left[\frac{1}{\sqrt{M}}\sum_x f(x)2^{(j+1)/2}u\left(2^{j+1}x-n\right)\right] \tag{2.106}$$

参考式(2.79)，如果用 $j+1$ 替换式(2.99)中的0(预选的起始尺度，本来应该是个变量)，则可将式(2.106)等号右边方括号中的部分看作 $j+1$ 时的式(2.99)，换句话说，离散小波变换在尺度 j 的细节系数是离散小波变换在尺度 $j+1$ 的近似系数的函数，即

$$W_v(j,k) = \sum_n h_v(n-2k)W_u(j+1,n) \tag{2.107}$$

类似地，离散小波变换在尺度 j 的近似系数也是离散小波变换在尺度 $j+1$ 的近似系数的函数，即

$$W_u(j,k) = \sum_n h_u(n-2k)W_u(j+1,n) \tag{2.108}$$

式(2.107)和式(2.108)揭示了相邻尺度间离散小波变换系数的联系，在尺度 j 上的系数 $W_u(j,k)$ 和 $W_v(j,k)$ 可用在尺度 $j+1$ 的近似系数 $W_u(j+1,k)$ 分别与缩放函数系数 h_u 和小波函数系数 h_v 卷积再进行亚抽样得到。这可用图 2.15 所示的正变换的分析方框图表示，其中"↓"表示亚抽样。

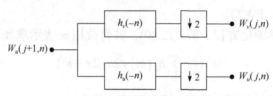

图 2.15　正变换的分析方框图

图 2.15 所示的计算方式可以循环使用，以计算多级尺度间的离散小波变换系数。两级小波变换系数的计算如图 2.16 所示。这里设最高级的尺度为 J，则原始函数 $f(n) = W_u(J,n)$。第 1 级计算将原始函数分解为低通的近似部分和高通的细节部分，第 2 级计算将第 1 级得到的近似部分进一步分解为两部分(下一个尺度上的近似部分和细节部分)。这种结构可用二叉树来表示。

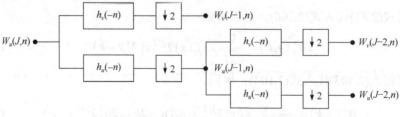

图 2.16　两级小波变换系数的计算

　　上述分解效果也可借助图 2.17 所示频谱空间两级计算效果来解释。原始函数的尺度空间 U_J 先被第 1 级计算分解为两半，即小波子空间 V_{J-1} 和尺度子空间 U_{J-1}。第 2 级计算将其中频率较低的一半，即尺度子空间 U_{J-1}，再分成小波子空间 V_{J-2} 和尺度子空间 U_{J-2}。

　　反过来，利用近似系数 $W_u(J,n)$ 和细节系数 $W_v(J,n)$ 重建 $f(x)$ 也有快速的算法，称为快速小波反变换（FWT^{-1}）。它利用正变换中的缩放函数系数和小波函数系数，以及在尺度 j 上的近似系数和细节系数来产生在尺度 $j+1$ 上的近似系数。与图 2.15 所示的正变换分析方框图对应，反变换的合成方框图如图 2.18 所示，其中"↑"表示插值/上采样。

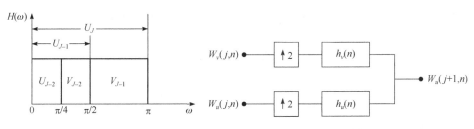

图 2.17　频谱空间两级计算效果　　　　　图 2.18　反变换的合成方框图

　　合成函数与分析函数互相在时域反转（参见式(2.86)），因为分析函数分别为 $h_u(-n)$ 和 $h_v(-n)$，所以合成函数分别为 $h_u(n)$ 和 $h_v(n)$。

　　类似于循环使用图 2.15 所示的流图来计算多级尺度间的离散小波变换系数，也可循环使用图 2.18 所示的流图来计算多级尺度间的离散小波反变换系数。

2.4.4　二维小波变换

可以方便地将一维快速(离散)小波变换推广到二维的情况。

1. 二维变换函数

　　为计算 2-D 变换，需要一个 2-D 缩放函数 $u(x,y)$ 和三个 2-D 小波函数 $v^{\mathrm{H}}(x,y)$、$v^{\mathrm{V}}(x,y)$、$v^{\mathrm{D}}(x,y)$（其中上标 H、V 和 D 分别表示水平、垂直和对角方向）。它们都是 1-D 缩放函数 u 和对应的小波函数 v 的乘积：

$$u(x,y) = u(x)u(y) \tag{2.109}$$

$$v^{\mathrm{H}}(x,y) = v(x)u(y) \tag{2.110}$$

$$v^{\mathrm{V}}(x,y) = u(x)v(y) \tag{2.111}$$

$$v^{\mathrm{D}}(x,y) = v(x)v(y) \tag{2.112}$$

式中，$u(x,y)$ 是一个可分离的缩放函数；$v^H(x,y)$、$v^V(x,y)$、$v^D(x,y)$ 是三个对方向敏感(directionally sensitive)的小波函数。这些小波函数分别测量图像沿不同方向灰度的变化：$v^H(x,y)$ 测量沿列(水平边缘)的变化，$v^V(x,y)$ 测量沿行(垂直边缘)的变化，$v^D(x,y)$ 测量沿对角线的变化。

有了 $u(x,y)$ 和 $v^H(x,y)$、$v^V(x,y)$、$v^D(x,y)$，将 1-D 离散小波变换推广到 2-D 离散小波变换是很直接的。先定义缩放和平移的基函数：

$$u_{j,m,n}(x,y) = 2^{j/2}u\left(2^j x - m, 2^j y - n\right) \tag{2.113}$$

$$v^{(i)}_{j,m,n}(x,y) = 2^{j/2}v^{(i)}\left(2^j x - m, 2^j y - n\right), \quad (i)=\{\text{H,V,D}\} \tag{2.114}$$

然后就可得到尺寸为 $M \times N$ 的 2-D 图像 $f(x,y)$ 的离散小波变换：

$$W_u(0,m,n) = \frac{1}{\sqrt{MN}}\sum_{x=0}^{M-1}\sum_{y=0}^{N-1} f(x,y)u_{0,m,n}(x,y) \tag{2.115}$$

$$W_v^{(i)}(j,m,n) = \frac{1}{\sqrt{MN}}\sum_{x=0}^{M-1}\sum_{y=0}^{N-1} f(x,y)v^{(i)}_{j,m,n}(x,y), \quad (i)=\{\text{H,V,D}\} \tag{2.116}$$

一般选择 $N = M = 2^j$，这样 $j = 0,1,2,\cdots,J-1$，$m,n = 0,1,2,\cdots,2^j-1$。有了 $W_u(0,m,n)$ 和 $W_v^{(i)}(j,m,n)$，就可通过离散小波反变换得到 $f(x,y)$：

$$f(x,y) = \frac{1}{\sqrt{MN}}\sum_m\sum_n W_u(0,m,n)u_{0,m,n}(x,y)$$

$$+ \frac{1}{\sqrt{MN}}\sum_{(i)=\text{H,V,D}}\sum_{j=0}^{\infty}\sum_m\sum_n W_v^{(i)}(j,m,n)v^{(i)}_{j,m,n}(x,y) \tag{2.117}$$

2. 二维变换实现和结果

因为缩放函数和小波函数都是可分离的，所以可对 $f(x,y)$ 的行先进行 1-D 变换再对结果进行列变换。图 2.19 所示为 2-D 小波变换的方框图。与 1-D 时的方法

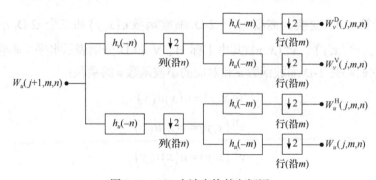

图 2.19　2-D 小波变换的方框图

类似,这里也是用尺度 $j+1$ 的近似系数来得到尺度 j 的近似系数和细节系数,只是这里有 3 组细节系数。

小波变换的结果是将图像进行了(多尺度)分解,这种分解是从高尺度向低尺度进行的。图 2.20 为 2-D 图像的二级小波分解示意图,先从尺度 $j+1$ 分解到尺度 j,再分解到尺度 $j-1$。

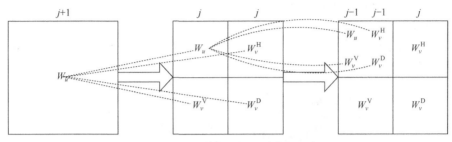

图 2.20 2-D 图像的二级小波分解示意图

小波分解的结果是将图像划分成了子图像的集合。在第 1 级小波分解时,原始图像被划分成 1 个低频子图像 LL(对应 W_u)和 3 个高频子图像 HH、LH 和 HL(分别对应 W_v^{D}、W_v^{V} 和 W_v^{H})的集合。在第 2 级小波分解时,低频子图像 LL 被继续划分成 1 个低频子图像和 3 个(较)高频子图像的集合,而原来第 1 级分解得到的 3 个高频子图像不变(参见图 2.20)。上述分解过程可以这样继续下去,得到越来越多的子图像。

例 2.8 图像小波分解实例。

图 2.21 给出对两幅图像进行 3 级小波分解得到的最终结果。图像小波分解结果从右下向左上频率逐渐降低。左上角的是一个低频子图像,它是原图像在低分

(a) 辣椒图

(b) 卵石图

图 2.21 图像小波分解实例

辨率上的一个近似，其余各个不同分辨率的子图像均含有较高频率成分，它们在不同的分辨率和不同的方向上反映了原图像的高频细节。其中，在各个 LH 子图像内，主要结构均是沿水平方向的，反映了图像中的水平边缘情况(水平方向低频，垂直方向高频)；在各个 HL 子图像内，主要结构均是沿垂直方向的，反映了图像中的垂直边缘情况(水平方向高频，垂直方向低频)；在各个 HH 子图像内，沿水平方向和垂直方向的高频细节均有体现。

　　图 2.21 只在左上角给出了第 3 级小波分解后得到的一个低频子图像。事实上，在每级分解过程中都可得到该级的一个低频子图像，小波分解时依次得到的低频子图像序列实例如图 2.22 所示。

图 2.22　小波分解时依次得到的低频子图像序列实例

思　考　题

1. 分析比较离散余弦变换和小波变换的优缺点。
2. 简述用变换域方法进行图像处理的基本思路。
3. 请查找资料说明离散余弦变换和小波变换是否可以应用在深度学习中。

参 考 文 献

[1] 章毓晋. 图像工程(上册): 图像处理[M]. 2 版. 北京: 清华大学出版社, 2006.

[2] FREEMAN A. The Analytical Theory of Heat[M]. FOURIER J, translator. London: Cambridge University Press, 1878.

[3] GONZALEZ R C, WOODS R E. 数字图像处理[M]. 2 版. 阮秋琦, 阮宇智, 等译. 北京:电子工业出版社, 2007.

[4] GRANDKE T. Interpolating algorithms for discrete Fourier transforms of weighted signals[J]. IEEE Transactions on Instrumentation and Measurement, 1983, 13(2): 350-355.

[5] SHI L X, HASSANIEH H, DAVIS A, et al. Light field reconstruction using sparsity in the continuous Fourier domain[J]. ACM Transactions on Graphics, 2014, 34(1): 1-12.

[6] 张涛, 齐永奇. MATLAB 图像处理编程与应用[M]. 北京:机械工业出版社, 2016.

[7] AHMED N, NATARAJAN T, RAO K R. Discrete cosine transform[J]. IEEE Transactions on Computers, 1974, C-23(1): 90-93.

[8] FEIG E, WINOGRAD S. Fast algorithms for the discrete cosine transform[J]. IEEE Transactions on Signal Processing,

1992, 40(9): 2174-2193.

[9] HAFED Z M, LEVINE M D. Face recognition using the discrete cosine transform[J]. International Journal of Computer Vision, 2001, 43: 167-188

[10] WATSON A B. Image compression using the discrete cosine transform[J]. Mathematica Journal, 1994, 4(1): 81-88.

[11] SHENSA M J. The discrete wavelet transform: Wedding the à trous and Mallat algorithms[J]. IEEE Transactions on Signal Processing, 1992, 40(10): 2464-2482.

[12] FARGE M. Wavelet transforms and their applications to turbulence[J]. Annual Review of Fluid Mechanics, 1992, 24: 395-458.

[13] ANTONINI M, BARLAUD M, MATHIEU P, et al. Image coding using wavelet transform[J]. IEEE Transactions on Image Processing, 1992, 1(2): 205-220.

[14] BEYLKIN G, COIFMAN R, ROKHLIN V. Fast wavelet transforms and numerical algorithms I[J]. Communication on Pure and Applied Mathematics, 1991, 44(2): 141-183.

[15] LEWIS A S, KNOWLES G. Image compressing using the 2-D wavelet transform[J]. IEEE Transactions on Image Processing, 1992, 1(2): 244-250.

第3章 深度学习

3.1 引 言

3.1.1 基本概念

1. 机器学习

机器学习(machine learning，ML)是一门从数据中研究算法的多领域交叉学科，研究计算机如何模拟或实现人类的学习行为，根据已有的数据或以往的经验进行算法选择、构建模型、预测新数据，并重新组织已有的知识结构使之不断改进自身的性能。更加精确地说，机器学习的定义如下：

一个机器学习的程序可以被认为是从经验数据 E 中对任务 T 进行学习的算法，它在任务 T 上的性能度量 P 会随着对于经验数据 E 的学习而变得更好[1]。

机器学习与数理统计密切相关，但两者还是有所不同。机器学习通常用于处理复杂的大型数据集，如包含几百万张图像的数据集，如果用统计分析的方法来处理这种大型数据集是不切实际的。机器学习中的学习指的是，寻找更优数据表示的自动搜索过程。

2. 神经元

正如其名，神经网络的灵感来源于人类大脑的神经结构，类似在一个人类大脑中，神经网络最基本的构件就称为神经元(neurons)，它的功能和人的神经元很相似，换句话说，它有一些输入，然后给一个输出。在数学上，在机器学习中的神经元就是一个数学函数的占位符。神经元的功能如下所述：

(1) 接收外部源的输入。

(2) 对每个输入赋予权值。

(3) 与其他输入求和。

3. 激活函数

神经网络中的每个神经元节点接收上一层神经元的输出值作为本神经元的输入值，并将输入值传递给下一层。输入层神经元节点会将输入属性值直接传递给下一层(隐藏层或输出层)。在多层神经网络中，上层节点的输出和下层节点的输入之间具有一个函数关系，这个函数称为激活函数(activation function)[2]。

在不用激活函数(其实相当于激活函数 $f(x)=x$)的情况下，每一层节点的输入都是上层输出的线性函数，很容易验证，无论神经网络有多少层，输出都是输入的线性组合，与没有隐藏层效果相当，这种情况就是最原始的感知机了，那么网络的逼近能力就相当有限。出于上面的原因，决定引入非线性函数作为激活函数，这样深层神经网络表达能力就更加强大(不再是输入的线性组合，而是几乎可以逼近任意函数)。

早期研究神经网络主要采用 sigmoid 函数或者 tanh 函数，输出有界，很容易充当下一层的输入。近些年，ReLU 函数及其改进型(如 Leaky-ReLU、P-ReLU、R-ReLU 等)在多层神经网络中应用比较多。

4. 权重与偏置

神经网络中每层对输入数据所做的具体操作保存在该层的权重中，其本质是一串数字。用术语来说，每层实现的变换由其权重来参数化。

权重(weights)：神经元之间的连接强度由权重表示，权重的大小表示可能性的大小。

偏置(biases)：偏置的设置是为了正确分类样本，是模型中一个重要的参数，相当于加入一个常数。偏置实际上是对神经元激活状态的控制。在神经元中，$Y = \omega X + b$，其中 ω 是权重、b 是偏置。图 3.1 为输入输出与权重的关系。

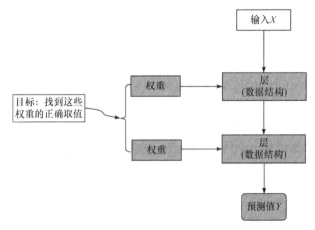

图 3.1 输入输出与权重的关系

5. 基本神经网络

在理解神经网络(neural network，NN)[3]之前，有必要理解神经网络中的层(layer)。层是一种数据处理模块，可以将它看成数据过滤器。进去一些数据，出来的数据变得更加有用。具体来说，层从输入数据中提取表示，期望这种表示有助于解决手头的问题。大多数深度学习都是将简单的层链接起来，从而实现渐进式数据蒸馏。一层是一组有输入输出的神经元。每一个神经元的输入通过其所属的激活函数处理。例如，图 3.2 是一个小型神经网络。

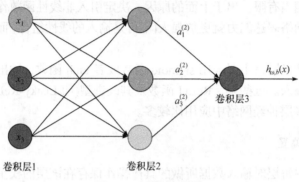

图 3.2　小型神经网络

图 3.2 中，最左边的层 1 为输入层，最右边的层 3 为输出层，中间的层 2 中参数值不能在训练集中观察到，故称该层为隐藏层。图 3.2 所示的小型神经网络，有 3 个输入单元(不包括偏置单元)、3 个隐藏单元和 1 个输出单元。

任何神经网络都至少包含 1 个输入层和 1 个输出层。隐藏层的数量在不同的网络中不同，这取决于待解决问题的复杂度。

3.1.2　反向传播

1. 代价函数/损失函数

代价函数(cost function)是定义在整个训练集上的，表示所有样本误差总和的平均，即损失函数总和的平均。该平均的存在与否并不会影响最后的参数求解结果。

损失函数(loss function)是定义在单个训练样本上的，是真实值和预测值的非负值函数，也就是计算一个样本的误差。例如，对于分类任务，损失函数就是预测类别和实际类别的区别，是一个样本的，用 L 表示。在训练的过程中需要将损失函数最小化。损失函数能够衡量当前训练任务是否已经成功完成。

2. 线性回归/逻辑回归

在回归类任务中，计算机程序需要对给定输入预测数值。为了完成这个任务，学习算法需要输出函数 $f : R^n \rightarrow R$。除返回结果的形式不一样外，这类任务和分类任务是很像的。这类任务的一个示例是预测投保人的索赔金额(用于设置保险费)，或者预测证券未来的价格。这类预测也用在算法交易中。

线性回归(linear regression)模型是在给定数据集 $D = \{(x_1,y_1),(x_2,y_2),\cdots,$ $(x_m,y_m)\}$ (其中 $x_i = (x_{i1},x_{i2},\cdots,x_{id}), y_i \in \mathbf{R}$) 上，利用线性模型试图学得 $f(x_i) = \omega x_i + b$，使得函数 $f(x_i) \cong y_i$。像这样有 d 个属性描述的线性函数，也被称为多元线性回归。

逻辑回归(logistic regression)[4]是在线性回归模型的基础上，使用 sigmoid 函数，将线性模型 $\omega^{\mathrm{T}} x$ 的结果压缩到[0,1]，使其拥有概率意义。可以理解为，这是在求取输入空间到输出空间的非线性函数映射，其本质仍然是一个线性模型。

3. 前向传播/反向传播

无论是机器学习，还是深度学习，都绕不开梯度下降。深度学习的大致步骤：构建神经网络，数据拟合，选出最佳模型。其中，选出最佳模型的方式是利用梯度下降算法使损失函数最小。在传统的机器学习中，该步骤较为容易，直接计算可得。但是在深度学习中，由于存在输入层、隐藏层和输出层，且隐藏层到底有多深是未知数，因此计算也会更加繁杂。

如果输出层输出的数据和设定的目标及标准相差比较大，这时就需要反向传播(back propagation)[5]。利用反向传播，逐层求出目标函数对各神经元权值的偏导数，构成目标函数对权值向量的梯度，该步骤是为了对权值的优化提供依据，等权值优化后，再转为正向传播(forward propagation)，当输出的结果达到设定的标准时，算法结束。

导数的链式法则可表述如下。

若 $y = g(x), z = h(y)$，则

$$\frac{\mathrm{d}z}{\mathrm{d}x} = \frac{\mathrm{d}z}{\mathrm{d}y}\frac{\mathrm{d}y}{\mathrm{d}x} \tag{3.1}$$

若 $x = g(s), y = h(s)$，则

$$\frac{\mathrm{d}z}{\mathrm{d}s} = \frac{\mathrm{d}z}{\mathrm{d}x}\frac{\mathrm{d}x}{\mathrm{d}s} + \frac{\mathrm{d}z}{\mathrm{d}y}\frac{\mathrm{d}y}{\mathrm{d}s} \tag{3.2}$$

以逻辑回归的神经元为例，如图 3.3 所示。很显然，在这个神经元中 $z = \omega_1 x_1 + \omega_2 x_2 + b$。最后，这个线性方程 z 会被代入 sigmoid 函数中，也就是说，得到输出 $\alpha = \sigma(z)$。

无论是机器学习，还是深度学习，计算之后都会产生一定的损失值，记作 l。反向传播的最终目的是修正权值 ω，那么让 l 对 ω 求偏导，根据链式准则：

$$\frac{\partial l}{\partial \omega} = \frac{\partial z}{\partial \omega}\frac{\partial l}{\partial z} \tag{3.3}$$

z 对 ω 求偏导：

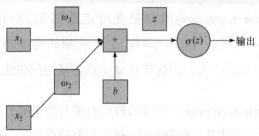

图 3.3　逻辑回归神经元

$$\frac{\partial z}{\partial \omega_1} = x_1, \quad \frac{\partial z}{\partial \omega_2} = x_2 \tag{3.4}$$

式中，x_1、x_2 其实就是最开始的输入值，因此可以当作是已知的。上面这个计算过程就是正向传播。

l 对 z 求导，这个部分其实很复杂。这一部分的求解过程，就是反向传播：

$$\frac{\partial l}{\partial z} = \frac{\partial \alpha}{\partial z} \frac{\partial l}{\partial \alpha} = \sigma'(z)\frac{\partial l}{\partial \alpha} \tag{3.5}$$

4. 梯度下降

梯度下降(gradient descent)在机器学习中应用十分广泛，可以用于求解最小二乘问题。不论是在线性回归中，还是逻辑回归中，它的主要目的是通过迭代找到目标函数的最小值，或者收敛到最小值。

梯度下降算法的基本思想可以类比为一个下山的过程。假设这样一个场景：一个人被困在山上，需要从山上下来(找到山的最低点，也就是山谷)，但此时山上的浓雾很大，可视度很低，下山的路径无法确定，必须利用自己周围的信息一步一步地找到下山的路。这个时候，便可利用梯度下降算法来帮助自己下山。具体做法：首先以自己当前所处的位置为基准，寻找这个位置最陡峭的地方，然后朝着下降方向走一步，又以当前位置为基准，再找最陡峭的地方，再走，直到最后到达最低处。

首先，有一个可微分的函数，这个函数代表一座山，目标就是找到这个函数的最小值，也就是山谷。根据之前的场景假设，最快的下山方式是找到当前位置最陡峭的地方，然后沿着下降方向往下走。对应到函数中，就是找到给定点的梯度，然后朝着梯度相反的方向移动，这样就能让函数值下降得最快。因此，重复这一过程，反复求取梯度，最后就能到达局部的最小值，这就类似于下山的过程。

3.1.3　优化学习

1. 随机梯度下降

由于处理的是一个可微函数，可以计算出它的梯度，沿着梯度的反方向更新权重，损失每次都会变小，具体步骤如下所述。

(1) 抽取训练样本 X 和对应目标 Y 组成的数据批量。

(2) 在 X 上运行网络，得到预测值 Y_pred。

(3) 计算网络在这批数据上的损失，用于衡量 Y_pred 和 Y 之间的距离。

(4) 计算损失相对于网络参数的梯度。

(5) 将参数沿着梯度的反方向移动，如 $W = W - step * gradient$，从而使这批数据上的损失减小。

随机梯度下降(stochastic gradient descent，SGD)是在每次迭代时使用一个样本对参数进行更新，对于一个样本的损失函数为

$$J^{(i)}(\theta_0, \theta_1) = \frac{1}{2}\left(h_\theta\left(x^i\right) - y^i\right)^2 \tag{3.6}$$

计算损失函数的梯度：

$$\frac{\Delta J^{(i)}(\theta_0, \theta_1)}{\theta_j} = \left(h_\theta\left(x^i\right) - y^i\right)x_j^{(i)} \tag{3.7}$$

参数更新为

$$\theta_j := \theta_j - \alpha\left(h_\theta\left(x^i\right) - y^i\right)x_j^{(i)} \tag{3.8}$$

随机梯度下降算法的优点：

(1) 在学习过程中加入了噪声，提高了泛化误差。

(2) 由于不是在全部训练数据上的损失函数，而是在每次迭代中随机优化某一条训练数据上的损失函数，因此每一轮参数的更新速度大大加快。

随机梯度下降算法的缺点：

(1) 准确度下降。即使在目标函数为强凸函数的情况下，SGD 仍旧无法做到线性收敛。

(2) 可能会收敛到局部最优，因为单个样本并不能代表全体样本的趋势。

(3) 不易于并行实现。

2. 小批量梯度下降

小批量梯度下降(mini-batch gradient descent，MBGD)，是对批量梯度下降及随机梯度下降的一个折中办法。其思想：每次迭代使用 batch size 个样本对参数进行更新。小批量的梯度下降可以利用矩阵和向量计算进行加速，还可以减少参数更新的方差，得到更稳定的收敛。在小批量梯度下降中，学习速率一般设置得比较大，随着训练不断进行，可以动态减小学习速率，这样可保证刚开始算法收敛速度较快。实际中，如果目标函数平面是局部凹面，传统的随机梯度下降往往

会在此振荡,因为一个负梯度会使其指向一个陡峭的方向,目标函数的局部最优值附近会出现这种情况,导致收敛很慢,这时候需要给梯度一个动量,使其能够跳出局部最小值,继续沿着梯度下降的方向优化,使得模型更容易收敛到全局最优值。

小批量梯度下降算法的优点:

(1) 通过矩阵运算,每次在一个 batch 上优化神经网络参数并不会比单个数据慢太多。

(2) 每次使用一个 batch 可以很大程度上减少收敛所需要的迭代次数,同时可以使收敛到的结果更加接近梯度下降的效果。

(3) 可实现并行化。

小批量梯度下降算法的缺点:batch size 选择不当,可能会带来一些问题。

3. 归一化

数据标准化,也称为数据归一化(normalization)[6],是将需要处理的数据通过某种算法处理后,将其限定在需要的一定范围内。

数据标准化处理是数据挖掘的一项基础工作,不同评价指标往往具有不同的量纲和量纲单位,这样的情况会影响数据分析的结果,为了消除指标之间的量纲影响,需要对数据进行归一化处理,解决数据指标之间的可比性问题。

如上面所说,数据归一化的目的就是把不同来源的数据统一到同一数量级(一个参考坐标系)下,这样使比较变得有意义。归一化使得后面数据处理起来更为方便,它有两大优点:

(1) 归一化可以加快梯度下降求最优解的速度。

(2) 归一化有可能提高精度。

4. 正则化

正则化(regularization)[7]是在损失函数后加上一个正则化项(惩罚项),其实就是常说的结构风险最小化策略。一般模型越复杂,正则化值越大。

正则化项是用来对模型中某些参数进行约束,正则化的一般形式为

$$\min \frac{1}{n} \sum L\left(y_i, f(x_i)\right) + \lambda J(f) \tag{3.9}$$

式中,第一项为损失函数;第二项为正则化项;$\lambda (\geqslant 0)$ 为调整损失函数和正则化项的系数。

正则化一般是为了防止模型出现过拟合的现象,过拟合是指学习时模型的参数过多,模型过于复杂。模型对于训练数据预测得很好,但对于未知数据预测效果很差,即训练误差小,预测误差大。过拟合时,模型系数会很大,因为模型要

顾及每一个点，在很小的空间里函数值变化剧烈，可见偏导数会很大，所以模型系数大。过拟合时，一般模型的参数(特征)较多，模型会千方百计去拟合训练集，损失函数较小，但会导致模型的泛化能力较差。一般样本较少而特征较多时，容易产生过拟合现象。

5. Dropout 随机阻断机制

2012 年，Hinton 等[8]在其论文 *Improving neural networks by preventing co-adaptation of feature detectors* 中提出 Dropout。当一个复杂的前馈神经网络被训练在小的数据集时，容易造成过拟合。为了防止过拟合，可以通过阻止特征检测器的共同作用来提高神经网络的性能。

Dropout 是指在深度学习网络的训练过程中，对于神经元，按照一定的概率将其暂时从网络中丢弃，注意是暂时。对于随机梯度下降来说，由于是随机丢弃，故而每一个 mini-batch 都在训练不同模型。Dropout 可以比较有效地缓解过拟合的发生，在一定程度上达到正则化的效果。

此外，隐含节点都是以一定概率随机出现，因此不能保证每两个隐含节点每次都同时出现，这样权值的更新不再依赖于有固定关系隐含节点的共同作用，避免了某些特征仅仅在其他特定特征下才有效果的情况。

Dropout 具体工作流程如图 3.4 所示。

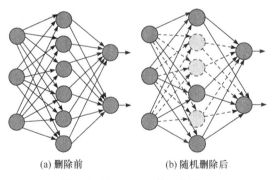

(a) 删除前　　　　　　　(b) 随机删除后

图 3.4　Dropout 具体工作流程

(1) 首先随机(临时)删掉网络中一半的隐藏神经元，输入输出神经元保持不变(图 3.4(b)中虚线为部分临时被删除的神经元)。

(2) 把输入 x 通过修改后的网络前向传播，然后把得到的损失结果通过修改的网络反向传播。一小批训练样本执行完这个过程后，在没有被删除的神经元上按照随机梯度下降算法更新对应的参数(ω,b)。

(3) 然后重复以下过程：

① 恢复被删掉的神经元(此时被删除的神经元保持原样，而没有被删除的神

经元已经有所更新)。

② 从隐藏层神经元中随机选择一个一半大小的子集临时删除掉(备份被删除神经元的参数)。

③ 对一小批训练样本,先前向传播然后反向传播损失并根据随机梯度下降算法更新参数(ω,b),没有被删除的那一部分参数得到更新,删除的神经元参数保持被删除前的结果。

3.1.4 深度学习发展史简介

1. 深度学习的起源阶段

1943 年,心理学家麦卡洛克和数学逻辑学家皮兹发表论文《神经活动中内在思想的逻辑演算》,提出了 MP 模型。MP 模型是模仿神经元的结构和工作原理,构成的一个基于神经网络的数学模型,本质上是一种"模拟人类大脑"的神经元模型。该模型将神经元简化为三个过程:输入信号线性加权、求和、非线性激活。MP 模型作为人工神经网络的起源,开创了人工神经网络的新时代,也奠定了神经网络模型的基础。

1949 年,加拿大著名心理学家唐纳德·赫布在《行为的组织》中提出了一种基于无监督学习的规则——海布规则(Hebb rule),模仿人类认知世界的过程建立一种网络模型。该网络模型针对训练集进行大量的训练并提取训练集的统计特征,然后按照样本的相似程度进行分类,把相互之间联系密切的样本分为一类,最终将样本分成了若干类。海布规则与"条件反射"机理一致,为以后的神经网络学习算法奠定了基础,具有重大的历史意义,深度学习发展史如图 3.5 所示。

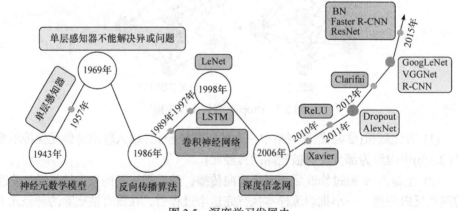

图 3.5 深度学习发展史

20 世纪 50 年代末,在 MP 模型和海布规则的研究基础上,美国科学家罗森布拉特发现了一种类似于人类学习过程的学习算法——感知器学习,并于 1957 年正式提出了由神经元组成的神经网络，称之为"感知器"。感知器本质上是一种线性模型，可以对输入的训练集数据进行二分类，且能够在训练集中自动更新权值。感知器的提出吸引了大量科学家对人工神经网络研究的兴趣，对神经网络的发展具有里程碑式意义。

随着研究的深入，在 1969 年，"人工智能之父"马文·明斯基和 LOGO 语言的创始人西蒙·派珀特共同编写了一本书《感知器》，在书中他们证明了单层感知器无法解决线性不可分问题(如异或问题)。由于这个致命的缺陷，以及没有及时推广感知器到多层神经网络中，在 20 世纪 70 年代，人工神经网络进入了第一个寒冬期，人们对神经网络的研究也停滞了将近 20 年。

2. 深度学习的发展阶段

1982 年，著名物理学家约翰·霍普菲尔德发明了 Hopfield 神经网络[9]。Hopfield 神经网络是一种结合存储系统和二元系统的循环神经网络。Hopfield 神经网络也可以模拟人类的记忆，根据激活函数的选取不同，有连续型和离散型两种类型，分别用于优化计算和联想记忆。但由于容易陷入局部最小值的缺陷，该算法并未在当时引起很大的轰动。

直到 1986 年，深度学习之父杰弗里·辛顿提出了一种适用于多层感知器的反向传播算法——BP[10]算法。在传统神经网络正向传播的基础上，增加了误差的反向传播过程。反向传播过程不断地调整神经元之间的权值和阈值，直到输出的误差减小到允许的范围之内，或达到预先设定的训练次数。BP 算法完美地解决了非线性分类问题，让人工神经网络再次引起了人们广泛的关注。

1998 年，Lecun 等[11]发明了卷积神经网络 LeNet，并将其用于数字识别，且取得了较好的成绩，不过当时并没有引起足够的注意。

值得强调的是，在 1989 年以后，由于没有特别突出的方法被提出，且神经网络一直缺少相应的严格的数学理论支持，神经网络的研究热潮渐渐冷淡下去。冰点来自于 1991 年，BP 算法被指出存在"梯度消失"问题，即在误差梯度后向传递的过程中，后层梯度以乘性方式叠加到前层，由于 sigmoid 函数的饱和特性，后层梯度本来就小，误差梯度传到前层时几乎为 0，因此无法对前层进行有效的学习，该发现对此时的神经网络发展雪上加霜。

1997 年，LSTM 模型[12]被发明，尽管该模型在序列建模上的特性非常突出，但由于正处于神经网络发展的下坡期，也没有引起足够的重视。

20 世纪 80 年代，由于计算机硬件水平有限，如运算能力跟不上，因此当神经网络的规模增大时，再使用 BP 算法会出现"梯度消失"问题。这使得 BP 算法的发展受到了很大的限制。90 年代中期，以支持向量机(support vector machine, SVM)为代表的其他浅层机器学习算法被提出，并在分类、回归问题上均取得了很好的效果，其原理明显不同于神经网络模型，所以人工神经网络的发展再次进入了瓶颈期。

3. 深度学习的爆发阶段

2006 年，杰弗里·辛顿及他的学生鲁斯兰·萨拉赫丁诺夫正式提出了深度学习的概念。他们在世界顶级学术期刊 *Science* 上发表的一篇文章中，详细给出了"梯度消失"问题的解决方案——通过无监督的学习方法逐层训练算法，再使用有监督的反向传播算法进行调优。该深度学习方法的提出，立即在学术圈引起了巨大的反响，以斯坦福大学、多伦多大学为代表的众多世界知名高校纷纷投入巨大的人力、财力进行深度学习领域的相关研究，而后又迅速蔓延到工业界。

2012 年，在著名的 ImageNet 图像识别大赛中，杰弗里·辛顿领导的小组采用深度学习模型 AlexNet[13]一举夺冠。AlexNet 采用 ReLU 激活函数，从根本上解决了"梯度消失"问题，并采用图形处理单元(graphics processing unit，GPU)极大地提高了模型的运算速度。同年，由斯坦福大学著名的吴恩达教授和世界顶尖计算机专家 Jeff Dean 共同主导的深度神经网络技术在图像识别领域取得了惊人的成绩，在 ImageNet 评测中成功地把错误率从 26%降低到了 15%。深度学习算法在世界大赛中脱颖而出，再一次吸引了学术界和工业界对于深度学习领域的关注。

随着深度学习技术的不断进步及数据处理能力的不断提升，2014 年，Facebook 基于深度学习技术的 DeepFace 项目，在人脸识别方面的准确率已经能达到97%以上，跟人类识别的准确率几乎没有差别。这样的结果再一次证明了深度学习算法在图像识别方面的一骑绝尘。

2016 年，随着谷歌公司基于深度学习开发的 AlphaGo 以 4∶1 的比分战胜了国际顶尖围棋高手李世石，深度学习的热度一时无两。后来，AlphaGo 又接连和众多世界级围棋高手过招，均取得了完胜。这也证明了，在围棋界基于深度学习技术的机器人已经超越了人类。

2017 年，基于强化学习算法的 AlphaGo 升级版 AlphaGo Zero 横空出世。其采用"从零开始""无师自通"的学习模式，以100∶0 的比分轻而易举打败了之前的 AlphaGo。除了围棋，它还精通国际象棋等其他棋类游戏，可以说它是真正的棋类"天才"。此外，在这一年，深度学习的相关算法在医疗、金融、艺术、无人驾驶等多个领域均取得了显著的成果。因此，有专家把 2017 年看成是深度学习甚至是人工智能发展最为突飞猛进的一年。

在深度学习的浪潮之下，不管是人工智能的相关从业者，还是其他各行各业的工作者，都应该以开放、学习的心态关注深度学习、人工智能的热点动态。人工智能正在悄无声息地改变着人们的生活！

3.2　深度学习技术

3.2.1　卷积神经网络的基本原理

1. 选择卷积的原因

卷积更符合人们在观察图像时的规律，同时相比传统的神经网络更适用于图像领域。通常，卷积层在比全连接层参数少的同时，效果依旧很好甚至更高效。卷积运算如图 3.6 所示。

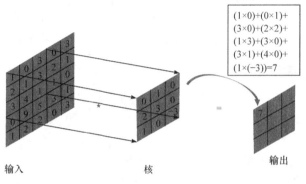

$$(1×0)+(0×1)+(3×0)+(2×2)+(1×3)+(3×0)+(3×1)+(4×0)+(1×(-3))=7$$

输入　　　　　　　　　　核　　　　　　　　　　输出

图 3.6　卷积运算

首先，在计算机视觉领域，要处理像素点构成的图像矩阵，如果采用传统的全连接神经网络，那么在仅仅处理一张图片时，就需要巨大的参数量和计算量。例如，一张(128，128，3)的 RGB 图片(128 表示图片长宽，3 代表三个通道：red、green、blue)，如果使用传统全连接层，首先要展平成一维数据，若隐藏层采用 256 个隐藏单元，那么仅仅输入层的权重参数 ω 就达到了(49152×256)个，如果再加上隐藏单元的 bias 参数，那么参数量为(49152×256+256)=12583168。如此巨大的参数量，不仅导致计算资源消耗大，还非常容易过拟合。在实际应用时，需要处理更大的图片，其参数甚至更多。因此，在处理图像时，如果采用传统的神经网络，在像素层面收集信息，是非常低效且不现实的。那么，为什么卷积的参数既少又高效呢？原因总结为以下三个方面。

(1) 参数共享(parameter sharing)，使用一组相同的参数，提取不同位置的相同特征。例如，图片左上角与右下角，只是位置不同，但都要提取同一类型特征，如水平边缘检测，两者就完全可以使用一组滤波器，这种特性不仅适用于边缘特征等低阶特征，而且适用于高阶特征。

(2) 局部相关性(local correlation)，输出每一像素点对应的只有一部分的输入，神经网络的前面几层应只探索输入图像中的局部区域，而不需要过度在意图像中相隔较远区域的关系，这就是"局部相关性"原则；后几层神经网络，在整个图像级别上可以集成这些局部特征用于预测。

(3) 满足平移不变性(translation invariance)，不管检测对象出现在图像中的哪个位置，神经网络的前面几层应该对相同的图像区域具有相似的反应，即"平移不变性"。这可能就是卷积神经网络效果非常好的重要原因。

可以更直观地从图像层面去理解卷积的意义，希望图在平移、旋转、缩放后，依旧能够被识别出来，而逐像素遍历又很不理想，故引入小窗口来提高效率。如图 3.7 所示，要寻找猫的眼睛，只需要告诉网络猫的眼睛整块是如何的，让网络分块去寻找，如果只是进行了平移，那前后两区域关于一样的眼睛部分，计算得到的理论值应该是完全一致的，这就高效又简洁地找到了猫眼睛。

图 3.7　根据"平移不变性"寻找猫的眼睛

2. 卷积过程与卷积直观理解

1) 卷积的计算过程

一般卷积的计算过程如图 3.8 所示。

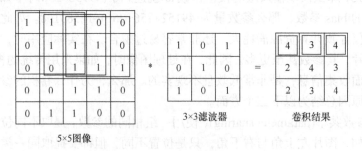

图 3.8　一般卷积的计算过程

图 3.9 为一般卷积计算过程的分解步骤。

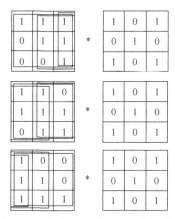

图 3.9 一般卷积计算过程的分解步骤

对应元素相乘再相加:

(1) $4=1\times1+1\times0+1\times1+0\times0+1\times1+1\times0+0\times1+0\times0+1\times1$。

(2) $3=1\times1+1\times0+0\times1+1\times0+1\times1+1\times0+0\times1+1\times0+1\times1$。

(3) $4=1\times1+0\times0+0\times1+1\times0+1\times1+0\times0+1\times1+1\times0+1\times1$。

2) 卷积的直观理解

从边缘检测示例入手更容易理解卷积过程的基本原理,下面是基本的垂直边缘检测与水平边缘检测示例。原图经过卷积运算之后能够得到清晰的边缘信息。为了更清晰地展示边缘检测效果,选取边缘信息显著的图像作为输入,如图 3.10 所示,以 Prewitt 边缘检测算子为例。

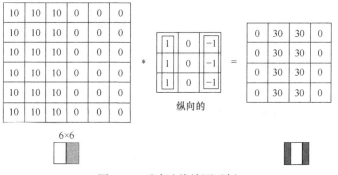

图 3.10 垂直边缘检测示例

图 3.10 中,左侧与右侧有明显的垂直分界边缘,通过垂直滤波器卷积运算后得到的结果,可以观察到中间有明显的边界线。同理,图 3.11 所示为水平边缘检测示例。

需要注意的是,边缘检测还分为由明到暗与由暗到明,如图 3.12 所示。

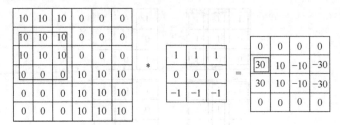

图 3.11　水平边缘检测示例

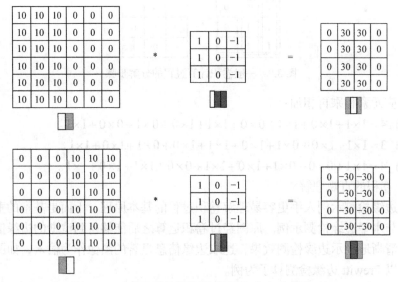

图 3.12　垂直边缘检测由明到暗(上)与由暗到明(下)

在卷积神经网络中，滤波器中的参数是网络自己学习，通过反向梯度传播优化为网络需要的类型。相比于人为设定的滤波器，可学习滤波器可以检测更多的角度，甚至任何自己想要的边缘，这些边缘信息就是基本的特征信息。这些滤波器在卷积神经网络中，被称为卷积核，如图3.13所示，其作用可理解为提取图像特征。

w_1	w_2	w_3
w_4	w_5	w_6
w_7	w_8	w_9

图 3.13　卷积核

3. 填充、步长与三维卷积

1) 填充

填充(padding)，包括横向填充(p_h)与纵向填充(p_w)。横向填充和纵向填充可以不同，但在没有特殊要求时，默认填充同样的像素。

填充的原因总结如下：

(1) 一般正常卷积时，许多的边缘信息只被很少位置利用，基本被忽略，且随着网络加深，丢失的则会更多，这对边缘信息的提取和利用非常不利。

(2) 每次卷积运算后，图像尺寸相对于原图像会缩小，随着网络的加深，中间层尺寸也会不断减少，不利于特征信息的提取，同时也会限制网络的深度。

因此，为了避免这些已知的问题，在卷积运算之前可以先对图像进行填充操作。一般无特殊说明，使用 0 值填充。

图 3.14 为卷积计算填充前后的对比。

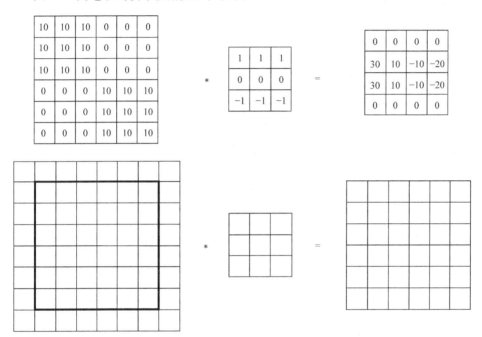

图 3.14   填充前(上)与填充后(下)的卷积计算

填充计算公式：

$$(n-f+2p+1)\times(n-f+2p+1)=n\times n \longrightarrow p=(f-1)/2 \tag{3.10}$$

式中，n 为原图大小；f 为卷积核大小；p 为填充层数。

关于高宽填充如何取值再卷积较为合适，实际上可以填充很多层，但常用的有 valid 和 same 卷积两种方式，其中 valid 表示不进行填充；same 表示进行填充，并填充到输出与原输入图像大小一致。

2) 步长

步长(stride)，表示的是卷积核每次移动几个单位，包括横向与纵向两个方向，两个方向可选用不一样的步长，一般没有特殊说明，默认一样。

步长的作用：选取合适的步长，可以有效地缩减采样次数，跳过中间冗余位置，提高计算效率。需要注意的是，在之前的例子中，步长默认均取 1。

输出形状计算公式：

$$n \times n \text{ image} \quad f \times f \text{ filter}$$
$$\text{padding } p \qquad \text{stride } s \tag{3.11}$$
$$\left[\frac{n+2p-f}{s}+1\right] \times \left[\frac{n+2p-f}{s}+1\right]$$

(1) 如果取 $p = f - 1$，则输出形状将简化为 $\left[\dfrac{n+f-1}{s}\right] \times \left[\dfrac{n+f-1}{s}\right]$；

(2) 若 n 可由 s 整除，则输出形状为 $\dfrac{n}{s} \times \dfrac{n}{s}$；

(3) 若 s 取 2，则高宽减半输出形状为 $\dfrac{n}{2} \times \dfrac{n}{2}$。

式中，$[x]$ 表示对 x 向下取整。

结合具体计算例子，进一步理解步长的概念。如图 3.15 所示，垂直步长 s_h 取 3，水平步长 s_w 取 2，padding 取 1，那么可得如下公式。

水平方向：

$$\left[\frac{3+2\times1-2}{2}+1\right]=2$$

垂直方向：

$$\left[\frac{3+2\times1-2}{3}+1\right]=2$$

图 3.15　填充后的卷积计算示例 (s_h=3, s_w=2, padding=1)

3) 三维卷积

之前是在维度为 1 的情况下介绍的卷积运算，而实际中最常使用的 RGB 图像是多通道的，维度为 3，现在要从一维卷积运算推广到更多维度的卷积运算。

三维卷积计算过程如图 3.16 所示。

输出形状计算公式与之前一致，只是多了维度上的计算，同时卷积核的选取有了维度上的要求：必须保证卷积核的通道数与输入图像通道数一致，计算方式仍是对应位置元素相乘再相加。但这样得到的结果只有单通道输出，而多输入通

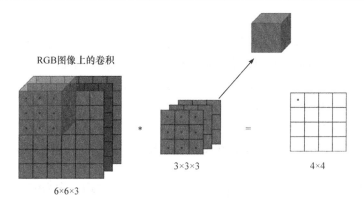

图 3.16 三维卷积计算过程(padding=0, stride=1)

道与多输出通道，可以使得模型获取图像更多方面的特征信息。

多通道输出提取多方面特征信息如图 3.17 所示。例如，卷积核 1 提取水平边缘信息，卷积核 2 提取垂直边缘信息。

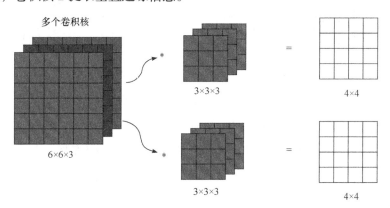

图 3.17 多通道输出提取多方面特征信息

那么怎样增加输出通道数呢？增加卷积核的个数。图 3.16 所示例子只用了一个卷积核(与输入通道数一致)，当增加卷积核个数后，每个卷积核与原图像卷积是独立分开计算的，最终得到的结果会在通道维度上拼接。

注意：

(1) 多输入通道，要保证卷积核的层数与输入一致；

(2) 多输出通道，通道数取决于卷积核个数。

3.2.2 池化层与全连接层

1. 池化层

池化层(pooling layer)也称为子采样层(subsampling layer)，有时也称为汇聚层。

其主要作用：特征压缩、降低运算量、降低模型参数的规模、防止过拟合、提高模型泛化能力。在提高特征提取效率的同时，又可以扩大感受野。更直观地理解，池化过程可以更多地整合并保留原输入图像的优势信息，把最重要的特征抽取出来，去除次要的、冗余的信息，生成较为粗糙的映射，从而降低卷积层对位置的敏感性，最终实现全局表征的目的。

最常见的池化操作：

(1) 最大池化(max pooling)：选池化区域中的最大值作为该区域池化后的值，如图 3.18(a)所示。

(2) 平均池化(average pooling)：计算池化区域的平均值作为该区域池化后的值，如图 3.18(b)所示。

具体计算过程与前面的卷积相似，有池化窗口大小 f、步长 s 两个超参数，f 表示池化窗口的尺寸，s 表示窗口每次移动的步长。例如，f=2，s=2。

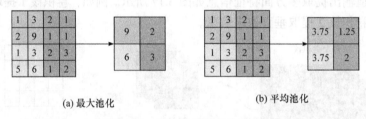

(a) 最大池化　　　　　　　　　　(b) 平均池化

图 3.18　最大池化与平均池化

需要注意的是，在池化操作时，各通道之间是独立运算的，也就是说，输出通道数与输入通道数要保持一致。同时，池化操作在反向传播时，只有手动设置的超参数池化窗口大小 f 与步长 s，没有其他需要学习的参数，相当于计算神经网络某一层的静态属性。

计算公式：

$$\left[\frac{n-f}{s}+1\right]\times\left[\frac{n-f}{s}+1\right] \tag{3.12}$$

最大池化和平均池化的优势与用途：

(1) 最大池化：更多地保留纹理信息，选出分类辨识度更高的特征，相对更常用。

(2) 平均池化：更侧重对整体特征信息取样，在全局平均池化中应用比较广泛。

2. 全连接层

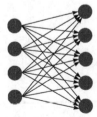

图 3.19　全连接层神经网络示意图

图 3.19 为全连接层神经网络示意图，卷积层采用的是窗口滑动计算。全连接层是每一个神经元都与上一层的所有神

经元相连，由于其全部相连的特性，一般全连接层的参数也是最多的。

从表征观点出发，卷积神经网络中卷积层与池化层能够对输入数据进行特征提取，全连接层则能够进一步对提取的特征进行非线性组合以得到输出，其主要目的是根据提取的特征进行分类，即全连接层本身不被期望具有特征提取能力，而是利用现有的特征完成目标任务。有研究表明，在一些卷积神经网络中，全连接层可由全局平均池化(global average pooling)取代，全局平均池化会将特征图每个通道的所有值取平均。

3.2.3 CNN 示例计算

1. 单层卷积层计算示例

图 3.20 为单层卷积层计算示例。

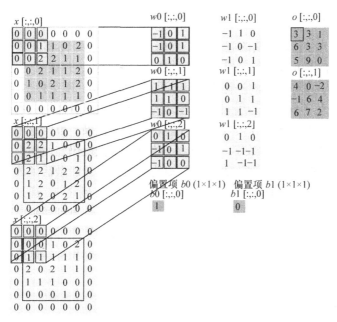

图 3.20 单层卷积层计算示例

2. 完整框架

为进一步了解各个模块在完整网络中的使用方式，在整合池化层、全连接层后，以简单的 LeNet-5[11]为学习模板，网络采用经典 "conv(卷积)-pool(池化)-fc(全连接)" 模式设计。LeNet-5 分为卷积层、池化层与全连接层。由卷积层与池化层堆叠使用实现特征提取，多个全连接层实现分类，网络框架如图 3.21 所示，其中 Ci 表示卷积层，Si 表示池化层或下采样层，Fi 表示全连接层。

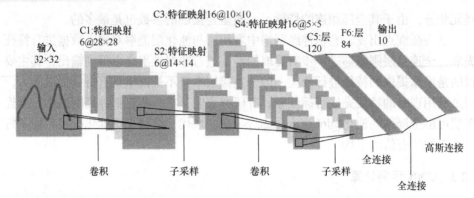

图 3.21　以 LeNet-5 为示例的完整卷积神经网络框架

3.2.4　常见的卷积神经网络

1. LeNet-5

LeNet-5[11]是十分经典的卷积神经网络。在多年的研究和许多次成功的迭代后，1994 年由 Yann LeCun 完成的开拓性成果最终诞生，并被命名为 LeNet-5，一般 LeNet 即指代 LeNet-5。它最早应用于手写字体识别，网络模型通过卷积运算、参数共享、池化等操作提取特征，相较之前，极大地减少计算成本。

在当时，LeNet 取得了与 SVM 性能相媲美的成果，被广泛用于自动取款机中，帮助识别处理支票的数字。至今，一些自动取款机仍在使用。由于模型的提出是在 20 世纪 90 年代，当时并未采用更为有效的 ReLU 激活函数及最大池化，而是使用 sigmoid 和平均池化。LeNet 是早期成功的案例之一，通过交替使用卷积层与池化层提取特征信息，再利用全连接层转化特征信息到类别空间(10 类)，最终实现由图像到类别的映射。它是最早的卷积神经网络之一，也是当今大量神经网络架构的基础，正是有了 LeNet 这样超前的探索，卷积神经网络的家族得以日益壮大。

2. AlexNet

LeNet 的成功，深深影响着之后一大批网络。然而，在 LeNet 提出之后，虽然在小的数据集表现效果很不错，卷积神经网络地位也随之明显提高，但随着更为真实的数据集不断增大，它的效果就不是很理想了，所以在当时并未引起太多关注。相比之下，真正掀起深度学习研究热潮的正是接下来的 AlexNet[13]，其网络结构如图 3.22 所示。

AlexNet 于 2012 年在 ImageNet 竞赛中，以其超前的强大性能与高效的计算效率取得冠军，在当时给学术界和工业界带来了巨大冲击。其整体框架与 LeNet 很相似，都是先采用卷积层、池化层提取特征，然后使用全连接层进行类别映射。

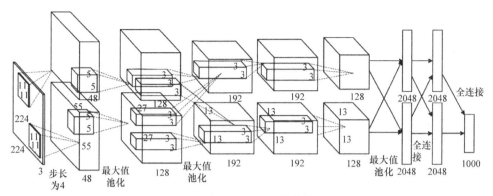

图 3.22 AlexNet 网络结构

但两者在细节上，却有着很大的不同。相较于 LeNet，AlexNet 具有以下特点。

(1) 有着更深的网络结构、模型更大、参数更多。网络共八层，包括五层卷积层、三层全连接层网络，达 6000 千万参数量，最终的输出层也是 1000 通道的 softmax。

(2) 采用 ReLU 激活函数，ReLU 函数有着更快的收敛速度，计算更简单，并解决了当时 sigmoid 的"梯度消失"问题。虽然 ReLU 函数在很久之前就被提出了，但是直到 AlexNet 的出现它才闻名于世。

(3) ReLU 并不像 tanh 与 sigmoid 一样，有着有限的值域区间，所以在激活之后进行归一化。

(4) 模型采用局部响应归一化(local response normalization，LRN)，但在后续的其他文章中，证明了 LRN 其实并未有很好的效果，取而代之的是批标准化(batch normalization，BN)。

(5) 伴随着模型的增大、参数的增多，网络相对更容易过拟合。使用 Dropout 技术与数据增强(data augmentation)技术。其中，Dropout 在网络正向传播时，选择性失活部分神经元，防止数据过拟合；数据增强对原图做适当变换，生成新图像，以增加训练样本，防止过拟合。

(6) 重叠最大池化，即池化窗口尺寸大于步长。首先，采用最大池化能有效地避免平均池化的平均效应；其次，作者也在实验中证明，重叠的池化操作更能有效地避免数据过拟合。

(7) 首次采用双 GPU 训练，提高运算效率。由于早期 GPU 显存有限，原版 AlexNet 采用双 GPU 训练，模型框架的上下部分分别对应两块 GPU，每块 GPU 只处理一半参数，只有到了第三层卷积层及全连接层处，两块 GPU 之间才进行交互。由于网络是采用两块 GPU 并行训练的，与 LeNet 相比，看起来较为复杂，但实际上整体框架是完全一致的。

为了更容易理解模型思想，将其等价成图 3.23 所示的 AlexNet 简化模型。

图 3.24 所示为 LeNet 框架和 AlexNet 框架的对比。

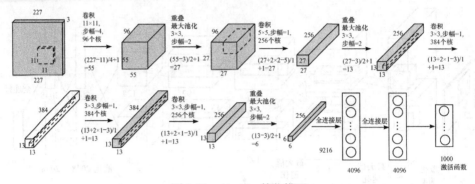

图 3.23　AlexNet 简化模型

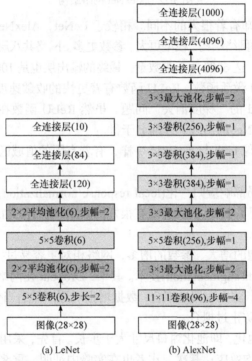

(a) LeNet　　　　　　(b) AlexNet

图 3.24　LeNet 框架与 AlexNet 框架的对比

3. VGG

如果说 AlexNet 是更深更大的 LeNet，那么 VGG[14]就是更深更大的 AlexNet。2014 年，牛津大学视觉研究团队和 Google DeepMind 公司的研究员一起研发出了新的深度卷积神经网络——VGG，并取得了 ILSVRC 2014 年分类项目竞赛的亚军、定位项目冠军。VGG 探索了深度与性能之间的关系，发现适当深而窄的网络效果会更好，并成功实现了 16～19 层深度的网络，又由于其扩展性好、泛化性强，至今仍常应用于网络，其网络结构如图 3.25 所示。

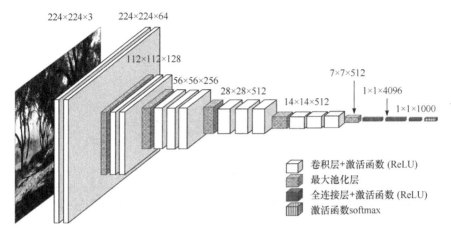

图 3.25　VGG 网络结构

VGG 与 AlexNet 框架的对比如图 3.26 所示。VGG 经过两次 3×3 卷积感受野得到扩大，如图 3.27 所示。

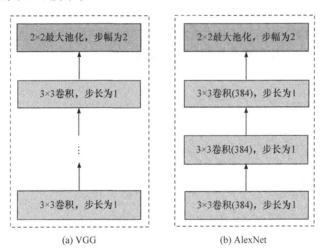

图 3.26　VGG 与 AlexNet 框架的对比

(1) VGG 提出了 VGG 块的概念，如图 3.28 所示，将 AlexNet 中的一部分修改后打包成块，规范简化了网络结构，更易于增减修改。其次，使用 2×2 池化层替换 AlexNet 中的 3×3 池化层。

(2) 放弃采用大卷积核，并使用多个小卷积核替换，作者认为 2 个 3×3 卷积核相当于 1 个 5×5 卷积核的感受野，3 个 3×3 卷积核相当于 1 个 7×7 卷积核。这样替换，不仅增加了网络深度与更多非线性，还能大幅度减少运算量。

假设输入通道数为 C，7×7 卷积核的参数为 $7×7×C×C = 49C^2$，3 个 3×3 卷积核的参数为 $3×3×C×C×3 = 27 C^2$。

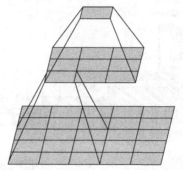

图 3.27　VGG 两次 3×3 卷积感受野

(3) 舍弃在 AlexNet 中使用的 LRN，其作用经验证，并不能够提高性能，反而会增长计算时间。

(4) 隐藏层均使用 ReLU 作为激活函数。

(5) 在中间卷积层每次池化操作缩放尺度后，将通道数翻倍，以便在较深卷积层提取更多层面特征，达到 512 后不再增加。

$$224×224×64 \longrightarrow 112×112×128 \longrightarrow 56×56×256 \longrightarrow 28×28×512 \longrightarrow 14×14×512 \longrightarrow 7×7×512$$

(6) 其模型相对 AlexNet 更大更宽，训练时，使用了三层全连接层加 Dropout 技术，VGG-19 的参数量甚至达到 AlexNet 的 3 倍。

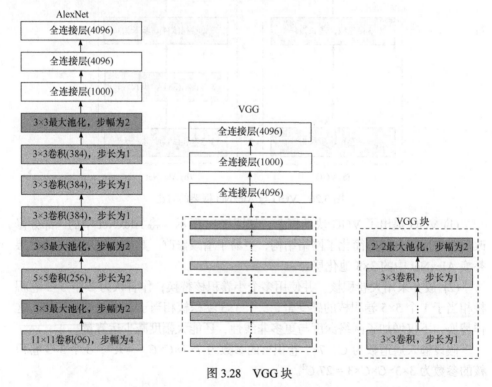

图 3.28　VGG 块

(7) 在测试阶段使用卷积层代替全连接层，如图 3.29 所示，由于全连接层对输入图像有着明确限制，替换为卷积层后输入图像可以为任意尺寸。

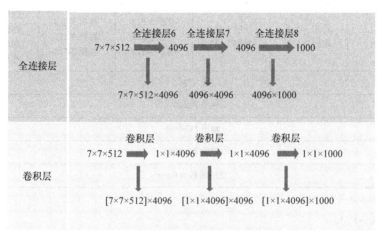

图 3.29 卷积层代替全连接层

表 3.1 所示为不同配置的 VGG 网络。

表 3.1 不同配置的 VGG 网络

卷积网络配置					
A	A-LRN	B	C	D	E
11 个权重层	11 个权重层	13 个权重层	16 个权重层	16 个权重层	19 个权重层
输入(224×224 RGB 图像)					
卷积 3-64	卷积 3-64 LRN	卷积 3-64 卷积 3-64	卷积 3-64 卷积 3-64	卷积 3-64 卷积 3-64	卷积 3-64 卷积 3-64
最大池化					
卷积 3-128	卷积 3-128	卷积 3-128 卷积 3-128	卷积 3-128 卷积 3-128	卷积 3-128 卷积 3-128	卷积 3-128 卷积 3-128
最大池化					
卷积 3-256 卷积 3-256	卷积 3-256 卷积 3-256	卷积 3-256 卷积 3-256	卷积 3-256 卷积 3-256 卷积 1-256	卷积 3-256 卷积 3-256 卷积 3-256	卷积 3-256 卷积 3-256 卷积 3-256 卷积 3-256
最大池化					
卷积 3-512 卷积 3-512	卷积 3-512 卷积 3-512	卷积 3-512 卷积 3-512	卷积 3-512 卷积 3-512 卷积 1-512	卷积 3-512 卷积 3-512 卷积 3-512	卷积 3-512 卷积 3-512 卷积 3-512 卷积 3-512

续表

最大池化					
卷积 3-512 卷积 3-512	卷积 3-512 卷积 3-512	卷积 3-512 卷积 3-512	卷积 3-512 卷积 3-512 卷积 1-512	卷积 3-512 卷积 3-512 卷积 3-512	卷积 3-512 卷积 3-512 卷积 3-512 卷积 3-512
最大池化					
输出 FC-4096					
输出 FC-4096					
输出 FC-1000					
激活函数 softmax					

4. GoogLeNet

2014 年，Google 团队提出了基于 Inception 模块的 GoogLeNet[15](致敬前辈 LeNet)，以很小的计算量，得到了很好的精度，并在当年成功赢得 ImageNet 竞赛冠军。GoogLeNet 是第一个做到超过 100 层的卷积神经网络，但它的参数量只有约 500 万，仅仅是 AlexNet 参数量的 1/12。后续 Inception 模块也在原先的思想上不断被改进，现在有 Inception V1、V2、V3、V4, Inception-ResNet 等多个版本，下文以最初的版本来了解模型的思想。

在构建卷积层时，要考虑到卷积核带来的感受野大小，究竟是 1×1，5×5，还是更大的 11×11 更好呢？选取得过大或过小都可能会严重影响学习效果。但是 Inception 则做出更为大胆的尝试：组合使用，让网络去做选择。当然如果仅仅只是并行使用，像图 3.30 所示原始版本 Inception 一样，那么计算量将会是惊人的，所以 Inception V1 模块做出了改进。

正如图 3.30 所示，Inception V1 采用四条并行传播路径，其中前三条路径中的 1×1、3×3、5×5 卷积核分别提取不同尺度上的信息，而 3×3 最大池化，引入后效果很好，所以第四条采用最大池化。采用并行多尺度卷积模块，必定会引起计算量增大，为此 Inception 借鉴了前辈 NiN，在 3×3、5×5 两条路径上均引入 1×1 卷积核，通过减少通道数来降低运算量。又由于池化操作并不会改变通道数，而为了让输出结果通道数分配合理，在最大池化后，加入 1×1 卷积，压缩第四条路径的通道数，合理分配四条路径通道数占比。原始 Inception 模块与 Inception V1 模块对比如图 3.30 所示。

下面介绍为什么 1×1 处理后可以降低运算量。

图 3.31 所示为一般卷积与加入 1×1 后卷积对比，以 5×5 卷积核为例。

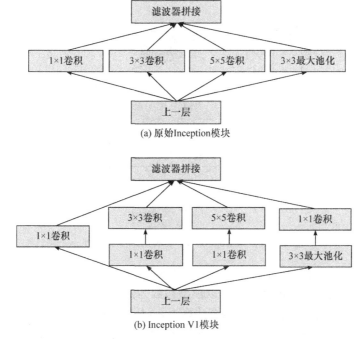

(a) 原始Inception模块

(b) Inception V1 模块

图 3.30　原始 Inception 模块与 Inception V1 模块对比

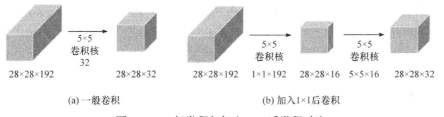

(a) 一般卷积　　　　　　　　(b) 加入 1×1 后卷积

图 3.31　一般卷积与加入 1×1 后卷积对比

一般卷积的乘法运算量为 $28×28×32×5×5×192 ≈ 1.2$ 亿(加法与乘法次数基本一致)。

处理后的乘法运算量为

$$28×28×32×5×5×16 ≈ 1000 \text{ 万}(10035200)$$

$$28×28×16×192 ≈ 240 \text{ 万}(2408448)$$

加起来后将近 1240 万运算量,相较于通道压缩处理之前极大地减少了运算量,其中1×1卷积后的中间层,也被称为瓶颈层(bottleneck layer)。

那么参数大幅减少会影响网络性能吗? 事实证明,合理地构建瓶颈层不仅能够大幅减少运算量,而且不会降低网络的性能。

Inception V1 模块具体传播细节如图 3.32 所示。

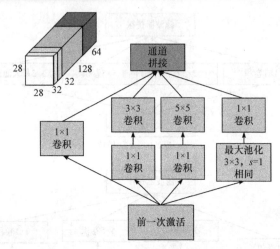

图 3.32　Inception V1 模块具体传播细节

根据不同的卷积进行合适的填充，使用 same 卷积，使得最终输出结果尺寸相同，并在输出的通道维度上拼接。以模型参数为例，前一层输出为 28×28×192，之后卷积时步长均默认为 1，而填充计算为 $n-k+1+2p=n$。

介绍完单个 Inception 模块后，下面介绍 GoogLeNet 整体模型。该整体模型包含 9 个 Inception 模块，分为 5 个阶段，不同阶段之间以最大池化层连接。其中，第三阶段：2 个 Inception 模块 (3a)(3b)；第四阶段：5 个 Inception 模块 (4a)(4b)(4c)(4d)(4e)；第五阶段：2 个 Inception 模块 (5a)(5b)。同时，第四阶段包含两个辅助分类器。最后使用全局平均池化代替全连接层，极大减少全连接层在网络中参数占比，同时又能有效防止网络过拟合。虽然网络看起来很繁琐，其实只是多个 Inception 模块堆叠。

那么原来网络中 softmax0、softmax1 两个辅助网络有什么作用呢？这里不得不提及 V3[16]版本，因为 V1 版本对应的论文中认为中间层的特征有利于提高最终层的判别力，想要通过中间辅助层解决"梯度消失"问题，改善训练效率。但是实验结果表明，辅助层在训练初期并没有起到很好的作用，而在训练快结束时才体现出较好的效果，并且去掉前后对网络最终效果影响并不大，所以在 V3 中作者认为，它的作用是正则化，甚至如果在辅助分类器进行 BN 或 Dropout，网络的主分类器的性能会更好。综上，V3 有着正则化作用，能有效防止网络过拟合。由于辅助分类器在 V1 中并未起到其原有的目标作用，并且在后续版本有着更好的改进，所以此处不再过多阐述辅助网络的细节。

GoogLeNet 采用的模块化结构能够很方便地修改网络结构，同时还使用平均池化代替全连接层，准确率也确实提高了，而为了避免过拟合仍然未舍弃 Dropout

技术。GoogLeNet 简化版如图 3.33 所示。

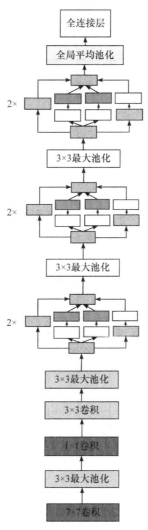

图 3.33　GoogLeNet 简化版

　　表 3.2 是 GoogLeNet 模型的参数统计表格,不同阶段之间以最大池化层连接,步长为 2,高宽减半。虽然网络模型巨大,但基本由相同的 Inception 模块堆叠而成,其传播过程基本一致,所以不再赘述。需要知道的是,GoogLeNet 虽然使用了超过 100 层的卷积神经网络,但也只是采用并行传播方式,相当于增加了网络的宽度,其深度上并没有真正实现多达 100 层的网络。

表 3.2　GoogLeNet 模型参数统计表格

类型	块大小/步长	输出大小	深度	#1×1	#3×3降维	#3×3	#5×5降维	#5×5	池化设计	参数/K	运算量/M
卷积	7×7/2	112×112×64	1	—	—	—	—	—	—	2.7	34
最大池化	3×3/2	56×56×64	0	—	—	—	—	—	—	—	—
卷积	3×3/1	56×56×192	2	—	64	192	—	—	—	112	360
最大池化	3×3/2	28×28×192	0	—	—	—	—	—	—	—	—
块(3a)	—	28×28×256	2	64	96	128	16	32	62	159	128
块(3b)	—	28×28×480	2	128	128	192	32	96	64	380	304
最大池化	3×3/2	14×14×480	0	—	—	—	—	—	—	—	—
块(4a)	—	14×14×512	2	192	96	208	16	48	64	364	73
块(4b)	—	14×14×512	2	160	112	224	24	64	64	437	88
块(4c)	—	14×14×512	2	128	128	256	24	64	64	462	100
块(4d)	—	14×14×528	2	112	144	288	32	64	64	580	119
块(4e)	—	14×14×832	2	256	160	320	32	128	128	840	170
最大池化	3×3/2	7×7×832	0	—	—	—	—	—	—	—	—
块(5a)	—	7×7×832	2	256	160	320	32	128	128	1072	54
块(5b)	—	7×7×1024	2	384	192	384	48	128	128	1388	71
平均池化	7×7/1	1×1×1024	0	—	—	—	—	—	—	—	—
丢弃法(40%)	—	1×1×1024	0	—	—	—	—	—	—	—	—
线性	—	1×1×1000	1	—	—	—	—	—	—	1000	1
激活函数 softmax	—	1×1×1000	0	—	—	—	—	—	—	—	—

5. ResNet

随着 VGGNet 与 GoogLeNet 的问世,深度学习领域愈发关注深度对网络带来的影响,如果网络真的越深越好的话,那么一个好的网络不是堆得越深就越好吗? 但随着网络深度的加深, 又会伴随出现梯度爆炸、梯度消失、网络拟合效果差甚至无法收敛等诸多问题。但是这些问题可以通过初始化和中间层归一化来解决,使得网络参数分布更为合理, 模型能够收敛。然而相对浅层网络, 深层模型最终的训练与测试精度都会变差,如图 3.34 网络随深度训练集与测试集的误差表现所示,这也说明性能下降不是网络过拟合所引起的。下面讨论如何训练更深的网络。

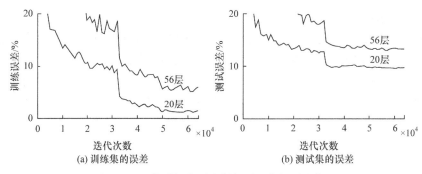

图 3.34　网络随深度训练集与测试集的误差表现

为了克服网络加深带来的影响，ResNet[17]问世。ResNet 于 2015 年由来自 Microsoft Research 的何凯明团队提出，在 Coco 目标检测数据集获得 28%改进，同时以残差网络为骨干的网络斩获 Coco 与 ImageNet 多个任务第一名，由此可见网络深度对视觉任务的重要性。

在网络加深时，新加的层完全可以理想地学成恒等映射，保证网络的加深不会使网络性能变差，但事实上却并非如此。图 3.34 是 ResNet 中做出的对比，无论是训练还是测试，即使网络从 20 层增加到 56 层，其错误率都明显高于浅层网络，而增加网络深度就是为了追求更好的准确率，但现在却明显退化。通过构建跳跃连接，并未额外增加要学习的参数量与计算复杂度，效果相比于不加更好，同时随着网络的加深，效果能不断提高。图 3.35 是引入残差结构前后的误差对比统计图。"plain" 表示不使用残差结构，图 3.35(b)是使用残差结构。18 与 34 代表网络深度，包含全连接层与卷积层。中间的跳变与当时训练方式有关，当网络训练出现停滞期时，将学习率变为 10%。

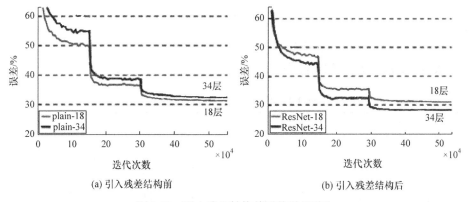

图 3.35　引入残差结构前后的误差对比

下面详细介绍 ResNet 的骨干模块——残差块(residual block)。

1) 残差块

残差的核心思想是引入一个跳过一层或多层的 Identity 连接，可以将当前状态直接反馈到网络深处，若中间主网络训练的效果不好，可以实现跳跃连接。正如图 3.36(a)所示右路分支一样，状态 x 不需要经过主路径，便可直接传输到块网络末端。输入为 x，残差块输出为 y，按式(3.13)计算。因此，网络不需要重新学习 x，只需拟合残差结构 $F(x) = y - x$ 即可。

$$y = F\left(x, \{W_i\}\right) + x \tag{3.13}$$

式(3.13)并未考虑两者是否尺寸一致，是否可相加问题。当通道数不一致时，如图 3.36(b)所示，使用 1×1 卷积，改变输入的尺寸与通道数，保证后面可以相加。这时，残差块的输出按式(3.14)计算：

$$y = F\left(x, \{W_i\}\right) + W_s x \tag{3.14}$$

如图 3.36 所示，残差块可分为两种：实线为直接连接；虚线为经过 1×1 卷积的残差连接。

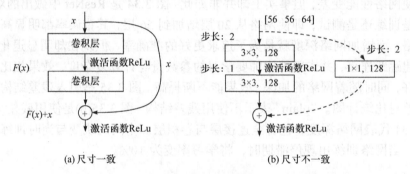

(a) 尺寸一致　　　　　　　　　　　　　(b) 尺寸不一致

图 3.36　残差块结构

图 3.37 所示为 Res-34 网络结构。

表 3.3 所示为五个不同配置的 ResNet 结构。

表 3.3　不同配置的 ResNet 结构

层名称	输出大小	18 层	34 层	50 层	101 层	150 层
卷积层 1	112×112	7×7, 64, 步长 2				
卷积层 2_x	56×56	3×3 最大池化，步长 2				
		$\begin{bmatrix} 3\times3 & 64 \\ 3\times3 & 64 \end{bmatrix} \times 2$	$\begin{bmatrix} 3\times3 & 64 \\ 3\times3 & 64 \end{bmatrix} \times 3$	$\begin{bmatrix} 1\times1 & 64 \\ 3\times3 & 64 \\ 1\times1 & 256 \end{bmatrix} \times 3$	$\begin{bmatrix} 1\times1 & 64 \\ 3\times3 & 64 \\ 1\times1 & 256 \end{bmatrix} \times 3$	$\begin{bmatrix} 1\times1 & 64 \\ 3\times3 & 64 \\ 1\times1 & 256 \end{bmatrix} \times 3$

续表

层名称	输出大小	18层	34层	50层	101层	150层
卷积层 3_x	28×28	$\begin{bmatrix} 3\times3 & 128 \\ 3\times3 & 128 \end{bmatrix}\times2$	$\begin{bmatrix} 3\times3 & 128 \\ 3\times3 & 128 \end{bmatrix}\times4$	$\begin{bmatrix} 1\times1 & 128 \\ 3\times3 & 128 \\ 1\times1 & 512 \end{bmatrix}\times4$	$\begin{bmatrix} 1\times1 & 128 \\ 3\times3 & 128 \\ 1\times1 & 512 \end{bmatrix}\times4$	$\begin{bmatrix} 1\times1 & 128 \\ 3\times3 & 128 \\ 1\times1 & 512 \end{bmatrix}\times8$
卷积层 4_x	14×14	$\begin{bmatrix} 3\times3 & 256 \\ 3\times3 & 256 \end{bmatrix}\times2$	$\begin{bmatrix} 3\times3 & 256 \\ 3\times3 & 256 \end{bmatrix}\times6$	$\begin{bmatrix} 1\times1 & 256 \\ 3\times3 & 256 \\ 1\times1 & 1024 \end{bmatrix}\times6$	$\begin{bmatrix} 1\times1 & 256 \\ 3\times3 & 256 \\ 1\times1 & 1024 \end{bmatrix}\times23$	$\begin{bmatrix} 1\times1 & 256 \\ 3\times3 & 256 \\ 1\times1 & 1024 \end{bmatrix}\times36$
卷积层 5_x	7×7	$\begin{bmatrix} 3\times3 & 512 \\ 3\times3 & 512 \end{bmatrix}\times2$	$\begin{bmatrix} 3\times3 & 512 \\ 3\times3 & 512 \end{bmatrix}\times3$	$\begin{bmatrix} 1\times1 & 512 \\ 3\times3 & 512 \\ 1\times1 & 2048 \end{bmatrix}\times3$	$\begin{bmatrix} 1\times1 & 512 \\ 3\times3 & 512 \\ 1\times1 & 2048 \end{bmatrix}\times3$	$\begin{bmatrix} 1\times1 & 512 \\ 3\times3 & 512 \\ 1\times1 & 2048 \end{bmatrix}\times3$
—	1×1	平均池化，输出 FC-1000，激活函数 softmax				
每秒浮点运算数		1.8×10^9	3.6×10^9	3.8×10^9	7.6×10^9	11.3×10^9

注：FC-全连接层(fully connected layer)。

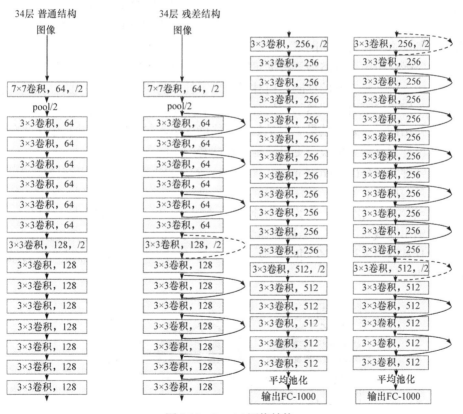

图 3.37　Res-34 网络结构

仔细观察可发现，50 层之后，残差块引入了 1×1 卷积，因为随着网络加深，其参数量与模型复杂度增大。构建瓶颈块，可以使其理论模型复杂度大幅减小。

2) 瓶颈块

1×1 卷积降维，为 3×3 卷积减少运算量，又为保证通道数一致，再次使用 1×1 卷积核，如图 3.38 所示。

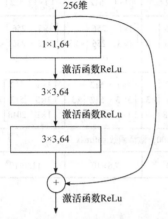

图 3.38　加入 1×1 卷积的 ResNet 结构

比较 34 层与 50 层的 ResNet 可知，合理地构建瓶颈块，即使网络加深，其理论模型复杂度也并未增加很多。

6. 循环神经网络

卷积神经网络与密集神经网络有一个共同特点：都没有记忆，二者均单独处理每个输入，并且在输入与输入之间不保留任何中间状态。对于这两类网络，如果想处理序列数据，则需要将整个序列全部告诉神经网络，并让它们将整个输入序列映射为输出结果。这种网络也称为前馈网络。

在实际应用中，网络需要根据不同的语境，分析不同的语义。正如下面这个例子：山上到处是盛开的杜鹃；树林里传来了杜鹃的叫声。两句中的"杜鹃"，明显在不同语境下有着截然不同的含义，但在前馈网络看来，二者是一样的输入，自然会得出前后一致的结果。但是如果网络能逐字逐句地阅读，并且记住之前的内容，就能根据前文语境，更灵活地处理两者的不同含义。

循环神经网络(recurrent neural network，RNN)[18]就是采用与上述同样的出发点：循环遍历所有元素，并保留中间状态，这一状态包含之前看到的所有内容信息，并会影响下一次遍历。更为通俗地理解，在 RNN 中，第一次隐藏层处理 input_1 得到的输出隐藏状态 a^1，会被储存为 memory_1，a^1 经过激活得到输出 y^1；在下一次计算输出 y^2 时，会同时考虑 input_2 与 memory_1 的内容。图 3.39 为循环神经网络。

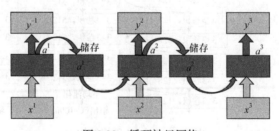

图 3.39　循环神经网络

在 t 时刻考虑上一时刻 $t-1$ 储存的状态与当前 t 时刻输入。正是因为这种循序渐进的过程,大多数情况下,只需要考虑最后一时刻输出,就可以得到包含整个序列的信息。下面所述是后续改进版本。

1) 多层隐藏层的循环神经网络

增加多层隐藏层后的循环神经网络结构如图 3.40 所示。

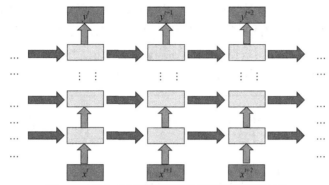

图 3.40 增加多层隐藏层后的循环神经网络结构

2) 双向循环神经网络

双向循环神经网络结构如图 3.41 所示。

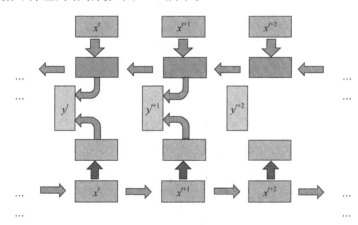

图 3.41 双向循环神经网络结构

双向的含义就是,在考虑一个单词时,不仅会考虑之前的信息,而且会考虑之后的信息。如果说单向考虑的是前文,那么双向考虑的则是上下文,所以在文本理解时,双向的效果一般会比最原始的循环神经网络更好。

7. 长短期记忆网络

前文中说到的只是最简单的 RNN 结构,其最大的问题是,最基础的 RNN 不能很好地处理长期依赖问题，且随着时间的加长，就像网络不断加深一样，很容易引起梯度爆炸或梯度消失，会导致训练困难。因此，引出了两种主要的改进方法：长短期记忆(long short-term memory，LSTM)网络[12]与门控循环单元(gate recurrent unit，GRU)[19]。

　　长短期记忆网络原理：将信息有效存储起来供后面使用，防止在前向传播过程中逐渐消失。其结构如图 3.42 所示。引入遗忘门、更新门(或输入门)、输出门的概念。遗忘门决定舍弃哪些无用的内容；更新门对新输入的信息选择性保留并更新细胞状态 C_t；输出门根据上一时刻隐藏状态 h_{t-1}、当前时刻输入信息 x_t，决定哪些将会被当成当前状态的输出。

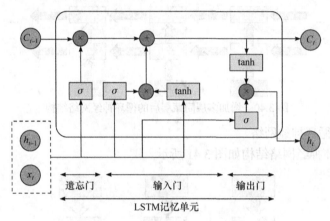

图 3.42　长短期记忆网络结构

计算公式：

$$f_t = \sigma\big(W_f \cdot [h_{t-1}, x_t] + b_f\big) \tag{3.15}$$

$$i_t = \sigma\big(W_i \cdot [h_{t-1}, x_t] + b_i\big) \tag{3.16}$$

$$\tilde{C}_t = \tanh\big(W_c \cdot [h_{t-1}, x_t] + b_c\big) \tag{3.17}$$

$$C_t = f_t \cdot C_{t-1} + i_t \cdot \tilde{C}_t \tag{3.18}$$

$$o_t = \sigma\big(W_o \cdot [h_{t-1}, x_t] + b_o\big) \tag{3.19}$$

$$h_t = o_t \cdot \tanh\big(C_t\big) \tag{3.20}$$

式中，f_t、i_t 和 o_t 是拼接了 h_{t-1} 和 x_t 之后经过 $\sigma(\cdot)$ 激活操作后的门控状态；W_f、W_i、W_c 和 b_f、b_i、b_c 分别表示当前门控的权值和状态。

8. GRU

GRU[19]与 LSTM 的工作原理是相同的，但它简化了 LSTM，只有两个门控，少了 1/3 的参数，同时效果跟 LSTM 大致相同，其网络结构如图 3.43 所示。

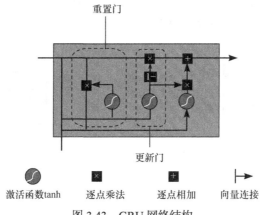

图 3.43 GRU 网络结构

9. 自编码

之前介绍的均为有监督学习，而神经网络也可以进行无监督学习，只需要训练数据，不需要标签，下面介绍的自编码就是这种形式。自编码模型，是一种基于无监督学习的数据维度压缩与特征表示方法。经典的图像自编码器接收一张图像，通过编码模块将其编码映射到潜在向量空间，随后使用解码器解码潜在向量，将输入图像作为目标数据训练网络。作为初步了解，以最经典的自编码结构为例，如图 3.44 所示。

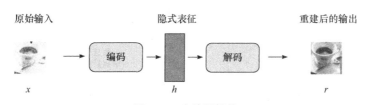

图 3.44 自编码结构

第一步：输入图像 x，经过编码器模块得到对 x 的潜在表征向量 h；

第二步：将表征向量 h 输入解码器模块得到重建输出 r；

第三步：约束 r 与输入 x 一致。

经典的自编码器并不会得到有用或者具有良好结构的潜在空间，也没对数据做太多压缩，所以通常的自编码结构会对编码器输出做出各种限制，以约束自编码器学习到有用的、高强度的潜在表示。现在使用较多的变分自编码器(variational autoencoder，VAE)[20]就是在原先基础上，加上了统计模型，将图像转化为均值与方差，并根据均值、方差构建正态分布，对正态分布随机采样后输入解码器解码，重构输入图片，迫使潜在空间更加高度结构化，提高网络的泛化能力，效果比普通的自编码器好。图 3.45 所示为 VAE 模型。

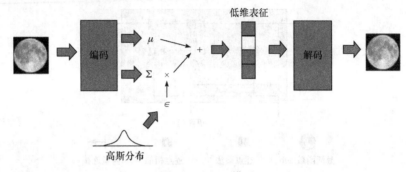

图 3.45　VAE 模型

自编码的实际应用场景有很多，如数据去噪、降维，也可以利用编码器善于提取图片表征信息的特点，实现无监督分类，甚至还可以通过对潜在空间中的点进行随机采样并解码生成前所未见的图像。

3.2.5　GAN

对于图像生成，自编码在实际应用时采用得很多，而生成对抗网络(generative adversarial network，GAN)[21]在学术研究领域则更为流行。GAN 由 Goodfellow 等于 2014 年提出，相对 VAE 来说，GAN 具有更强大的泛化能力，可以生成相当逼真的图像。图 3.46 是 GAN 网络的基本结构。

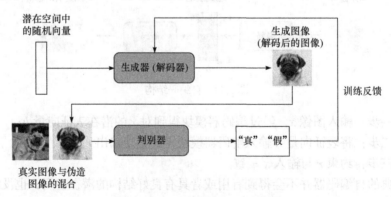

图 3.46　GAN 网络的基本结构

GAN 由以下两部分组成。

(1) 生成器(generator)网络：以潜在空间中的随机向量作为输入，经生成器网络生成图像(对潜在空间随机向量解码后的图像)。

(2) 判别器(discriminator)网络：输入一张图像(原始真实图像与伪造图像混合输入)，预测出该图像是否为真实图像。

生成器以骗过判别器为目标不断优化网络，生成更为逼真的图像，不断适应判别器强度，如图 3.47 中的左生成器模块所示；判别器则是以区分真实图像与生成图像为目标优化网络，不断适应生成器强度，强化判别器判别能力，如图 3.47 中的左判别器模块所示，真实图像分数为 1.0，生成图像分数为 0.1。不断迭代这个过程，生成器努力地让生成的图像更加真实，而判别器则努力地去识别图像的真假，两者不断对抗。GAN 系统的优化最小值是不固定的，其优化过程寻找的不是一个最小值，而是生成与判别的平衡：生成器生成的图像接近于真实图像分布，而判别器识别不出真假图像，对于给定图像的预测为真的概率基本接近 0.5，因此 GAN 的训练极其困难，需不断调整参数与模型。

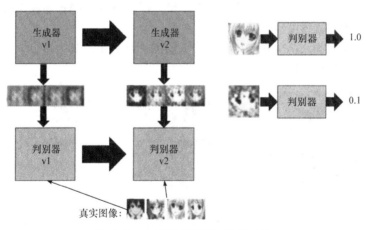

图 3.47 生成器与判别器迭代升级

为更直观理解，简要梳理 GAN 工作流程：

输入 Input：潜在空间中的随机向量(latent_dim,)

Iteration 1

Generator v1：

根据输入向量生成指定尺寸图片(Height，Width，Channel)。

Discriminator v1：

固定生成器，训练判别器。

将生成的图像与真实图像一并输入，并映射为二进制分数，若是真实图像则标签为 1，如果是生成图像标签为 0。直至判别器能够将生成图像与真实图像区分开。

Iteration 2

Generator v2：

固定判别器，训练生成器。

以判别器结果为目标准则，反馈回生成器，直至判别器认为生成的图像为真，以欺骗判别器。

Discriminator v2：

固定生成器，训练判别器。

再次将 Generator v2 生成的图像与真实图像一并映射为二进制分数，直至判别器能够将生成图像与真实图像区分开。

……

最终达到动态平衡，结束训练。

需要注意的是，虽然 GAN 的最好效果是优于 VAE 的，但是由于 GAN 对超参数更为敏感，对于超参数的调整极为严格，相对而言，VAE 则表现得更为平稳一些，对参数的敏感度也较低。

图 3.48 是实际 GAN 模型生成动漫人脸的训练效果，其中每个 epoch 生成器与判别器迭代升级一次。

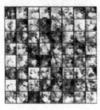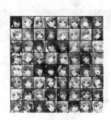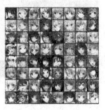

周期1　　　　　　　　　周期25　　　　　　　　　周期50

图 3.48　GAN 模型生成动漫人脸的训练效果

3.2.6　Transformer

Transformer[22]的架构完全摒弃了传统序列模型的循环结构，在此之前，主流的序列模型都是基于复杂的循环神经网络或者卷积神经网络构造而来的编解码模型。Transformer 取而代之的，则是更加科学有效的自注意力(self-attention)机制。

在学习 Transformer 之前，先了解什么是自注意力机制。

1. 注意力机制

图 3.49　注意力与关键信息分布

如图 3.49 所示，一眼看去可以注意到一只猫，大脑会第一时间把人们的注意力集中在关键信息分布的区域上。同样地，当看到"这里有一只猫"这句话，大脑则会第一时间记住更为重要的词：猫。

更为直观地理解，注意力机制就是从大量的信息中筛选出更为重要的信息。图 3.50 所示为注意力机制的选择过程。"查询(query)"理解为自主意识提示，是一开始就具有的主观选择能力；"值(value)"可理解为一张图像中所有的客观事物；"键(key)"则是对应的客观非自主性提示，是事物本身具有的突出性，如当第一次看到图 3.49 时，由于猫本身的突出性，人会将注意力更多地集中在猫的身上。前者不采用自主意识提示引导注意力；后者使用"查询"即自主意识提示选择性引导注意力。

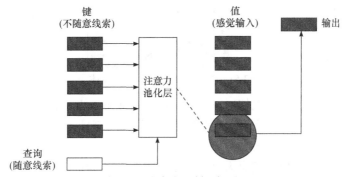

图 3.50 注意力机制选择过程

上面只是为直观理解做出的解释，在具体计算时，按如下步骤进行。

第一步：利用查询向量与所有键向量遍历计算 $F(Q,K)$ 得到相关性 $(s1, s2, s3, s4)$，按式(3.21)计算。

$$\text{softmax}(z_i) = \frac{e^{z_i}}{\sum_{c=1}^{C} e^{z_c}} \tag{3.21}$$

第二步：使用 softmax 处理 $(s1, s2, s3, s4)$ 得到归一化后的概率值 $(a1, a2, a3, a4)$。

第三步：按照 $(a1, a2, a3, a4)$ 加权求和 Value1、Value2、Value3、Value4 得到对应于查询的注意力值：

$$\text{Attention}(\text{Query}, \text{Source}) = \sum_{i=1}^{l_x} \alpha_i \cdot \text{Value}_i \tag{3.22}$$

式中，l_x 为 token 的总数；i 为 token 的索引。

注意力机制计算过程概述如图 3.51 所示。

2. 自注意力机制

自注意力机制与注意力机制相似，只是规定 query、keys 与 values 均来自同一输入内部，捕获的是数据特征内部之间的相关性，下面以自然语言处理为案例来了解自注意力机制的主要计算过程。

例如，使用场景较多的文本翻译，自注意力机制可以更好地权衡前后文信息，

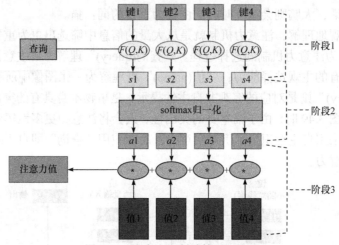

图 3.51　注意力机制计算过程概述

来解决长距离依赖问题。例如，输入一句话"I eat something."：

第一步，将输入的句子拆分成独立的单词与标点符号："I""eat""something"
"."。

第二步，将上述单词编码为 d 维向量，以 $d=512$ 为例。

第三步，根据编码向量得到 query、keys 与 values。

第四步，根据 query 与 keys 计算得到注意力分数。

第五步，通过 softmax 对注意力分数进行归一化。

第六步，使用归一化后的分数，加权求和 values，最终得到与 query 对应的加权了所有 values 的 attention value：b。

注意力机制详细计算过程如图 3.52 所示。其中，a^1、a^2、a^3、a^4 分别代表"I""eat""something""."。

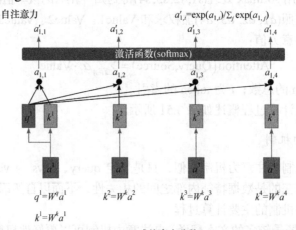

(a) 求注意力分数

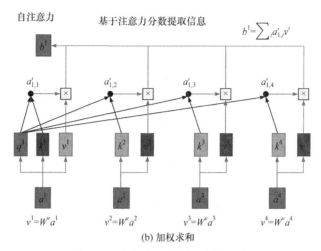

(b) 加权求和

图 3.52　注意力机制详细计算过程

3. 多头自注意力机制

在实际应用时，经常使用的是自注意力机制的进阶版：多头自注意力机制。图 3.53 为以两个头为例的多头自注意力机制。与自注意力机制相似，只是使用多组权重与 q、k、v 相乘，进而得到多组 $q1$、$q2$、$k1$、$k2$、$v1$、$v2$。需要注意的是，$q1$、$k1$、$v1$ 之间的计算与 $q2$、$k2$、$v2$ 之间的计算是相互独立的，会得到两组输出 $b1$ 与 $b2$，经过合并得到最终的 b。图 3.54 为多头注意力计算过程，图中头的个数用 h 表示。图 3.55 为注意力机制获取上下文信息的过程，其中注意力机制可以获取上下文中的相关性信息。

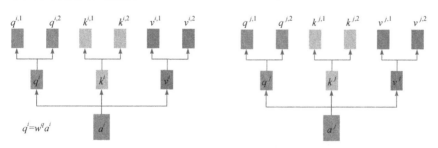

图 3.53　多头自注意力机制(以两个头为例)

正如图 3.55 所示，注意力机制能够很好地获取上下文信息。需要注意的是，在实际应用时，为了提高计算效率，采用矩阵运算，以具体计算为例，如图 3.56 所示。

矩阵层面计算整体过程如图 3.57 所示。

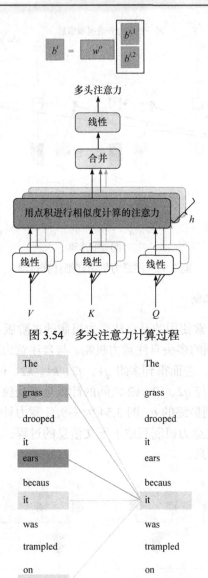

图 3.54　多头注意力计算过程

图 3.55　注意力机制获取上下文信息的过程

4. Transformer

Transformer 模型框架如图 3.58 所示。

5. 编码器

编码器模块主要包含位置编码(positional encoding)、多头注意力模块和前馈神经网络(feedforward neural network，FNN)三大部分，如图 3.59 所示。其中，多头注意力前面已经介绍，不再赘述。现在主要介绍位置编码与前馈神经网络。

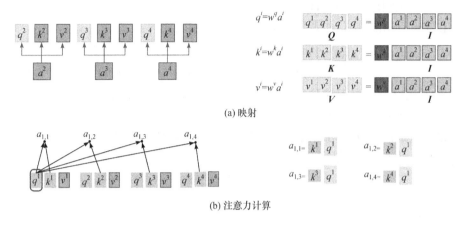

(a) 映射

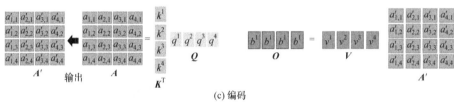

(b) 注意力计算

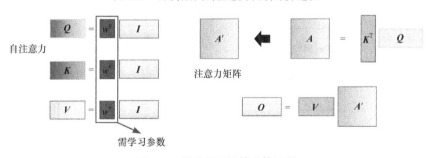

(c) 编码

图 3.56　矩阵层面的注意力机制计算过程

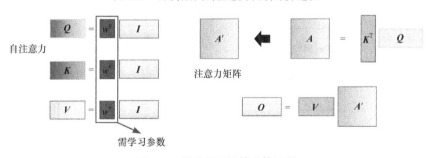

图 3.57　矩阵层面计算整体过程

I-输入矩阵；*w*-需学习参数；*Q*-queries 组成的矩阵；*K*-keys 组成的矩阵；
V-values 组成的矩阵；*A*-注意力矩阵；*A′*-归一化后的注意力矩阵；*O*-输出

6. 位置编码

位置编码的引入主要是为了让网络学习到不同 token 之间的距离信息。在无位置编码的情况下，将 token 向量移动位置后，不会捕获到位置上变动的信息。在使用位置编码后，移动某一 token，其位置信息变动能够轻易被捕获。不论是在自然语言处理(NLP)中，还是在计算机视觉(CV)领域中，位置信息在大多场景下都是十分重要的。同一 token 位置不同，则有截然不同的含义，而如果不引入位置信息，由于自注意力机制的并行运算并不能够很好地获取 token 之间的位置信息，所以位置信息的重要性不言而喻。

在 Transformer 中，作者采用了如下的位置编码方法：

$$\vec{p}_t^{(i)} = f(t)^{(i)} = \begin{cases} \sin(\omega_k \cdot t), & 若 i = 2k \\ \cos(\omega_k \cdot t), & 若 i = 2k+1 \end{cases}, \quad \omega_k = \frac{1}{10000^{2k/d}} \tag{3.23}$$

式中，t 为输入序列的某个位置，表示该位置的位置编码；d 为向量维度；$f(t)^{(i)}$ 为产生位置编码向量的函数。

最终生成的位置编码是包含多种频率的正余弦函数对，并且位置编码向量的维度与输入的 token 向量维度保持一致。

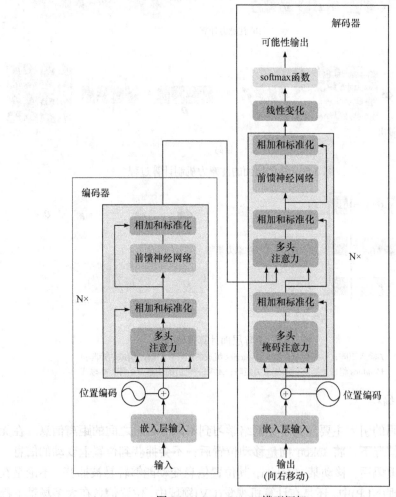

图 3.58 Transformer 模型框架

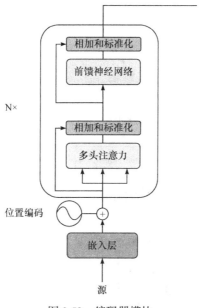

图 3.59　编码器模块

7. 前馈神经网络

前馈神经网络的结构相对较为简单，由两个线性变换全连接层和一个 ReLU 激活层构成，计算过程如下：

$$\mathrm{FFN}(x) = \max(0, xW_1 + b_1)W_2 + b_2 \tag{3.24}$$

原模型中，输入 x 维度为 512，第一层全连接层输出维度为 2048，并使用 ReLU 激活，第二层全连接层为便于使用残差输出维度采用 512。需要注意的是，网络使用的归一化技术是层归一化(layer normalization)。

8. 解码器

对于解码器部分，其主结构与编码器相似，解码器在输入端加入了掩码多头注意力(masked multi-head attention，MMHA)机制，解码器模块如图 3.60 所示。因为在实际预测时，模型只能看到当前时刻及之前时刻的信息，看不到之后的信息，且 Transformer 在训练的时候是并行输入的，这样就保证不了训练与测试的前后一致性。

MMHA 的引入很好地解决了上述问题，图 3.61 所示为注意力掩码引入后的计算过程，其中-inf 表示负无穷小(softmax 后为零，实现对此处信息的忽略)。在第一时刻只会关注<s>，第二时刻则只会关注<s>与 who，依此类推，巧妙地实现了对当前时刻之后信息的忽略。需要注意的是，解码器中使用的多头注意力是与

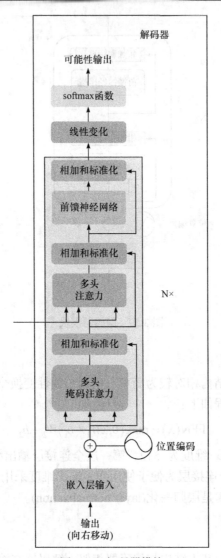

图 3.60　解码器模块

编码器交互的，也被称为编解码注意力。其中，query 来自解码器，keys 与 values 均源于编码器，并且 Transformer 中的编码器和解码器均采用 6 个 block 堆积使用，每一级解码器均使用相同的编码器输出作为输入，计算交互注意力分数，之后才用同样的前馈神经网络、残差结构与层归一化技术。

图 3.62 所示为多个编码器与解码器的叠加使用。

继传统 RNN 后，尽管 LSTM、GRU 等采用加入门机制的结构，在一定程度上缓解了长期依赖的问题，但是对于特别长期的依赖现象，LSTM 等依旧无能为力。Transformer 选择彻底抛弃传统的卷积神经网络(convolutional neural network,

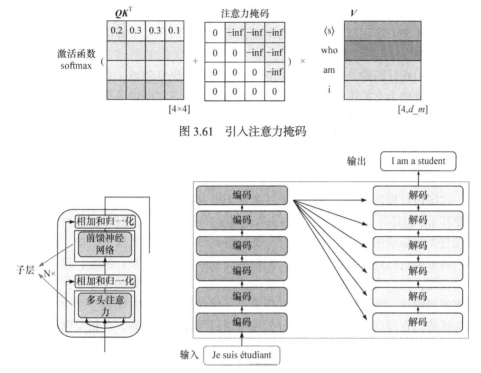

图 3.61　引入注意力掩码

图 3.62　多个编码器与解码器的叠加使用

CNN)与 RNN，完全采用注意力机制与前馈神经网络构成，不仅解决长期依赖问题，而且并行计算也极大程度地释放了设备的计算能力，并且不论是 NLP 还是 CV 领域，Transformer 所带来的冲击力都是不容小觑的。

3.3　深度学习技术在图像处理领域的应用

当今时代是信息飞速发展的时代，数字图像作为一种常见且有效的信息载体已渗透到社会生活的每一个角落，致使人们对图像处理的需求也日益增长。多年来，计算机视觉和图像目标识别等任务长期依赖人工设计的特征，如尺度不变特征变换[23]和方向梯度直方图[24]等。然而，此类特征仅仅是对图像中低级的边缘信息进行描述与表征，若要描述图像中高级信息，如边缘交叉和局部外观等，其往往力不从心。

深度学习已经对信息技术的许多方面都产生了重要影响，如今深度学习凭借其在识别应用中超高的预测准确率，在图像处理领域获得了极大关注。随着大数据时代的到来，一系列深度学习网络结构，如 LeNet、AlexNet、VGGNet、GoogleNet 等，已在图像处理领域展现出巨大的优势。深度学习可以通过无监督和有监督的学习方法直接从数据中获得层级化的视觉特征，从而提供一套更为有效的解决方案。同时 CNN 等深层神经网络的出现，可以逐渐取代基于算法的传统图像处理工作。

目前为止，图像处理已成为深度学习中重要的研究领域，几乎所有的深度学习框架都可作为支持图像处理的工具。当前深度学习在图像处理领域的应用可分为以下几个方面：图像分类、目标检测、图像分割和图像重建。本节将逐一介绍深度学习在图像处理领域不同方面的应用。

1. 图像分类

在图像处理领域中，图像分类任务作为最基础的问题，是图像分析与处理的重要环节，也是计算机视觉领域中研究的热点问题。作为计算机视觉的核心任务，图像分类实际应用非常广泛。图像分类任务具体指系统接收输入图像，输出该图像内容分类的描述。传统方法中，图像分类任务需要手工设计特征，进行特征描述及检测，但这类传统方法仅对于简单图形有效，缺乏良好的泛化性，因此具有一定的局限性。如今深度学习的发展取得了优越的进步，在图像分类中展现出巨大的优势。在深度学习中，图像分类表示通过深度神经网络，分析单张或多张输入图像，并返回一个将图像分类的标签，其核心是从给定的分类集合中给图像分配一个标签。如图 3.63 所示，以二分类为例，将图像输入网络，通过识别图像特征，网络可输出该图像对应的标签分类。

图像分类模型包括 LeNet-5、AlexNet、VGGNet、ResNet 等。

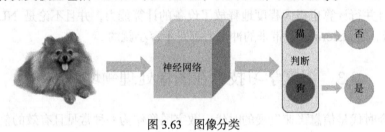

图 3.63　图像分类

2. 目标检测

目标检测是图像分类的自然扩展，目的是检测出图像中所有实例的类别，并用边界框精确出实例的位置，即目标检测是图像分类与目标定位的叠加任务，如图 3.64 所示。由于图像中目标具有不同形状、外观和姿态，目标检测成为图像处理领域中具有挑战性的问题。

图 3.64　目标检测

基于深度学习的目标检测器主要分为两类：单阶段检测器和两阶段检测器。两阶段检测器中，第一阶段通过对图像进行粗筛查，对于目标所在大致区域生成一定数目的区域候选框，第二阶段对区域候选框进行精细检测；单阶段检测器通过密集采样直接预测目标的类别和位置信息。相比之下，两阶段检测器准确性更高，但由于要生成区域候选框才能进行二次检测，耗时较长；单阶段检测器准确性略低，但耗时短，其在实时性及更简单的设计方面超越了两阶段检测器。

目标检测模型分为单阶段目标检测和两阶段目标检测，单阶段目标检测模型包括 YOLO、SSD、YOLOv2、RetinaNet 等，两阶段目标检测模型包括 R-CNN、SPP、Fast R-CNN、FPN 等。

3. 图像分割

图像分割是图像处理领域的关键问题之一，根据图像中不同目标的纹理、颜色和形状等特征将图像划分为若干个互不重叠的子区域，各子区域内部特征具有一定的相似性，不同子区域的特征之间存在一定的差异，如图 3.65 所示。图像分割可应用于人脸检测与卫星图像分析，并在医学影像中对于病灶细胞的分割起到了极大的辅助作用。当前基于深度学习的图像分割任务主要包括语义分割、实例分割与全景分割。

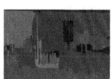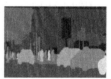

(a) 原始图像　　　　　(b) 语义分割　　　　　(c) 实例分割　　　　　(d) 全景分割

图 3.65　图像分割

语义分割是逐像素对图像进行划分，图像中同类别的目标分割为一类，而同类目标的不同实例不需要单独分割。实例分割不需要逐像素进行标记，只需要精确到目标边缘，在分割时对同类目标的不同实例需要单独标注，即不同目标实例的分割。全景分割是语义分割与实例分割的结合，在逐像素标注的基础上，对同类目标的不同实例仍单独标注，以便进行精确的分割。

图像分割模型包括 FCN、DeepLab、UNet、SegNet、Mask R-CNN 等。

4. 图像重建

图像重建指利用图像处理技术对低分辨率、低质量的图像进行处理，将其重建为细节更加丰富的高质量图像，如图 3.66 所示。图像重建包括图像去噪、图像去水、图像去雾和图像超分辨率重建等，其中图像超分辨率重建是当下研究的重点任务。图像的分辨率作为评估图像蕴含细节信息丰富程度的性能参数，低分辨率图像在进行识别时会对结果产生影响，而图像超分辨率重建通过提高图像分辨率可以增强图像的识别精度，对其他图像处理任务也可提供有效的帮助。

放大　　　修复

图 3.66　图像重建

　　传统的超分辨率重建技术主要基于插值算法，根据预定义的转换函数计算高分辨率图像像素值，但重建后的图像会出现模糊、锯齿等现象。基于深度学习的图像超分辨率重建采用大量的高分辨率图像训练模型进行学习，利用引入模型获得的先验知识对低分辨率图像进行重建，得到图像的高频细节，从而获得较好的图像重建效果。当前图像超分辨率重建应用广泛，同时在图像压缩、医学成像、遥感成像、公共安防等领域具有重要应用前景。

　　图像重建模型包括 SRCNN、DRCN、ESPCN、VESPCN。

思　考　题

1. 实现卷积时 padding 的作用是什么？
2. 卷积之后通道数由哪个参数决定？
3. 举例说明深度学习技术在图像领域中的应用。

参 考 文 献

[1] 周志华. 机器学习[M]. 北京：清华大学出版社, 2017.

[2] RAM D S, KUMAR S S, BARAN C B. Activation functions in deep learning: A comprehensive survey and benchmark[J]. Neurocomputing, 2022, 503(1): 925-2312.

[3] 周飞燕, 金林鹏, 董军. 卷积神经网络研究综述[J]. 计算机学报, 2017, 40(6): 1229-1251.

[4] CRAMER J S. The origins of logistic regression[J]. Tinbergen Institute Discussion Papers, 2002, 119(4): 1-19.

[5] 胡越, 罗东阳, 花奎, 等. 关于深度学习的综述与讨论[J]. 智能系统学报, 2019, 14(1): 1-19.

[6] IOFFE S, SZEGEDY C. Batch normalization: Accelerating deep network training by reducing internal covariate shift[C]. Proceedings of the 32nd International Conference on International Conference on Machine Learning, Lille, 2015: 448-456.

[7] 吕国豪, 罗四维, 黄雅平, 等. 基于卷积神经网络的正则化方法[J]. 计算机研究与发展, 2014, 51(9): 1891-1900.

[8] HINTON G E, SRIVASTAVA N, KRIZHEVSKY A, et al. Improving neural networks by preventing co-adaptation of feature detectors[J]. ArXiv e-prints, 2012, arXiv:1207.0580.

[9] HOPFIELD J J. Neural networks and physical systems with emergent collective computational abilities[J]. Proceedings

of the National Academy of Sciences of the United States of America, 1982, 79(8): 2554-2558.

[10] RUMELHART D E, HINTON G E, WILLIAMS R J. Learning representations by back propagating errors[J]. Nature, 1986, 323: 533-536.

[11] LECUN Y, BOTTOU L, BENGIO Y, et al. Gradient-based learning applied to document recognition [J]. Proceedings of the IEEE, 1998, 86(11): 2278-2324.

[12] HOCHREITER S, SCHMIDHUBER J. Long short-term memory[J]. Neural Computation, 1997, 9(8): 1735-1780.

[13] KRIZHEVSKY A, SUTSKEVER I, HINTON G E. ImageNet classification with deep convolutional neural networks[J]. Communications of the ACM, 2017, 60(6): 84-90.

[14] SIMONYAN K, ZISSERMAN A. Very deep convolutional networks for large-scale image recognition[C]. Proceedings of 3rd International Conference on Learning Representations, San Diego, 2015: 1-14.

[15] SZEGEDY C, LIU W, JIA Y, et al. Going deeper with convolutions[C]. Proceedings of the IEEE Conference on Computer Vision and Pattern Recognition, Boston, 2015: 1-9.

[16] SZEGEDY C, VANHOUCKE V, IOFFE S, et al. Rethinking the inception architecture for computer vision[C]. 2016 IEEE Conference on Computer Vision and Pattern Recognition, Las Vegas, 2016: 2818-2826.

[17] HE K, ZHANG X, REN S, et al. Deep residual learning for image recognition[C]. 2016 IEEE Conference on Computer Vision and Pattern Recognition, Las Vegas, 2016: 770-778.

[18] ZAREMBA W, SUTSKEVER I, VINYALS O. Recurrent neural network regularization[J]. ArXiv e-prints, 2014, arXiv:1409.2329.

[19] CHO K, MERRIENBOER B V, GULCEHRE C, et al. Learning phrase representations using RNN encoder-decoder for statistical machine translation[C]. 2014 Conference on Empirical Methods in Natural Language Processing, Doha, 2014: 1724-1734.

[20] KINGMA D P, WELLING M. Auto-encoding variational bayes[C]. International Conference on Learning Representations, Banff, 2014: 1-14.

[21] GOODFELLOW I J, POUGET-ABADIE J, MIRZA M, et al. Generative adversarial networks [J]. Communications of the ACM, 2014, 63(11): 139-144.

[22] VASWANI A, SHAZEER N, PARMAR N, et al. Attention is all you need[C]. Conference on Neural Information Processing Systems, California, 2017: 1-11.

[23] LOWE D G. Distinctive image features from scale-invariant keypoints[J]. International Journal of Computer Vision, 2004, 60(2): 91-110.

[24] WATANABE T, ITO S, YOKOI K. Co-occurrence histograms of oriented gradients for human detection[J]. Information and Media Technologies, 2010, 5(2): 659-667.

第4章 图像增强处理

4.1 引 言

　　图像是当前信息化社会中用于形象生动地描述客观事物及承载信息的重要载体之一。据相关科学研究，人类在获取外界信息过程中百分之七十取决于图像信息，因此图像是人类认识世界和人类本身的重要源泉。随着现代社会的信息化加深，人们对高品质图像需求日益增加。由于数字图像处理技术可以帮助人们更好地了解图像，因此越来越多的研究者开始投入图像技术的研究中。图像质量作为衡量图像处理技术的主要指标具有重要作用，在图像处理中，低质量的图像除了会降低图像的视觉美感，还会影响使用这种图像进行后续图像检测、图像跟踪等一系列步骤，而高质量的图像不仅有利于进一步的处理，而且提高了视觉观赏度。可见，图像质量是影响图像在技术领域中发展的重要因素，对图像质量的深入研究是很有必要的[1]。

　　不同的自然条件下，拍摄的图片质量有巨大的差距。光照不均匀的图像中，各种物体的遮挡导致部分区域的光线充足，而部分区域的光线则非常黯淡，在光照过强的区域经常发生过曝光现象，导致细节损失，在光照区域中会隐藏很多的物体特征信息而无法被察觉。由于在夜间拍摄图像时光照不足，细节信息没有被足够曝光，被严重淹没在黑暗区域中，因此细节信息丢失非常严重，物体不清晰，对比度低且可见度差。大风沙尘天气、冬季大雾天气的频繁出现，使采集到的图像存在颜色偏差和对比度低的问题，导致无法有效地进行图像处理和信息提取，这将大大降低图像中有用信息的提取效率，对各个领域的工作都会造成较大的影响[2]。图4.1为常见自然环境下拍摄图像实例。

(a) 光照不均匀场景　　　　(b) 雾天场景　　　　(c) 夜间场景　　　　(d) 沙尘场景

图4.1　常见自然环境下拍摄图像实例

　　由此可见，自然场景下拍摄质量较差的图像随处可见，这类图像不仅会影响视觉体验,还会影响计算机的图像处理过程,限制计算机在图像处理领域的发展。

图像增强是改善图像质量的一种处理方式,是按特定的需要突出一幅图像中的某些信息,同时削弱或去除某些不需要的信息的处理方法,其主要目的是使处理后的图像对某种特定的应用来说,比原始图像更适用。处理的结果使图像更适合于人的视觉特性或机器的识别系统。应该明确的是,增强处理并不能增强原始图像的信息,其结果只能增强对某种信息的辨别能力,而这种处理有可能损失一些其他信息。

4.1.1　图像增强处理的目的和意义

在当今信息世界飞速运转的过程中,人类通常通过视觉系统从外界获取一些有价值的信息。作为视觉信息中最为直观来源的图像,是人类最常用的信息载体。在日常生活中,大量的信息是以图像的形式来进行存储的。因此,图像质量的优劣和所获取信息的数量直接相关联。于是,越来越多的研究者将精力投入图像处理相关领域的研究中。

现在,人们很容易从移动设备中获得大量图像和视频资料,通过分析获取图像中所蕴含的有用信息对人们的生活和工作有着较大的帮助。然而,当环境状况较差时,在暗光、阴雨和大雾等恶劣条件下,并在一些噪声和其他因素的共同影响下,视觉系统采集到的图像会出现细节信息丢失严重、图像整体亮度偏暗、对比度下降等严重问题,导致人们提取图像中有效信息的能力减弱,并给人眼的识别能力和计算机等系统的后期处理带来了极大的困难,对各个领域的工作都会造成较大的影响。

图像增强处理能够突出图像中的有效信息,同时抑制或消除不需要的成分,如噪声等。图像增强处理不仅能够提高图像的视觉质量,而且能凸显图像的有效信息,为后续的计算机视觉算法,如目标检测与分类识别、目标跟踪等任务提供更好的信息源,因此一直是图像处理领域的研究热点。

4.1.2　图像增强处理的常用方法

针对图像存在的对比度偏低、整体亮度偏暗和颜色存在失真等问题,国内外研究学者开展了大量的研究工作,提出了很多的解决方案,目前图像增强算法主要有基于直方图均衡化的图像增强算法、基于 Retinex 理论的图像增强算法、基于深度学习的图像增强算法。接下来介绍这几类经典的图像增强算法。

1. 基于直方图均衡化的图像增强算法

直方图均衡化算法通过对输入图像的灰度直方图进行拉伸,使其累积分布函数近似服从均匀分布,从而达到拉伸图像动态范围和提高对比度的目的,因其具有原理简单、算法复杂度低和实时性好等优点得到了广泛应用[3]。自适应直方图均衡化算法[4]则是将原始图像划分成多个子块，然后计算子块直方图并重新进行亮度分布处理，该算法在处理图像的过程中考虑了邻域像素，从而在一定程度上避免了细节信息的丢失。对比度受限自适应直方图均衡化算法[5]通过限制局部直方图累积分布函数的斜率来限制对比度增强，能够在一定程度上抑制图像噪声放大，也有效避免了局部对比度过增强的问题。

此外，研究学者还提出了许多基于直方图均衡化的改进算法。例如，基于亮度保持的动态直方图均衡化算法[6]、平均保持双直方图均衡化算法[7]、保持亮度的动态模糊直方图均衡化(brightness preserving dynamic fuzzy histogram equalization，BPDFHE)算法[8]和递归平均分割直方图均衡化(recursive mean separate histogram equalization，RMSHE)算法[9]等。

2. 基于 Retinex 理论的图像增强算法

Retinex 类增强算法的核心思想是通过估计图像的光照分量并将其剔除，计算出反映物体本质属性的反射分量，从而实现图像增强[10]。

近年来，研究学者提出了许多基于 Retinex 理论的低照度图像增强算法。例如，Jobson 等[11]提出了单尺度 Retinex (single-scale Retinex，SSR)算法，该算法使用高斯滤波器对图像进行平滑处理以获取光照分量，原理简单且时间复杂度较低；后有学者对 SSR 算法进行改进，通过对不同参数的单尺度 Retinex 算法进行加权求和，提出一种多尺度 Retinex(multi-scale Retinex，MSR)低照度图像增强算法[12]，该算法能够较好地提高图像的对比度和亮度；Jobson 等[13]提出了一种带颜色恢复的多尺度 Retinex (multi-scale Retinex with color restoration，MSRCR)算法，该算法使增强结果的颜色更加自然、饱满；Wang 等[14]提出了一种基于自然度保持的光照不均匀图像增强(naturalness preservation enhancement，NPE)算法，该算法能够较好地保持图像的亮度自然性；基于照度图估计的低照度图像增强(low-light image enhancement via illumination map estimation，LIME)算法[15]将 R、G、B 三个颜色通道最大值作为初始照度图，然后利用光照结构先验信息对其进行细化处理，有效地恢复了图像的暗区细节信息；Fu 等[16]提出了一种加权变分模型，以同时估计低照度图像的光照分量和反射分量，该算法能够在抑制噪声的同时有效提升图像亮度；Park 等[17]提出了一种基于变分优化 Retinex 模型的低照度图像增强算法，通过对光照分量进行伽马校正处理，在抑制噪声的同时增强边缘纹理信息；Li 等[18]基于附有噪声项的鲁棒 Retinex 模型，提出了一种结构显示的低照度图像增强算法，该算法在抑制图像噪声的同时，通过求解最优化问题估计光照分量，使增强图像具有很好的视觉效果；Ren 等[19]提出了一种基于低秩正则化 Retinex 模型的鲁棒低光照图像增强算法，通过在光照–反射成像模型中加入低秩先验信息来抑制反射分量中的噪声，实验结果表明该算法在对比度增强和抑制噪声方面取得了良好的效果；王殿伟等[20]在 Retinex 理论的基础上提出了一种基于光照–反射成像模型和形态学滤波的多谱段图像增强算法，对于可见光图像和红外图像都有很好的增强处理效果。

3. 基于深度学习的图像增强算法

上述算法均是仅利用单一的图像作为输入，虽然能够取得较好的增强效果，但是单张图像所蕴含的有效信息毕竟有限，所以这些算法无法有效地展示图像中所有的细节。因此，为了充分利用自然图像所蕴含的先验信息来提高图像的增强效果，基于深度学习的图像增强算法逐渐成为热点。

例如，Gharbi 等[21]提出了一种深度双边微光图像增强网络，通过在神经网络中嵌入双边网格模块来提高图像增强的实时性，并且增强后的图像较为自然清晰；RetinexNet[22]结合 Retinex 理论和卷积神经网络估计图像的光照分量和反射分量，并分别处理光照分量和反射分量得到增强图像；Cai 等[23]提出了一种单幅图像对比度增强网络，并构建了多曝光图像数据集用于训练模型，实验结果表明该算法能够在提高图像对比度的同时有效地恢复颜色信息；Wang 等[24]提出了一种基于光照分量估计的低照度图像增强网络，与端到端的方法不同，该算法通过学习图像与光照分量之间的映射关系，有效地提高了图像的视觉质量；Ren 等[25]提出了一种深度混合神经网络模型，用于同时学习清晰图像的显著性结构和全局内容信息；王殿伟等[26]提出了一种基于特征约束 CycleGAN 的单幅图像去雾算法，通过循环生成对抗网络学习雾天图像与清晰图像之间的映射关系，并构建了基于循环一致损失和 Haze 损失的联合函数，能有效降低雾对成像质量的影响，进而获得更好的主观视觉评价和客观量化评价。

接下来，对上文所提到的三种图像增强方法进行详细阐述。

4.2　直方图均衡类图像增强处理方法

4.2.1　图像直方图的基本原理

直方图广泛运用于很多计算机视觉领域的研究中，是对数据进行统计的一种方法，并且将统计值组织到一系列事先定义好的矩形条中，其数值是从数据中计算出的特征统计量，这些数据可以是梯度、方向、色彩或任何其他特征。直方图获得的是数据分布的统计图，通常直方图的维数要低于原始数据。

图像直方图(image histogram)是用于表示数字图像中亮度分布情况的直方图，标绘了图像中每个亮度值的像素数，横坐标为图像的灰度级，纵坐标为像素数量。如图 4.2 所示，在图像直方图中，横坐标的左侧为纯黑、较暗的区域，右侧为较亮、纯白的区域。因此，一张较暗图像的直方图中数据多集中于左侧和中间部分，整体明亮、只有少量阴影的图像则相反[27]。

(a) 原灰度图像   (b) 图像直方图

图 4.2 原灰度图像及其图像直方图

彩色图像通常包含三个通道，如 RGB 图像，其具有三个通道的图像直方图，分别表示各个通道中每个像素值的分布情况，如图 4.3 所示。

4.2.2 基于直方图均衡化的图像增强处理方法

1. 直方图均衡化算法

直方图均衡化(histogram equalization, HE)[27]算法是将输入图像分布不均的直方图通过变换函数进行非线性拉伸，使其近似服从均匀分布，从而使图像的像素值得到重新分配。直方图均衡化可以拓展图像像素点的灰度值范围，增强图像整体对比度，使图像具有更好的视觉效果。直方图均衡化算法的基本流程如图 4.4 所示。

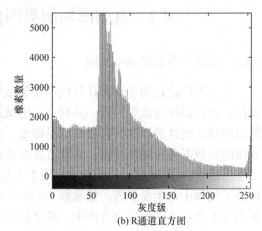

(a) 原彩色图像   (b) R通道直方图

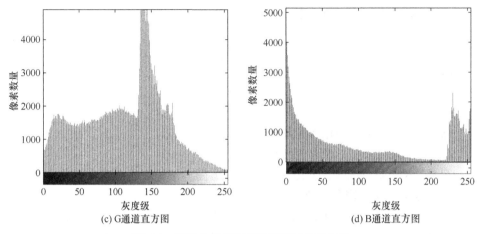

(c) G通道直方图　　　　　　　(d) B通道直方图

图 4.3　原彩色图像及其三通道图像直方图

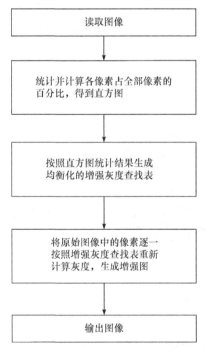

图 4.4　直方图均衡化算法的基本流程

具体地，直方图均衡化的主要步骤如下。

(1) 定义原始图像的灰度级总数为 m，灰度级为 r_k，表示第 k 个图像灰度级，其中 $k = 0, 1, 2, \cdots, m-1$。

(2) 统计灰度级中每个像素在整张图像中的个数 n_k。

(3) 计算图像灰度级概率密度函数 $P_r(r_k)$：

$$P_r(r_k) = \frac{n_k}{n} \tag{4.1}$$

(4) 计算累积概率分布函数：

$$S_k = \sum_{j=0}^{k} P_r(r_j) = \sum_{j=0}^{k} \frac{n_j}{n} \tag{4.2}$$

(5) 计算直方图均衡化后的灰度值。

(6) 对原来像素坐标像素值做映射。

另外，对于彩色图像，如 RGB 图像，直方图均衡化算法需要分通道分别进行处理，否则会产生伪彩色现象。

图 4.5 所示为原图像及其直方图经过直方图均衡化后的结果，可以看出，经过直方图均衡化处理后图像的对比度有所提高。由于直方图均衡化是对图像进行全局处理，没有考虑图像的局部信息，在直方图均衡化后图像的亮度均值分布在灰度级中值附近，这使得增强后图像中的亮部区域存在过曝光问题，同时图像细节信息丢失，使图像看起来不自然。

(a) 原图像　　　　　　　　　　(b) 原图像直方图

(c) HE后的图像　　　　　　　　(d) HE后的图像直方图

图 4.5　直方图均衡化结果

2. 自适应直方图均衡化算法

自适应直方图均衡化(adaptive histogram equalization，AHE)[28]算法作为一种基于局部的直方图均衡化算法，结合了直方图均衡化的优点，将原图像划分为若干个不重叠的小块，然后在每个图像块中计算直方图和累积概率分布函数，最后做直方图均衡化处理。具体步骤如下：

(1) 将图像划分为矩形网格状的上下文区域，其中划分的个数需要经过试验得到，一般都是分成 8×8 个上下文区域，一个 512×512 大小的图像经过 8×8 划分为 64 个大小为 64×64 的子区域；

(2) 对于每一个上下文区域，计算包含其中像素的直方图；

(3) 计算每个上下文区域对应的累积直方图得到一个增强灰度查找表，优化每个上下文区域的对比度，基本上是基于局部图像数据的直方图均衡化；

(4) 为了避免上下文区域边界的可见性，采用了双线性插值方法。

AHE 算法由于在处理图像时考虑了图像的局部信息，增强后图像中的过曝光问题有所减轻，同时能够有效地提高图像的局部对比度，使增强后的图像显示出更多的细节信息。但是，当某个区域包含的像素值非常接近，其区域的直方图就会尖状化，此时直方图的变换函数会将一个很窄范围内的像素映射到整个像素范围，这将使得某些平坦区域中的少量噪声经 AHE 处理后过度放大。

3. 对比度受限自适应直方图均衡化算法

针对自适应直方图均衡化算法增强结果存在图像噪声放大的问题，Pizer 等[29]提出了一种对比度受限自适应直方图均衡化(contrast limited adaptive histogram equalization，CLAHE)算法，不同于 AHE 算法，CLAHE 算法通过控制局部直方图累积概率分布函数的斜率实现对比度增强限制，从而抑制噪声的放大和局部对比度过增强。

通过对直方图进行裁剪，将大于某一阈值的部分进行剪切并均匀地分布在整个灰度空间上，既能保证直方图面积不变，又限制了直方图的变化幅度。CLAHE 算法裁剪如图 4.6 所示。

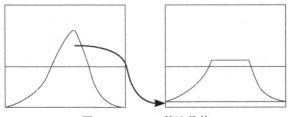

图 4.6　CLAHE 算法裁剪

CLAHE 算法简单流程如下所述。

(1) 将图像分为多个矩形块,对于每个矩形块子图,分别计算其灰度直方图和对应的变换函数(累积直方图)。

(2) 将原始图像中的像素按照分布分为三种情况处理。如图 4.7 所示,左上角区域中的像素按照其所在子图的变换函数进行灰度映射,竖线填充区域中的像素按照其所在的两个相邻子图变换函数变换后进行线性插值得到,无填充区域中的像素按照其所在的四个相邻子图变换函数变换后双线性插值得到。

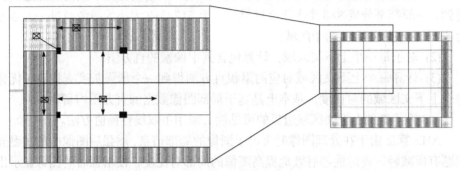

图 4.7　块间线性插值

CLAHE 算法在处理图像时,先将图像切分为许多小块,然后对每个图像块做对比度受限的直方图均衡化,如果只是用每个图像块对应的变换函数对该块内的像素进行处理,增强结果会出现块效应,为了解决这个问题,CLAHE 算法采用双线性插值的方法将各个图像块连在一起,有效避免了块效应的产生,但也存在图像噪声被放大的问题。

CLAHE 算法能够在一定程度上恢复图像的亮度和对比度,较好地解决了 AHE 算法噪声放大的问题,但由于增加了对比度限制,增强后图像的亮度偏低,图像的暗区细节不清晰。

4. 亮度保持动态直方图均衡化算法

亮度保持动态直方图均衡化(brightness preserving dynamic histogram equalization, BPDHE)[30]算法是对 HE 算法的扩展,可以产生平均亮度几乎等于输入平均亮度的输出图像,从而满足保持亮度的要求。该算法首先使用一维高斯滤波器对输入直方图进行平滑处理,根据直方图的局部最大值对直方图进行分区;其次每个分区将被分配给一个新的动态范围;最后基于这个新的动态范围,对这些分区独立应用直方图均衡化过程。当然,在动态范围内的变化,以及直方图均衡化过程都会改变图像的平均亮度。因此,该算法的最后一步是将输出图像归一化为输入的平均亮度[30, 31]。

5. 平均保持双直方图均衡化算法

平均保持双直方图均衡化(brightness preserving bi-histogram equalization,
BBHE)[31]算法将图像直方图分为两部分，如
图 4.8 所示，在该算法中，分离强度 X_t 由输
入的平均亮度值表示，该亮度值是构成输入
图像的所有像素的平均亮度。经过分离过程，
这两个直方图被独立地均衡化。这样做得到
的图像的平均亮度将位于输入平均值和中间
灰度级之间。

6. 二元化子图像直方图均衡化算法

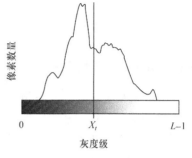

图 4.8　平均保持双直方图均衡化

1999 年，Wan 等[32]提出了二元化子图像直方图均衡化(dualistic sub-image
histogram equalization, DSIHE)算法。DSIHE 算法与 BBHE 算法相似，不同之处
在于，直方图是基于中值而不是均值被分割成两个直方图。这个准则将产生两个
像素数几乎相等的直方图。结果表明，DSIHE 算法在保持图像亮度和熵方面优于
BBHE 算法。

7. 最小平均亮度误差双直方图均衡化算法

Chen 等[33]提出了最小平均亮度误差双直方图均衡化(minimum mean brightness
error bi-histogram equalization, MMBEBHE)算法，以最佳地保持平均亮度。这种
算法是 BBHE 算法的扩展，但与 BBHE 算法不同的是，该算法首先将测试分离强
度的所有可能值设为从 0 到 $L-1$。计算每个分离强度值产生的输入的平均亮度和
输出的平均亮度之间的差值。然后，通过枚举选择 X_t 的值作为能产生输入和输出
平均值差的最小值。实际的输出图像是通过双直方图使得输入图像与这个 X_t 值的
亮度均值误差最小得到的。

8. 递归平均分离直方图均衡化算法

Chen 等[9]提出了另一种增强方案，称为递归平均分离直方图均衡化(recursive
mean-separate histogram equalization, RMSHE)算法。这种算法迭代地利用了 BBHE
算法。首先，该算法根据平均输入亮度将直方图分成两部分。其次，计算每个子
直方图的平均值，这些子直方图根据平均值进一步分为两部分。这个过程重复 r
次，其中 r 的值由用户设置。因此，该算法将产生 $2r$ 个子直方图。最后，对每个
子直方图进行独立的均衡化。当 r 值较大时，RMSHE 算法是一种很好的亮度保
持技术，因为输出均值收敛于输入均值。但是，当 r 太大时，输出的直方图就会

变成输入的直方图。在这种情况下，输出图像正好是输入图像的副本，并且丝毫没有增强。

4.3　Retinex 类图像增强处理方法

4.3.1　Retinex 基本原理

计算机视觉处理，总是想模拟人的视觉去"看东西"，人眼对一些边缘的图像比较敏感，能很"轻松"地分辨出一张图像边缘的特征，但是采用数字图像的处理方式，总是找不到令人满意的算法来得到准确的边缘信息[34-35]。

1971 年，Land 等[10]基于人类视觉的亮度和颜色感知的模型提出了一种颜色恒常知觉的计算理论：Retinex 理论。Retinex 是一个合成词，它是 retina(视网膜)+cortex(皮层)的合成。Retinex 理论受启发于人眼视网膜和大脑皮层共同协作的生物过程，揭示了视觉理论与图像处理领域密不可分的关系。Retinex 理论认可真实世界的颜色仅由光线和物体折射、反射等作用产生，被人眼接收到的物质颜色与物质本身有对应关系；环境变化并不会让人眼对物质颜色有不同的认知；人类感知中颜色是以三原色为基本单位的，其他颜色都是基础色彩以不同比例混合作用的结果。

简单来说，Retinex 理论认为所有图像都是光照分量和反射分量共同作用的结果，其空间关系如图 4.9 所示。光照分量是图像的低频信息，表现为环境光线的影响；反射分量是图像的高频信息，表现为物体本身的样貌特征。Retinex 理论可以表示为

$$I(x,y) = R(x,y) \cdot L(x,y) \tag{4.3}$$

式中，$I(x,y)$是成像设备获取到的图像；$R(x,y)$是反射分量；$L(x,y)$是光照分量。

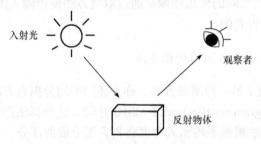

入射光

观察者

反射物体

图 4.9　Retinex 理论空间关系

基于 Retinex 算法的低照度图像增强主要有两种思路，一种是先从图像中估计出光照分量 $L(x,y)$，然后将光照分量剔除以得到物体本质的颜色；另一种是用滤波器或损失函数约束图像并分离出图像的高频信息和低频信息，再对两者分别

增强。不同于传统的线性、非线性的只能增强图像某一类特征的算法，Retinex 算法可以在动态范围压缩、边缘增强和颜色恒常三个方面达到平衡，因此可以对各种不同类型的图像进行自适应增强。

多年来，Retinex 算法，从单尺度的 Retinex 算法改进成多尺度加权平均的 Retinex 算法，再发展成带彩色恢复的多尺度 Retinex 算法。尽管这些算法不尽相同，但其基本原理都非常相似，都是通过对原始图像进行高斯滤波来获取照度图像，并尽量准确地获取照度图像，最后将照度图像从原始图像中分离出来，从而获得反射图像[36]。

4.3.2　基于 Retinex 理论的图像增强处理方法

1. 单尺度的 Retinex 算法

Land 等在提出 Retinex 理论的基础上，设计了中心环绕算法。该算法具有实现容易、处理效果好等优点，因此很多学者都在此基础上进行了优化。其中，Jobson 等[13]提出的单尺度 Retinex 算法最经典，该算法以人眼视觉形成原理为基础，对原始图像的 RGB 分量分别进行中心、环绕参数的卷积处理操作，进而估计出光照图像。

单尺度 Retinex 算法通过高斯滤波估计低照度图像的光照分量，计算过程如式(4.4)和式(4.5)所示：

$$L = F_{G} * I \tag{4.4}$$

$$F_{G} = \frac{1}{\sqrt{2\pi}\sigma}\exp\left(\frac{-r^2}{\sigma^2}\right) \tag{4.5}$$

式中，F_{G} 为高斯滤波器；$*$ 为卷积操作；r 为当前点与高斯滤波模板中心点的距离；σ 为高斯滤波器的高斯周围空间常数，即 SSR 的输入尺度。

单尺度 Retinex 算法流程：先对原图像做高斯滤波处理得到光照分量的估计值 L，然后从原图像中减去光照分量 L，得到反射分量 R。为了提高运算效率，经常将上述过程变换到对数域，然后按照式(4.6)计算出 $\log(R)$ 的值，最后将其映射到实数域的[0, 255]像素值得到最终输出：

$$\log(R) = \log(I) - \log(L) \tag{4.6}$$

单尺度 Retinex 算法的具体步骤如下。

首先，根据 Retincx 理论给出输入图像的数学表达式：

$$S(x,y) = I(x,y) \cdot R(x,y) \tag{4.7}$$

式中，$S(x,y)$ 为原始图像；$I(x,y)$ 为光照分量；$R(x,y)$ 为想要获得的反射分量。

其次，根据式(4.7)求解光照分量 $I(x,y)$。为了便于计算，对式(4.7)两边取对数，计算公式如下：

$$\log(S(x,y)) = \log(I(x,y)) + \log(R(x,y)) \tag{4.8}$$

最后，将式(4.8)转化为如下形式：

$$\log(R(x,y)) = \log(S(x,y)) - \log(I(x,y)) \tag{4.9}$$

由于在实际过程中无法直接通过计算得出 $I(x,y)$，因此采用低照度图像与高斯核的卷积结果来近似表示 $I(x,y)$，其数学公式为

$$\log(R_i(x,y)) = \log(S_i(x,y)) - \log(S_i(x,y) * G(x,y)) \tag{4.10}$$

式中，i 为红、绿、蓝三个颜色通道，取值为 1、2、3；$\log(R_i(x,y))$ 为想要获得的增强后的图像；*为卷积操作；$G(x,y)$ 为高斯环绕函数，其计算公式为

$$G(x,y) = \frac{1}{2\pi\sigma^2} e^{\left(-\frac{x^2+y^2}{2\sigma^2}\right)} \tag{4.11}$$

式中，σ 为标准差。图 4.10 所示为不同尺度参数下 SSR 算法对于低照度全景图像的增强结果。

通过观察图 4.10 可以发现，单尺度 Retinex 算法能够较好地提升全景图像的亮度与对比度，当 σ 值较小时，单尺度 Retinex 算法增强后全景图像的细节信息比较清晰，但存在颜色失真问题。例如，在图 4.10(b)中，天空区域呈暗灰色，颜色失真问题较为明显；随着 σ 值增大，单尺度 Retinex 算法增强后图像的颜色更加自然，但细节纹理会变模糊，如图 4.10(d)所示，天空区域的颜色失真问题有所减轻，但由于存在过曝光现象，图像中部分区域的细节信息丢失。

(a) 原始图像　　　　　　　　　　　(b) σ=20

(c) σ=80　　　　　　　　　　　(d) σ=150

图 4.10　SSR 算法对于低照度全景图像的增强结果

2. 多尺度的 Retinex 算法

SSR 只是针对单个尺度的照明估计，不能同时保证动态范围压缩、颜色保真及边缘细节的优化，同时单一的尺度导致图像在色彩与细节上难以保持平衡，且测试大量数据时会产生明显的失真。为了解决这一问题，Rahman 等提出了多尺度 Retinex (MSR)算法。MSR 算法和 SSR 算法在增强原理上大体相同，都是利用高斯滤波的方法估计出光照分量，不同的是，MSR 算法采用多个尺度的高斯滤波器对原图像做滤波处理，并将多尺度滤波结果加权平均即可得到估计的光照分量。

针对单尺度 Retinex 算法无法同时进行细节增强与保持颜色信息的问题，Jobson 等[13]通过对高、中、低三个尺度的 SSR 算法进行加权结合，提出了一种多尺度 Retinex 算法，计算公式如下：

$$R_i(x,y) = \sum_{k=1}^{K} W_k \left\{ \log S_i(x,y) - \log \left[S_i(x,y) * G_k(x,y) \right] \right\} \tag{4.12}$$

式中，i 表示红、绿、蓝三个颜色通道，取值为 1、2、3；k 表示 MSR 算法的尺度参数个数，一般 k 的值为 3；W_k 表示第 k 个高斯权重值，取 $W_k = 1/3$。

MSR 算法的一般流程：

(1) 输入原图像，分通道处理并确定三个尺度参数 σ_1、σ_2、σ_3，构造对应的高斯函数；

(2) 将原图像与不同的高斯尺度函数做卷积，得到各自光照分量；

(3) 分别转化到对数域和实数域，得到增强之后的反射函数；

(4) 合并通道，得到最终增强图像。

此外，大量实验表明，当 3 个尺度参数分别取值为 15、80 和 120 时，MSR 算法增强效果更好。图 4.11 为 MSR 算法对于低照度全景图像的增强结果。

(a) 原始图像　　　　　　　　　　　　　　(b) MSR增强结果

图 4.11　MSR 算法对于低照度全景图像的增强结果

通过观察图 4.11 可以发现，MSR 算法能够在一定程度上提升低照度全景图像的对比度与亮度，但增强结果中存在颜色偏差问题，如图 4.11(b)中天空区域呈暗灰色，颜色失真比较明显。

3. 带颜色恢复的多尺度 Retinex 算法

SSR 算法和 MSR 算法都是在 RGB 空间中运算的, 因此在计算后难以保持原有的色彩, 极易造成失真现象。针对 MSR 算法处理后的图像中出现颜色失真的问题, Jobson 等[13]提出了一种带色彩恢复的多尺度 Retinex 算法, 该算法在 MSR 算法的基础上, 考虑到 R、G、B 三个颜色通道在待处理图像中的比例关系, 引入了色彩恢复因子, 进而获得了更好的增强效果。色彩恢复因子的计算公式如下:

$$C_i(x,y) = \beta \left\{ \log\left[\alpha I_i(x,y)\right] - \log\left[\sum_{i \in \{r,g,b\}} I_i(x,y)\right] \right\} \tag{4.13}$$

式中, $C_i(x,y)$ 为图像第 i 个颜色通道的色彩恢复因子; α、β 分别为非线性强度控制因子和增益常数, 通常情况下, $\alpha=125$, $\beta=75$。通过在 MSR 算法中引入色彩恢复因子 C_i, 得到 MSRCR 算法的计算公式:

$$\begin{aligned} R_{\mathrm{MSRCR}_i}(x,y) &= C_i(x,y)R_{\mathrm{MSR}_i}(x,y) \\ &= \sum_{k=1}^{K} C_i(x,y)W_k \left\{ \log S_i(x,y) - \log\left[S_i(x,y) * G_k(x,y)\right] \right\} \end{aligned} \tag{4.14}$$

式中, $R_{\mathrm{MSR}_i}(x,y)$ 为 MSR 算法的输出结果。

图 4.12 和图 4.13 分别展示了低光照普通图像和低光照全景图像采用 MSRCR 算法增强前后的对比图像。

(a) 低光照无人机航拍图像   (b) 对(a)的MSRCR算法增强结果

(c) 低光照风景图像   (d) 对(c)的MSRCR算法增强结果

图 4.12 低光照普通图像采用 MSRCR 算法增强前后的对比图像

(a) 低光照全景图像   (b) MSRCR增强结果

图 4.13 低光照全景图像采用 MSRCR 算法增强前后的对比图像

通过观察图 4.12 和图 4.13 可以发现, 经过 MSRCR 算法的处理, 原始图像的亮度、对比度明显提升, 能够显示出更多的细节信息。

总的来说, 不同场景进行颜色恢复后, SSR 算法在颜色方面发生明显失真现象, MSR 算法通过不同尺度调节作用对颜色有一定的恢复作用。MSRCR 算法在 MSR 算法基础上通过加入颜色恢复因子对图像颜色有较好的调节作用, 在对比度提升的同时保持了颜色均衡性, 所以增强图像在主观效果上表现得更加自然。

4.4 研究进展及实际应用

4.4.1 前沿技术动态简介

深度学习是机器学习的一种方法, 它的概念起源于对人工神经网络的研究, 可以说深度学习与神经科学具有密切的联系。深度学习通过将原始数据特征重组, 进而形成更加具有概括性的高层表示属性类别或特征, 以此便可以轻松发现原始数据的深层次特征分布, 这对于机器学习来说是无法达到的。基于深度学习的图像增强方法不需要人为设置参数, 只需要大量的数据集训练便可以得到较好的模型, 因此在图像处理领域得到了日益广泛的应用。与传统算法相比, 基于深度学习的图像增强算法不依赖人工特征提取, 可以通过端到端的训练获得模型。深度学习算法在特征提取和数学建模方面比传统方法具有明显优势。因此, 出现了一些基于深度学习的图像增强算法。

1. LLNet

Lore 等[37]将深度自编码器引入图像增强, 提出了一种低照度图像增强网络(low-light network, LLNet)。LLNet 是第一个基于深度学习的低照度图像增强算法, 它可以学习低照度图像中的潜在信号特征, 并提高图像对比度, 能够在增强对比度的同时克服噪声影响。LLNet 框架的灵感来自于叠加稀疏去噪自编码器(stacked sparse denoising autoencoder, SSDA), SSDA 的稀疏诱导特性有助于学习特征以去除信号中的噪声。利用 SSDA 的去噪能力和深度网络的复杂建模能力来学习弱光图像中的基本特征，并以最小的噪声和改进的对比度生成增强图像。除常规的 LLNet外，还提出了分阶段的 LLNet(S-LLNet)，它由用于对比度增强(阶段 1)和去噪(阶段2)的单独模块串联而成。与常规 LLNet 的关键区别在于，S-LLNet 的模块分别使用仅暗训练集和仅噪声训练集进行训练。不同框架的体系结构如图 4.14 所示。图 4.14(a)所示为 LLNet 基本模型结构，这是一种自编码器模块，由多层隐藏单元组成；图 4.14(b)所示为 LLNet 的核心结构，包含同步对比度增强和去噪模块；图 4.14(c)所示为 S-LLNet 的核心结构，包含对比度增强和去噪模块。虽然 S-LLNet体系结构提供了更大的训练灵活性，但它略微增长了计算时间。

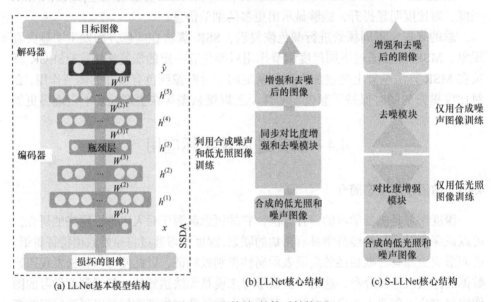

(a) LLNet基本模型结构　　　　　(b) LLNet核心结构　　　　(c) S-LLNet核心结构

图 4.14　不同框架的体系结构[37]

2. 基于Retinex的深度学习方法

与在端到端网络中直接学习增强的结果相比，基于 Retinex 的方法在大多数情况下有更好的增强性能，且有物理上可解释的 Retinex 理论做支撑。传统的Retinex 模型在分解图像时，需要设置手工约束和参数，所以在应用于各种场景时，这些约束和参数可能会受到模型容量的限制。基于深度学习的 Retinex 方法通常通过专用子网络分别增强光照分量和反射分量，会有更好的增强效果。

1) RetinexNet

Wei 等[22]设计了损失函数以约束分解的光照分量和反射分量，在分别处理两者后结合，整个算法完全建模于 Retinex 理论，命名为 RetinexNet。如图 4.15 所示，RetinexNet 包括一个分解网络和一个校正网络，它将输入图像分解为反射图和光照图。在分解网络的训练中，采取了一种类似于无监督学习的策略，没有光照图和反射图的 ground truth，分解网络学习时只有关键约束，具体的过程：首先，配对的低光/正常光图像具有相同的反射图；其次，平滑光照图但是保留主结构。增强网络从多尺度角度调整光照图来进行后续的亮度增强。由于噪声在黑暗区域通常很大，大多数图像增强网络都会产生噪声放大效应，所以 RetinexNet 引入了反射图去噪环节，在网络中去噪用的是 BM3D(3 维块匹配滤波)[38]方法，通过寻找相似块进行滤波，该方法是现有的比较好的去噪方法。最后，重建调整后的光照图和反射图，以获得增强的结果。

2) LightenNet

Li 等[39]提出了一种轻量级图像增强算法——LightenNet，用于低光照图像增强。该算法的灵感来自于深度学习在低级视觉任务中的成功，目的是学习映射，该映射将低光照图像作为输入，输出其照明映射，然后根据 Retinex 模型得到增强图像，具体网络架构如图 4.16 所示。

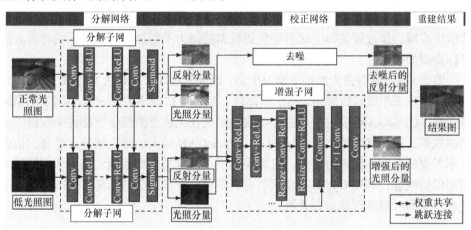

图 4.15 RetinexNet 网络框架[22]

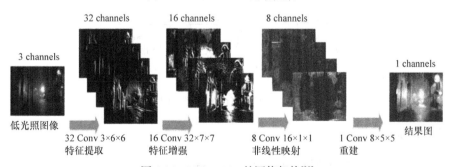

图 4.16 LightenNet 的网络架构[39]

LightenNet 具有四个卷积层，各层具有特定的任务，前两层主要集中在高光区域，第三层主要集中在低光区域，最后一层是重建光照图。与已有的大多数基于 CNN 的图像增强算法不同，LightenNet 学习预测光照图像与相应光照映射的映射关系，因此，此网络很容易训练，减轻了计算负担。

　3. 基于 CycleGAN 的图像去雾增强方法

　　Goodfellow 等[40]提出一个里程碑式框架：生成对抗网络(GAN)。该网络利用博弈思想，生成器尝试生成逼真的假样本以欺骗判别器，判别器区分真实样本和假样本以提高网络的精确度，生成结果在竞争或合作的作用下越来越接近真实。自此之后，各种各样的 GAN 逐渐出现。总的来说，近年来对 GAN 模型的研究仍然是深度学习领域最热门的方向之一。因为 GAN 具有较为灵活的学习能力，无论是在非监督学习领域，还是在半监督学习领域，均具有广泛的应用。对于计算机任务的需求，生成对抗网络可以利用机器学习的强大能力来生成想要的数据，或者得到一个能够生成符合期望的目标数据分布的模型。对于已有目标数据集的任务而言，GAN 可以自动学习该数据分布，并且判别器能够不断更新网络参数反馈给生成器。该过程使得生成模型伪造数据的能力不断加强，最终生成符合人们目标期望的数据。

　　鉴于 GAN 具有强大的特征学习能力，因此其被用于图像去雾领域。2017 年，Zhu 等[41]基于生成对抗网络，提出了循环一致性对抗网络(CycleGAN)用于图像风格迁移。CycleGAN 通过使用循环一致性损失在无监督图像生成任务中取得了不错的效果，其网络结构如图 4.17 所示。CycleGAN 最大的特点就是无监督，也就是不需要成对数据集进行训练，只需要提供不同域的图像就能成功训练不同域之间图像的映射，利用 CycleGAN 模型可以学习到有雾图像与无雾清晰图像的映射关系，从而对有雾图像进行去雾。

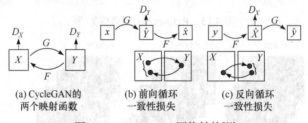

(a) CycleGAN的　　　(b) 前向循环　　　(c) 反向循环
两个映射函数　　　　一致性损失　　　　一致性损失

图 4.17　CycleGAN 网络结构[41]

4.4.2　实际应用示例

　　目前，图像增强处理技术的应用已经渗透到各行各业，在国民经济发展中发挥越来越大的作用，其中最典型、最成熟的应用主要体现在以下几个领域。

1. 数字视频监控领域

视频监控系统是安全防范系统的重要组成部分，它是一种防范能力较强的综合系统。视频监控以其直观、准确、及时和信息内容丰富而广泛应用于许多场合。近年来，随着计算机、网络，以及图像处理、传输技术的飞速发展，视频监控技术也有了长足的发展。视频监控技术在安全防范系统中占有重要的地位，视频监控本身是一种主动的探测手段，是直接对目标的探测，它可以把多个探测结果关联起来进行准确的判断，因此是实时动态监控的最佳手段。视频监控系统不仅仅局限于被动地提供视频画面，更要求系统本身足够智能，能够识别不同的物体，发现监控画面中的异常情况，以最快和最佳的方式发出警报和提供有用信息，从而更加有效地协助安全人员处理危机，并最大限度地避免误报和漏报现象，成为应对袭击和处理突发事件的有力辅助工具[42]。

尽管数字视频监控相对传统模拟视频监控有着巨大的优势，但是也存在一些不可避免的缺陷，如电子信号干扰、聚焦没有调清楚、镜片模糊、电子快门或白平衡设置有问题、焦距需要调整等都会造成对视频监控分析错误的情况，然而图像增强处理技术可以实现安全防范系统的全部要素，因此图像增强处理技术在数字视频监控中有广泛的应用[43]。

图 4.18(a)为原始视频监控图像，图 4.18(b)为增强后的视频监控图像，经过增强之后视频监控图像可以有效提升图像质量、清晰度，这在视频监控领域是十分必要的，增强之后的视频监控图像可以对监控目标进行准确判断，实现实时动态监控，正是由于这些优势，图像增强处理技术在视频监控领域应用越来越广泛。

(a) 原始视频监控图像　　　　　(b) 增强后的视频监控图像

图 4.18　增强前后的视频监控图像

2. 全景相机领域

随着成像技术和硬件设备的快速发展，人们可以根据自身需求通过不同的方式来获得各种类型的图像。相较于用手机、计算机和一般相机拍摄得到的普通图像，全景图像能够 360° 全方位展现周围的景物，含有更加丰富的图像信息，不仅在日常生活和工作中随处可见，而且在公共安全、场所检测和交通管理等领域也有着越来越广泛的应用。高质量的全景图像能够反映目标景物清晰的细节和完整的色彩信息，为人们提供更好的视觉效果体验，而且避免了普通图像视角单一、不能带来全方位感受的问题。然而在现实生活中，由于成像系统会受到恶劣天气、背光、夜间光照较弱等客观因素的影响，往往采集到的全景图像的质量严重下降，并且存在整体亮度偏暗、对比度偏低和细节信息丢失严重等问题，不但影响了人类对全景图像中关键信息的辨识能力，同时为后续的图像处理任务，如图像分割、图像分类等带来一定困难。针对这些问题，人们也研究出了新的高性能硬件设备，但由于制造成本过于昂贵，其在日常生活中无法普及。相较于价格高昂的硬件设备，通过图像增强处理技术提高全景图像质量的方式更受人们欢迎，随着图像增强处理技术日趋成熟与完善，针对如何提高全景图像质量这一问题提出了各种各样的算法，并取得了一些令人满意的增强效果。

图 4.19(a)是全景相机捕获的原始图像，图 4.19(b)是经过增强处理的全景图像。通过观察图 4.19 可以发现，图像增强处理技术能够较好地提升全景图像的亮度与对比度，增强后全景图像的细节信息比较清晰，天空区域的颜色失真问题有所减轻，但由于存在过曝光现象，图像中部分区域的细节信息丢失[44]。

(a) 原始图像　　　　　　　　　　　　　　　(b) 增强后的图像

图 4.19　增强前后的全景图像

3. 无人机航拍领域

近些年来，无人机逐渐成为捕获图像的重要工具，基于无人机的图像处理需求不断增多。与一般图像不同，无人机航拍图像通常包含较多的小目标、天空区域或光源。普适性算法在增强复杂无人机图像时易出现边缘模糊、光晕伪影和远近景增强不协调的现象，研究者需要设计适当的算法以平衡结果图像的视觉效果与实际应用的准确率。图像增强处理技术成为无人机航拍领域中不可或缺的技术手段，在无人机航拍领域中取得了十分显著的效果，图 4.20(a)是无人机航拍的原始图像，图 4.20(b)是经过增强的无人机航拍图像，结果表明，使用图像增强处理技术可以明显提高无人机航拍捕获图像的效果[45-46]。

目前以无人机为视觉载体的工程日益增多，无人机图像增强方法将模型设计的重点放在无人机图像复杂的场景和多样的光源上，在增强远景亮度的同时保持了物体边缘细节，为基于无人机的实际应用做出了贡献。此外，现有增强算法大

(a) 原始图像　　　　　　　　　　　　　　　(b) 增强后的图像

图 4.20　增强前后的无人机航拍图像

多数仅面向简单的常规图像，当这些算法在处理包含复杂场景和较多景物的无人机图像时难以取得较好的效果。因此，将图像增强处理技术引入无人机的实际应用中是科技进步的必然选择。

综上所述，图像增强处理技术已经在全景相机、数字视频监控、无人机航拍等众多领域取得了十分显著的成果，随着对图像增强处理技术的进一步研究，图像增强处理技术会被应用到生活的各个领域。

思　考　题

1. 简述图像增强处理的常用方法，以及不同方法的主要特点。
2. 简述图像直方图的物理含义，以及直方图均衡化方法的基本原理。
3. 简述 Retinex 理论的基本原理。
4. 列举几种基于深度学习的图像增强算法，并简要分析每一种算法的优缺点。

参 考 文 献

[1] 冈萨雷斯. 数字图像处理[M]. 4 版. 阮秋琦, 等译. 北京: 电子工业出版社, 2020.

[2] 王殿伟, 王晶, 许志杰, 等. 一种光照不均匀图像的自适应校正算法[J]. 系统工程与电子技术, 2017, 39(6): 1383-1390.

[3] TOM V T, WOLFE G J. Adaptive histogram equalization and its applications[C]. Applications of Digital Image Processing IV, San Diego, 1983, 359: 204-209.

[4] PIZER S M, AMBURN E P, AUSTIN J D, et al. Adaptive histogram equalization and its variations[J]. Computer Vision, Graphics and Image Processing, 1987, 39(3): 355-368.

[5] REZA A M. Realization of the contrast limited adaptive histogram equalization (CLAHE) for real-time image enhancement[J]. Journal of VLSI Signal Processing Systems for Signal Image and Video Technology, 2004, 38(1): 35-44.

[6] IBRAHIM H, KONG N. Brightness preserving dynamic histogram equalization for image contrast enhancement[J]. IEEE Transactions on Consumer Electronics, 2007, 53(4): 1752-1758.

[7] KIM Y T. Contrast enhancement using brightness preserving bi-histogram equalization[J]. IEEE Transactions on Consumer Electronics, 1997, 43(1): 1-8.

[8] SHEET D, GARUD H, SUVEER A, et al. Brightness preserving dynamic fuzzy histogram equalization[J]. IEEE

Transactions on Consumer Electronics, 2010, 56(4): 2475-2480.

[9] CHEN S D, RAMLI A R. Contrast enhancement using recursive mean-separate histogram equalization for scalable brightness preservation[J]. IEEE Transactions on Consumer Electronics, 2003, 49(4): 1301-1309.

[10] LAND E H, MCCANN J J. Lightness and Retinex theory[J]. Journal of the Optical Society of America, 1971, 61(1): 1-11.

[11] JOBSON D J, RAHMAN Z U, WOODELL G A. Properties and performance of a center/surround Retinex[J]. IEEE Transactions on Image Processing, 1997, 6(3): 451-462.

[12] RAHMAN Z U, JOBSON D J, WOODELL G A. Multi-scale Retinex for color image enhancement[C]. Proceedings of 3rd IEEE International Conference on Image Processing, Lausanne, 1996: 1003-1006.

[13] JOBSON D J, RAHMAN Z, WOODELL G A. A multiscale Retinex for bridging the gap between color images and the human observation of scenes[J]. IEEE Transactions on Image Processing, 1997, 6(7): 965-976.

[14] WANG S, ZENG J, HU H, et al. Naturalness preserved enhancement algorithm for non-uniform illumination images[J]. IEEE Transactions on Image Processing, 2013, 22(9): 3538-3548.

[15] GUO X, YU L, LING H. LIME: Low-light image enhancement via illumination map estimation[J]. IEEE Transactions on Image Processing, 2016, 26(2): 982-993.

[16] FU X, ZENG D, HUANG Y, et al. A weighted variational model for simultaneous reflectance and illumination estimation[C]. Proceedings of IEEE Conference on Computer Vision and Pattern Recognition, Las Vegas, 2016: 2782-2790.

[17] PARK S, YU S, MOON B, et al. Low-light image enhancement using variational optimization-based Retinex model[J]. IEEE Transactions on Consumer Electronics, 2017, 63(2): 178-184.

[18] LI M, LIU J, YANG W, et al. Structure-Revealing low-light image enhancement via robust Retinex model[J]. IEEE Transactions on Image Processing, 2018, 27(6): 2828-2841.

[19] REN X, YANG W, CHENG W H, et al. LR3M: Robust low-light enhancement via low-rank regularized Retinex model[J]. IEEE Transactions on Image Processing, 2020, 29: 5862-5876.

[20] 王殿伟, 韩鹏飞, 范九伦, 等. 基于光照–反射成像模型和形态学操作的多谱段图像增强算法[J]. 物理学报, 2018, 67(21):104-114.

[21] GHARBI M, CHEN J, BARRON J T, et al. Deep bilateral learning for real-time image enhancement[J]. ACM Transactions on Graphics, 2017, 36(4): 1-12.

[22] WEI C, WANG W, YANG W, et al. Deep Retinex decomposition for low-light enhancement[C]. Proceeding of British Machine Vision Conference, Newcastle, 2018: 1-12.

[23] CAI J, GU S, ZHANG L. Learning a deep single image contrast enhancer from multi-exposure images[J]. IEEE Transactions on Image Processing, 2018, 27(4): 2049-2062.

[24] WANG R, ZHANG Q, FU C W, et al. Underexposed photo enhancement using deep illumination estimation[C]. Proceeding of IEEE/CVF Conference on Computer Vision and Pattern Recognition, Long Beach, 2019: 6849-6857.

[25] REN W Q, LIU S F, MA L, et al. Low-light image enhancement via a deep hybrid network[J]. IEEE Transactions on Image Processing, 2019, 28(9): 4364-4375.

[26] 王殿伟, 李顺利, 韩鹏飞, 等. 基于特征约束 CycleGAN 的单幅图像去雾算法研究[J]. 激光与光电子学进展, 2021, 58(14): 272-278.

[27] 章毓晋. 图像工程(上册): 图像处理[M]. 4 版. 北京: 清华大学出版社, 2018.

[28] VOSSEPOEL A M, STOEL B C, MEERSHOEK A P. Adaptive histogram equalization using variable regions[C]. Proceedings of International Conference on Pattern Recognition, Rome, 1988: 351-353.

[29] PIZER S M, JOHNSON R E, ERICKSEN J P, et al. Contrast-limited adaptive histogram equalization: Speed and effectiveness[C]. Proceedings of the First Conference on Visualization in Biomedical Computing, Atlanta, 1990, 337-345.

[30] ATTA R, ABDEL-KADER R F. Brightness preserving based on singular value decomposition for image contrast enhancement[J]. OPTIK, 2015, 126(7-8): 799-803.

[31] YANG F, LI R. An improved method for brightness preserving dynamic histogram equalization[C]. Proceedings of International Conference on Artificial Intelligence and Computer Information Technology, Wuhan, 2022: 1-4.

[32] WAN Y, CHEN Q, ZHANG B. Image enhancement based on equal area dualistic sub-image histogram equalization method[J]. IEEE Transactions on Consumer Electronics, 1999, 45(1): 68-75.

[33] CHEN S D, RAMLI A R. Minimum mean brightness error bi-histogram equalization in contrast enhancement[J]. IEEE Transactions on Consumer Electronics, 2003, 49(4): 1310-1319.

[34] DU Y, TONG M, ZHOU L, et al. Edge detection based on Retinex theory and wavelet multiscale product for mine images[J]. Applied Optics, 2016, 55(34): 9625-9637.

[35] 吴振中. 基于 Retinex 理论的图像增强算法的研究[J]. 现代计算机(专业版), 2016(26): 67-69.

[36] 傅剑峰, 汪荣贵, 张新龙, 等. 基于人眼视觉特性的 Retinex 算法研究[J]. 电子测量与仪器学报, 2011, 25(1): 29-37.

[37] LORE K G, AKINTA Y O, SARKAR S. LLNet: A deep autoencoder approach to natural low-light image enhancement[J]. Pattern Recognition, 2017, 61: 650-662.

[38] DABOV K, FOI A, KATKOVNIK V, et al. Image denoising by sparse 3-D transform-domain collaborative filtering[J]. IEEE Transactions on Image Processing, 2007, 16(8): 2080-2095.

[39] LI C, GUO J, PORIKLI F, et al. LightenNet: A convolutional neural network for weakly illuminated image enhancement[J]. Pattern Recognition Letters, 2018, 104: 15-22.

[40] GOODFELLOW I, POUGET-ABADIE J, MIRZA M, et al. Generative adversarial nets[J]. Advances in Neural Information Processing Systems, 2014, 27:2672-2680.

[41] ZHU J Y, PARK T, ISOLA P, et al. Unpaired image-to-image translation using cycle-consistent adversarial networks[C]. Proceedings of the IEEE International Conference on Computer Vision, Hawaii, 2017: 2223-2232.

[42] 王殿伟, 范九伦, 刘颖. 一种雾天监控视频图像增强处理算法[J]. 西安邮电学院学报, 2012, 17(5): 20-24.

[43] 王殿伟, 韩鹏飞, 李大湘, 等. 基于细节特征融合的低照度全景图像增强[J].控制与决策, 2019, 34(12): 2673-2678.

[44] 王殿伟, 韩鹏飞, 刘颖, 等. 低照度全景图像增强处理研究进展[J]. 西安邮电大学学报, 2018, 23(5): 48-53.

[45] 王殿伟, 邢质斌, 韩鹏飞, 等. 基于模拟多曝光融合的低照度全景图像增强[J]. 光学精密工程, 2021, 29(2): 349-362.

[46] NIU J, WANG D, HAN P, et al. Image enhancement of low light UAV via global illumination self-aware feature estimation[C]. Proceedings of International Conference on Natural Language Processing, Beijing, 2021: 225-231.

第 5 章　图像水印技术

随着成像技术、图像处理技术及互联网技术的飞速发展，图像成为承载信息的主要载体之一。便捷的图像处理工具使得图像编辑变得越来越容易，这一方面丰富了人们的生活，另一方面也给恶意篡改、盗版等带来便利。数字图像的保存特性，决定了其在生成、传输、接收、存储、应用等诸多环节中都容易遭到外部攻击和恶意篡改，而且编辑篡改和窃取的痕迹往往不易被发现，使得数字图像所提供的真实性大大降低，或者图像作品被侵权。因此，图像数据安全性越来越受到人们的关注。在网络背景下，人们对于图像安全的需求包括以下几个方面。

(1) 保密性：图像的内容不允许被未授权用户、实体访问或利用。

(2) 完整性：图像在存储或传输过程中保持不被非法修改、破坏或丢失，并且能够判别出图像是否已被改变。

(3) 鉴别性：能保证图像的真实性，即能证实接收到的图像就是来自所要求的源方，包括对等实体鉴别和数据来源鉴别。

(4) 不可抵赖性：接收方可以证明发送方确实发送了其接收到的图像，或者发送方不能否认其曾发送过图像。

为了满足以上需求，有效解决图像内容安全和版权保护等问题，人们提出了许多相应的安全措施。从传输前图像是否预处理的角度对这些安全措施进行分类，可以分成两大类：一类是基于现代密码学思想的图像加密方法，另一类是基于信息隐藏思想的数字图像水印、签名技术。在开放的网络环境下，数字水印实现多媒体版权保护、识别购买者或提供关于数字内容的其他附加信息，并将这些信息以人眼不可见的形式嵌入数字图像、数字音频和视频序列中，用于确认所有权和跟踪行为。当携带水印的载体为数字图像时，则为数字图像水印。本章主要围绕数字图像水印技术展开讨论。

5.1　数字图像水印的概念、分类及应用

5.1.1　数字图像水印的概念

信息隐藏是指将秘密信息隐藏于可公开的媒体信息中，使人们凭直观的视觉和听觉难以察觉其存在的技术。数字水印技术是信息隐藏研究领域的一个重要分支，但是二者要求的特性有区别。数字水印在提取信息和精确恢复方面比信息隐藏要求

更宽松，但是数字水印在抗攻击性方面比信息隐藏要求更严格。因此，设计数字水印算法时，应该比信息隐藏算法具有更强的抗攻击性。

Frank[1]申请了一项名为 *identification of sound and like signals* 的专利，数字水印的概念由此产生。但是，直到 Tirkel 等[2]初次提出"watermark"这个术语，数字水印技术才真正成为一个学科，并成为研究热点。

数字水印技术是数字信号处理、图像处理、密码学应用及算法设计等学科的交叉技术。当水印加载在图像上，则为数字图像水印技术。通过载体上加载的信息，来达到确认版权、识别购买者或者判断载体是否被篡改等目的。

数字图像水印主要是利用图像中的冗余信息和人的视觉特点来加载水印。它的基本特点如下所述。

安全性：数字水印的信息是安全的，难以篡改或伪造，同时有较低的误检测率，当原内容发生变化时，数字水印发生变化，从而可以检测原始数据的变更；数字水印对重复添加有很强的抵抗性。水印可以是任何形式的数据，如数值、文本、图像等。

隐蔽性：数字水印是不可感知的，而且不影响被保护数据的正常使用，不会降低质量。

鲁棒性：在经历多种无意或有意的信号处理过程后，数字水印仍能保持部分完整性并能被准确鉴别。信号处理过程包括信道噪声、滤波、数/模转换、模/数转换、重采样、剪切、位移、尺度变化及有损压缩编码等。

水印容量：载体在不发生形变的前提下可嵌入的水印信息量。嵌入的水印信息必须足以表示多媒体内容的创建者或所有者的标识信息，或购买者的序列号，这样有利于解决版权纠纷，保护数字产权合法拥有者的利益。尤其是隐蔽通信领域由于其特殊性，对水印的容量需求很大。

5.1.2　数字图像水印的分类

数字图像水印种类很多，根据用途、技术和特性等，对数字图像水印技术有不同的分类方法，可以得到不同类型的水印。

1. 按表现形式划分

数字图像水印技术按表现形式分为可见水印和不可见水印。前者如电视屏幕左上角电视台的台标，是肉眼可以看见的水印，后者嵌入的水印无法用肉眼看见。此技术用于防止或阻止非法使用受版权保护的高质量图像。

数字可见水印通过监视器屏幕显示出来，它可以是一个电子图章图像或一行说明文本。可见水印在作品/数据(如图像或视频)上产生可见的改变，但这种改变对宿主数据内容的破坏并不严重，宿主数据的视觉真实度并无显著下降。可见水印有目的地使所嵌入的水印信息为观察者所见，因此特别适合于标识版权，用于防止或阻止非法使用受版权保护的高质量图像。

国内外对于数字图像水印的研究主要集中在不可见水印。然而，随着数字图书馆的提出与应用，可见水印的研究逐渐引人关注。

2. 按特性划分

按水印的特性可以将数字图像水印分为鲁棒数字水印和易损数字水印两类。

鲁棒数字水印主要用于在数字作品中标识著作权信息，利用这种水印技术在多媒体内容的数据中嵌入创建者、所有者的标识信息，或者嵌入购买者的标识(序列号)。在发生版权纠纷时，创建者或所有者的信息用于标识数据的版权所有者，序列号用于追踪违反协议为盗版提供多媒体数据的用户。用于版权保护的数字水印要求有很强的鲁棒性和安全性，除了要求在一般图像处理(如滤波、加噪声、替换、压缩等)中生存，还需抵抗一些恶意攻击。

易损数字水印主要用于完整性保护，这种水印同样是在内容数据中嵌入不可见的信息。当含水印数据发生改变时，这些水印信息会发生相应的改变，从而可以鉴定原始数据是否被篡改。易损数字水印应对一般图像处理(如滤波、加噪声、替换、压缩等)有较强的免疫能力(鲁棒性)，同时又要求有较强的敏感性，既允许一定程度的失真，又要能将失真情况探测出来。易损数字水印必须对信号的改动很敏感，人们根据易损数字水印的状态就可以判断数据是否被篡改过。

3. 按检测过程划分

按水印的检测过程可以将数字图像水印划分为明文水印和盲水印。明文水印在检测过程中需要原始数据，而盲水印的检测只需要密钥，不需要原始数据。一般来说，明文水印的鲁棒性比较强，但其应用受到存储成本的限制。目前学术界研究的数字图像水印大多数是盲水印。

4. 按内容划分

按数字图像水印的内容可以将其划分为有意义水印和无意义水印。有意义水印是指水印本身也是某个数字图像(如商标图像)或数字音频片段的编码；无意义水印则只对应于一个序列号。有意义水印的优势在于，如果由于受到攻击或其他原因而使解码后的水印破损，人们仍然可以通过视觉观察确认是否有水印。但对于无意义水印来说，如果解码后的水印序列有若干码元错误，则只能通过统计决策来确定信号中是否含有水印。

5. 按用途划分

不同的应用需求造就了不同的水印技术。按水印的用途，可以将数字图像水印划分为票证防伪水印、版权保护水印、篡改提示水印和隐蔽标识水印。

票证防伪水印是一类比较特殊的水印，主要用于打印票据、电子票据和各种证件的防伪。一般来说，伪币的制造者不可能对票据图像进行过多的修改，所以如尺度变换等信号编辑操作是不用考虑的。但是，人们必须考虑票据破损、图案模糊等情形，而且考虑到快速检测的要求，用于票证防伪的数字图像水印算法不能太复杂。

版权保护水印是目前研究最多的一类数字图像水印。数字作品既是商品又是知识作品，这种双重性决定了版权保护水印主要强调隐蔽性和鲁棒性，从而对数据量的要求相对较小。

篡改提示水印是一种脆弱水印，其目的是标识原文件信号的完整性和真实性。

隐蔽标识水印的目的是将保密数据的重要标注隐藏起来，从而限制非法用户对保密数据的使用。

6. 按水印隐藏的位置划分

按水印的隐藏位置，可以将数字图像水印划分为时(空)域数字水印、频域数字水印、时/频域数字水印和时间/尺度域数字水印。

除时(空)域数字水印直接在信号空间上叠加水印信息外，其他几种水印则分别是在 DCT 域、时/频变换域和 DWT 域上隐藏水印。

随着数字图像水印技术的发展，各种水印算法层出不穷，水印的隐藏位置也不再局限于上述四种。应该说，只要构成一种信号变换，就有可能在其变换空间上隐藏水印。

5.1.3　数字图像水印的应用

随着数字图像水印技术的发展，数字图像水印的应用领域也得到了扩展，数字图像水印在以下几个方面得到了广泛应用。

1. 数字图像、视频的版权保护

数字作品的版权保护是当前的热点问题。由于数字作品的拷贝、修改非常容易，而且可以做到与原作品完全相同，所以原创者不得不采用一些严重损害作品质量的办法来加上版权标志，而这种明显可见的标志很容易被篡改。数字水印既不损害原作品，又达到了版权保护的目的。

2. 商务交易中的票据防伪

随着高质量图像输入输出设备的发展，特别是精度超过 1200dpi 的彩色喷墨、激光打印机和高精度彩色复印机的出现，货币、支票及其他票据的伪造变得更加容易。另外，在从传统商务向电子商务转化的过程中，会出现大量过渡性电子文件，如各种纸质票据的扫描图像等。即使在网络安全技术成熟以后，各种电子票据也还需要一些非密码的认证方式。数字图像水印技术可以为各种票据提供不可见的认证标志，从而大大增加了伪造的难度。

3. 证件真伪鉴别

信息隐藏技术可以应用的范围很广，作为证件来讲，每个人不止需要一个证件，证明个人身份的证件有身份证、护照、驾驶证、出入证等；证明某种能力的证件有各种学历证书、资格证书等。国内目前在证件防伪领域面临巨大的挑战，由于缺少有效的防范措施，"造假""买假""用假"成风，已经严重地干扰了正常的经济秩序，对国家的形象也有不良影响。通过水印技术可以确认某证件的真伪，使得该证件无法仿制和复制。

4. 图像、视频数据的隐藏标识和篡改提示

数据的标识信息往往比数据本身更具有保密价值，如遥感图像的拍摄日期、经/纬度等。没有标识信息的数据有时甚至无法使用，但直接将这些重要信息标记在原始文件上又存在安全隐患。数字水印技术提供了一种隐藏标识的方法，标识信息在原始文件上是看不到的，只有通过特殊的阅读程序才可以读取。这种方法已经被国外一些公开的遥感图像数据库所采用。

此外，数据的篡改提示也是一项很重要的工作。现有的信号拼接和镶嵌技术可以做到"移花接木"而不为人知，因此，如何防范对图像、录音、录像数据的篡改攻击是重要的研究课题。基于数字图像水印的篡改提示是解决这一问题的理想途径，通过隐藏水印的状态可以判断图像、视频信号是否被篡改。

5. 隐蔽通信及其对抗

数字图像水印所依赖的信息隐藏技术不仅提供了非密码的安全途径，而且引发了信息战，尤其是网络情报战的革命，产生了一系列新颖的作战方式，引起了许多国家的重视。

网络情报战是信息战的重要组成部分，其核心内容是利用公用网络进行保密数据传送。迄今为止，学术界在这方面的研究思路一直未能突破"文件加密"的思维模式，然而，经过加密的文件往往是混乱无序的，容易引起攻击者的注意。网络多媒体技术的广泛应用使得利用公用网络进行保密通信有了新的思路，利用数字化声像信号相对于人的视觉、听觉冗余，可以进行各种时(空)域和变换域的信息隐藏，从而实现隐蔽通信。

5.2　常见数字图像水印攻击及性能评价

在实际的应用中，携带水印的图像常常会受到有意或者无意的攻击破坏，因而要求水印算法能抵抗攻击，即从受攻击图像中正确检测或者提取出水印。本节介绍常见水印攻击方法及性能衡量。

1. 图像水印的攻击

1) 重调制攻击

重调制攻击是针对空域水印的攻击。利用图像和水印的统计模型估计出水印信息，然后使用估计出的水印去消除或篡改原来的水印。

2) 平均和串谋攻击

平均攻击是对同一幅图像的多个不同水印的版本进行平均运算，生成一个和原图像极为相似的图像，从而将水印除去。串谋攻击是将从拥有不同水印版本的同一图像中分别截取的图像数据拼接成新的整个图像，从而使检测系统无法从中检测到水印信号的存在。平均攻击和串谋攻击都属于企图消除水印信息的攻击。

3) 马赛克攻击

马赛克攻击是指把从图像中分割出来的许多小图像放在超文本标记语言(hypertext markup language，HTML)页面上拼凑成一幅完整的图像，使拼凑成的完整图像看起来整体效果和原图一模一样，这样版权保护系统便无法确认每个小图像中水印的存在。马赛克攻击是针对因特网上自动版权保护系统的表示性攻击方法。对其主要有两种应对方法：一是开发强壮的水印嵌入算法，以使很小的图像中都包含足够的水印信息；二是开发更智能的系统，自动将小图像拼凑成大图像再做水印检测。

4) IBM 攻击

IBM 攻击又称为解释攻击，是由美国 IBM 公司针对可逆水印算法提出的抗攻击方案。解释攻击既不破坏水印信号，也不通过全局或局部的数据处理使得水印信号无法被检测，而是试图产生假的原始数据或假的嵌入水印数据使版权保护中标识身份水印失信，属于协议层的攻击，所以也称为协议攻击。

2. 数字图像水印算法性能评价

评价一个水印算法的优劣，应建立对水印的评价标准。它不仅包括对水印健壮的评价，还包括对由水印的嵌入引起的载体失真的主观和客观评价。

1) 主观评价

主观评价又称为主观测试。主观评价指的是依赖于感官上的判断，对产生畸变的部分，如边缘、轮廓、细节、角点等一处或几处进行判断。除了发生失真的位置，还包括对失真度大小的判断。它直接反映了人对图像质量的感受，一般来说，比较准确且有一定的实际价值，但是不同人员之间的主观差异较大，并且需要大量的主观测试，即大量的人员及性能测试，因此结果的可重复性不强。表 5.1 为 ITU-R Rec.500 协议的图像质量等级级别[3]。

表 5.1　ITU-R Rec.500 协议的图像质量等级级别

等级级别	损害效果	质量
5	不可察觉	优
4	可察觉，但可忽略	良
3	轻微不可忽略	中
2	不可忽略	差
1	严重不可忽略	极差

　　主观的评价有其局限性，只能对图像水印的视觉不见性和鲁棒性做性能效果评价，鲁棒性评价也只是水印为图像的前提下进行的，而对容量这一性能无法判断其效果。同时，主观评价里面掺杂了评价者的个人情感色彩，评价效果受评价者当时的心理活动、思维活动、情绪、观测环境、观测动机等因素影响。因此，主观评价可能不是最合理的。

　　2) 客观评价

　　客观评价又称为客观度量，即对主观上的失真度量。其结果不依赖于主观评价，且计算简单，可重复性强。常见评价指标有均方误差(mean square error，MSE)、信噪比(signal to noise ratio，SNR)、峰值信噪比(peak signal to noise ratio，PSNR)、加权峰值信噪比(weighted peak signal to noise ratio，WPSNR)、结构相似度(structural similarity，SSIM)、归一化互相关系数(normalized correlation coefficient，NC)、误比特率(bit error rate，BER)等。

　　(1) MSE。

　　MSE 的定义如下：

$$\text{MSE} = \frac{1}{M \times N} \sum_{x=1}^{M} \sum_{y=1}^{N} \left[I(x,y) - I_{\text{w}}(x,y) \right]^2 \tag{5.1}$$

式中，$I_{\text{w}}(x,y)$ 表示含水印图；$I(x,y)$ 表示原始图像；M 和 N 分别表示图像的长和宽。

　　(2) SNR、PSNR、WPSNR。

　　SNR、PSNR、WPSNR 三种信噪比的定义分别如下：

$$SNR=10\lg\frac{\displaystyle\sum_{x=1}^{M}\sum_{y=1}^{N}I(x,y)^2}{\displaystyle\sum_{x=1}^{M}\sum_{y=1}^{N}\left[I(x,y)-I_w(x,y)\right]^2} \tag{5.2}$$

式中，$I_w(x,y)$ 为含水印图；$I(x,y)$ 为原始图像；M 和 N 分别表示图像的长和宽。

$$PSNR=10\lg\frac{255^2\times M\times N}{\displaystyle\sum_{x=1}^{M}\sum_{y=1}^{N}\left[I(x,y)-I_w(x,y)\right]^2} \tag{5.3}$$

在实际应用中 SNR 的计算复杂度较大，一般采用 PSNR 代替 SNR，但是 PSNR 没有考虑图像的局部变化，而 WPSNR 可以解决这个问题。在 PSNR 基础上，加入一个权值函数(NVF)，可得到加权峰值信噪比的公式：

$$WPSNR=10\lg\frac{255^2}{\left\|\displaystyle\sum_{x=1}^{M}\sum_{y=1}^{N}\left[I(x,y)-I_w(x,y)\right]^2\right\|_{NVF}} \tag{5.4}$$

式中，NVF 是权值函数，在平稳高斯模型下定义为

$$NVF(i,j)=\frac{w(i,j)}{w(i,j)+\delta_x^2} \tag{5.5}$$

其中，

$$w(i,j)=\gamma\left[\eta(\gamma)\right]^\gamma\frac{1}{\left\|r(i,j)\right\|^{2-\gamma}} \tag{5.6}$$

$$r(i,j)=\frac{x(i,j)-\overline{x}(i,j)}{\delta_x} \tag{5.7}$$

式中，δ_x 为整幅图像的方差；γ 为形状参数，其选择由参照的模型决定：

$$\eta(\gamma)=\sqrt{\frac{\Gamma\left(\dfrac{3}{\gamma}\right)}{\Gamma\left(\dfrac{1}{\gamma}\right)}} \tag{5.8}$$

式中，$\Gamma(t)$ 为伽马函数，$\Gamma(t)=\displaystyle\int_0^\infty e^{-u}u^{t-1}du$。

事实上，图像是服从平稳高斯分布的，而局部服从非平稳高斯分布。因此，WPSNR 在某些时候的评价也不够准确。

(3) SSIM。

SSIM 是一种衡量两幅图像相似度的指标。该指标由得州大学奥斯汀分校的图像和视频工程实验室提出。其定义如下：

$$\text{SSIM}=l(I,I_{\text{w}})\times c(I,I_{\text{w}})\times s(I,I_{\text{w}}) \tag{5.9}$$

$$l(I,I_{\text{w}})=\frac{2\mu_I\mu_{I_{\text{w}}}+c_1}{\mu_I^2+\mu_{I_{\text{w}}}^2+c_1} \tag{5.10}$$

$$c(I,I_{\text{w}})=\frac{2\sigma_I\sigma_{I_{\text{w}}}+c_2}{\sigma_I^2+\sigma_{I_{\text{w}}}^2+c_2} \tag{5.11}$$

$$s(I,I_{\text{w}})=\frac{\sigma_{II_{\text{w}}}+c_3}{\sigma_I\times\sigma_{I_{\text{w}}}+c_3} \tag{5.12}$$

$$\mu_I=\frac{1}{M\times N}\sum_{x=1}^{M}\sum_{y=1}^{N}I(x,y) \tag{5.13}$$

$$\mu_{I_{\text{w}}}=\frac{1}{M\times N}\sum_{x=1}^{M}\sum_{y=1}^{N}I_{\text{w}}(x,y) \tag{5.14}$$

$$\sigma_I=\left\{\frac{1}{M\times N-1}\sum_{x=1}^{M}\sum_{y=1}^{N}\left[I_{\text{w}}(x,y)-\mu_I\right]^2\right\}^{\frac{1}{2}} \tag{5.15}$$

$$\sigma_{I_{\text{w}}}=\left\{\frac{1}{M\times N-1}\sum_{x=1}^{M}\sum_{y=1}^{N}\left[I_{\text{w}}(x,y)-\mu_{I_{\text{w}}}\right]^2\right\}^{\frac{1}{2}} \tag{5.16}$$

$$\sigma_{II_{\text{w}}}=\left\{\frac{1}{M\times N-1}\sum_{x=1}^{M}\sum_{y=1}^{N}\left[I_{\text{w}}(x,y)-\mu_{I_{\text{w}}}\right]\times\left[I(x,y)-\mu_I\right]\right\}^{\frac{1}{2}} \tag{5.17}$$

式中，$c_1=(k_1L)^2$，$c_2=(k_2L)^2$，$c_3=c_2/2$，c_1、c_2 和 c_3 均为常数，$k_1\ll1$，$k_2\ll1$，L 为图像的灰度等级。因此，结构相似度指数从图像组成的角度将结构信息定义为独立于亮度和对比度，反映场景中物体结构的属性，失真建模的亮度、对比度和结构三个不同因素的组合。用均值作为亮度的估计，标准差作为对比度的估计，协方差作为结构相似程度的度量。

(4) NC。

归一化互相关系数用于表征两幅图像之间的相似性，其定义为

$$\text{NC}=\frac{\displaystyle\sum_{x=1}^{M}\sum_{y=1}^{N}I(x,y)\times I_{\text{w}}(x,y)}{\sqrt{\left[\displaystyle\sum_{x=1}^{M}\sum_{y=1}^{N}I^2(x,y)\right]\times\left[\displaystyle\sum_{x=1}^{M}\sum_{y=1}^{N}I_{\text{w}}^2(x,y)\right]}} \tag{5.18}$$

式中，$I_w(x,y)$ 表示含水印图；$I(x,y)$ 表示原始图像；M 和 N 分别表示图像的长和宽。

(5) BER。

误比特率的定义如下：

$$BER = \frac{错误的比特数之和}{比特数总和} \tag{5.19}$$

5.3　传统数字图像水印算法

5.3.1　数字图像水印算法的一般模型

目前，数字图像水印系统通常可以由图 5.1 所示的模型构成，核心算法为水印嵌入和水印提取或水印检测。嵌入图像的水印有多种形式，如伪随机序列、有意义的字符、图像、伪随机数水印、扩频水印、混沌水印及特征水印等。嵌入水印的数目也不同，根据应用需求选择相应的水印信息及水印数目。

水印的判断方式有检测和提取两种：无含义水印信号一般用检测的方法，有含义水印信号一般用提取的方法，也就是图 5.1 中的水印检测/提取模块。一般图像在传输或存储过程中经常会受到如滤波、压缩和噪声等的攻击，水印检测器可以检测攻击后图像中的水印是否受到篡改，同时提取出其中的水印并做反预处理恢复出水印数据。通过对比原始水印和提取水印的相似程度可以判别一个水印系统的好坏。

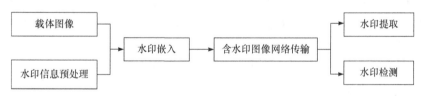

图 5.1　数字图像水印系统基本框图

图 5.1 所示数字图像水印系统基本框图中水印最核心的三个部分如下所述。

1) 水印信息预处理

在嵌入标识水印(版权水印)或者特征水印之前需要对水印图像进行加密预处理。加密一般采用置乱，Arnold 置乱和混沌加密为常见的置乱方法。

2) 水印嵌入

按照水印嵌入算法将处理后的秘密水印信息嵌入原始宿主图像中，嵌入算法不同，则嵌入的位置和频域也不同。

3) 水印提取/检测

在互联网接收端接收到的含水印图像，可通过水印提取算法提取水印。这种方法是嵌入算法的逆过程。

近几年，随着深度学习在各个领域的应用，图像水印算法也引入了深度学习。因此，将未引入深度学习的图像水印算法称为传统数字图像水印算法，引入深度学习的图像水印算法称为基于深度学习的图像水印算法。下面对常见的算法进行介绍。

5.3.2　数字图像单水印算法

数字图像水印算法根据嵌入水印的数目分为数字图像单水印算法和数字图像双水印算法，下面对这两类算法进行说明。根据水印嵌入的域，数字图像单水印技术被分为两大类，即基于空间域的数字图像单水印算法和基于变换域的数字图像单水印算法。

无论是哪种图像水印技术，一般地，水印信息在嵌入载体图像之前，会对其进行加密处理以达到水印信息保密的目的，即图 5.1 中的水印信息预处理模块。下面首先介绍图像水印信息预处理，接着介绍图像单水印算法，主要包括基于空间域的数字图像单水印算法、基于变换域的数字图像单水印算法。

1. 图像水印信息预处理

早期水印信息被直接嵌入载体图像中，这使得水印信息易被恶意提取、篡改，为了提高水印信息的安全性，一般地，水印信息被嵌入载体图像之前进行置乱、混沌加密等。

数字图像置乱技术作为一种信息隐藏技术，是通过一定的算法将有序可辨认的图像转变为无序的没有实际含义的图像，其目的在于完成对数字图像的加密。对于研究数字图像水印算法而言，一个优越且稳定的图像置乱技术是整个算法安全性的保证。

常用的数字图像置乱方法有 Arnold 置乱和混沌加密[4]。

1) Arnold 置乱

Arnold 置乱，又称为 cat 变换。这种变换的原理是，将尺寸为 $N \times N$ 图像的像素点 (x_n, y_n) 通过式(5.20)改变为 (x_{n+1}, y_{n+1})，从而使其杂乱无章。

$$\begin{bmatrix} x_{n+1} \\ y_{n+1} \end{bmatrix} = \begin{bmatrix} 1 & b \\ a & ab+1 \end{bmatrix} \begin{bmatrix} x_n \\ y_n \end{bmatrix} \quad \mathrm{mod}\, N \tag{5.20}$$

式中，a、b 为正整数；n 为当前变换的次数。一般地，对图像进行 1 次置乱后仍会留下较多信息，如当 a、b 和 n 都为 1 时，结果如图 5.2(b)所示。因此，对图像进行多次置乱，直到在视觉上很难再获得较多有价值的信息，如置乱 20 次时，结果如图 5.2(c)所示。

(a) 原图像　　　　　　　　(b) 置乱1次的图像　　　　　　(c) 置乱20次的图像

图 5.2　Arnold 置乱示例

虽然多次置乱可以隐藏信息，但是 Arnold 置乱具有周期性，达到一定的迭代次数时可以恢复出原始图像，对此，文献[3]给出阶数 N 与变换周期 T 的关系，如表 5.2 所示。

表 5.2　不同阶数下 Arnold 置乱周期

N	2	4	5	8	10	16	32	64	100	128	256	512
T	3	3	10	6	30	12	24	48	150	96	192	384

因此，实际中往往需要在 Arnold 置乱中加入密钥，以提高图像的安全性。当解密时，根据加密后的像素点与原像素点的一一对应关系进行解密。加密过程使用多少次变换，解密时重复相应的次数就可以恢复原图。

2) 混沌加密

混沌系统具有初始值的敏感性和无规律的序列特性，因而其在许多不同的领域都有着广泛应用。此外，混沌用于加密比传统的加密方法性能好，因此混沌加密技术得到研究人员的青睐。由于数字图像、视频等信息量大、冗余度高，混沌加密比传统的加密技术更适合于这类信息的加密。常用的混沌方法有 Logistic 映射、Chebshev 映射和 Reny 映射等。下面以 Logistic 映射为例进行说明。

Logistic 映射又叫 Logistic 迭代，作为一种非线性动力学过程，它的定义如下：

$$x_{n+1}=\mu x_n(1-x_n) \tag{5.21}$$

式中，n 为迭代次数；x_n 为映射变量；μ 为分支参数。为了保证映射得到的 x_n 始终位于[0,1]，则 $\mu \in [0,4]$。当 μ 满足 $3.5699456 < \mu < 4$ 时，Logistic 映射进入混沌状态，使用 Logistic 混沌置乱时可以将初始值 x_0 和参数 μ 的值作为密钥。图 5.3 是 Logistic 混沌置乱效果图。

为了保障水印信息的安全性，一般在水印嵌入之前都会进行水印信息预处理，水印信息安全预处理有很多方法，上面仅列举了两个常见的预处理例子，在后面的图像水印算法中不再介绍水印信息预处理，嵌入的水印为已经安全处理过的水印。

(a) 原图像　　　　　　　　　　(b) Logistic混沌置乱后的图像

图 5.3　Logistic 混沌置乱效果图

2. 基于空间域的数字图像单水印算法

在图像空间域中嵌入水印的技术具有代表性的有基于最低有效位(least significant bit，LSB)的数字图像水印算法[5]、Patchwork 数字图像水印算法[6]。以基于 LSB 的数字图像水印算法为例，说明基于空域的数字图像水印算法。

例 5.1　基于 LSB 的数字图像水印算法。

在说明基于 LSB 的数字图像水印算法之前，先来了解一下 LSB 原理。

在数字图像中，像素点的取值范围为 0 到 255，每一个像素点采用 8bit 表示。把整幅图像分解为 8 个位平面，从最低有效位(LSB)到最高有效位(most significant bit, MSB)，最高位平面的图像特征远比最低位平面的图像特征更加复杂，即低位的图像细节很少，如图 5.4 所示。若改变最低位的值，如图 5.5 所示，可以看到视觉上无法发现图像被处理。

(a) 原图像　　　　　　　　　(b) 第一位平面　　　　　　　　(c) 第二位平面

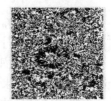

(d) 第三位平面　　　　　　　(e) 第四位平面　　　　　　　(f) 第五位平面

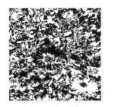
(g) 第六位平面

(h) 第七位平面

(i) 第八位平面

图 5.4　图像位平面示例

(a) 原图像

(b) 改变最低位后的图像

图 5.5　图像改变最低位处理示例

　　从前面分析可以看出，图像显示主要由像素点的高位决定，故将秘密信息的高位替换到载体图像的低位，这样不仅载体图像不会发生太大的畸变，还可以实现大容量信息隐藏。目前基于 LSB 的数字图像水印算法有多种，主要是将最低一位或者两位置零，然后根据一定的嵌入规则嵌入水印信息。解码的时候将未嵌入信息的前几位置零，根据嵌入逆规则提取嵌入的水印信息。嵌入的信息能够散布于图像的所有像素点上，增加破坏和修改水印的难度。由于水印隐藏在最低位，相当于叠加了一个能量微弱的信号，因而在视觉和听觉上很难察觉。

　　下面给出最简单的基于 LSB 算法的核心步骤：

　　(1) 对原始图像的最后 1bit(也就是最低位)置零，并不会改变图像的视觉效果；

　　(2) 在嵌入水印前，将水印信息进行加密处理，将加密处理后的水印信息嵌入最低位；

　　(3) 提取水印时，将图像的前 7bit(高 7 位)置零，仅留下最后 1bit(最低位)，这最后 1bit 就是版权信息。

　　虽然基于 LSB 的数字图像水印算法可以隐藏较多的信息，但是该算法对信号处理和恶意攻击的稳健性很差，隐藏的信息可以被轻易移去，无法满足数字水印的鲁棒性要求，即便对含水印图像进行简单的滤波、加噪等处理，也无法进行水印的正确提取。图 5.6 给出了基于 LSB 的图像水印实验，其中包括含水印图像未受攻击和受噪声攻击的实验结果，可以看出未受攻击时能有效提取水印，其 NC 值为 0.9996。当含水印图像受噪声攻击时，无法提取水印。因为抗攻击性能弱，所以现在的数字水印软件已经很少采用基于 LSB 的算法了，或者对该算法进行改进后与别的算法结合。不过，作为一种大数据量的信息隐藏方法，基于 LSB 的算法在隐蔽通信中仍占据着相当重要的地位。

(a) 载体图像　　　　　　(b) 未受攻击含水印图像　　　(c) 受噪声攻击的含水印图像

(d) 水印　　　　　　　　(e) 未受攻击提取的水印　　　(f) 受噪声攻击提取的水印

图 5.6　基于 LSB 的图像水印实验

3. 基于变换域的数字图像单水印算法

基于变换域的数字图像水印技术是将图像从空域转换到变换域，在变换域嵌入水印信号，并借用扩频/编码等技术对水印信号进行有效编码，以提高其鲁棒性和不可见性。变换域的主要优点：①水印信号的能量可全图分布，有利于保证不可见性；②可以方便地结合人类视觉系统的某些特性，有利于提高鲁棒性；③变换域方法与大多数国际标准兼容，可直接实现压缩域内的水印算法，提高效率。DCT 域和 DWT 域是变换域的典型代表，因此下面分别给出基于这两个域的数字图像水印技术。

DCT 域是一种常见的变换域。在 DCT 域中，图像常被分解为直流和交流分量，交流分量又分为高频分量和低频分量。从鲁棒性的角度看，水印应该嵌入图像的低频分量中。一般地，基于 DCT 域的各种算法都是按照一定的规则在视觉不可觉察区域嵌入水印。基于 DCT 域的图像水印嵌入与提取算法的核心步骤：

(1) 对载体图像进行 8×8 分块，对每个子块进行 DCT 变换；

(2) 加密处理后的水印在 DCT 域低频(中频)区域按照一定的规则选取水印的嵌入位置和嵌入的强度；

(3) 进行 DCT 逆变换，得到含水印图像；

(4) 对含水印图像进行分块 DCT 变换处理，按照上面的嵌入规则约束，提取水印。

算法的不同主要表现在第(2)步，嵌入系数和水印嵌入强度的选择不同。例如，典型的 Cox 图像水印算法首先对整幅图像进行 DCT 变换，其次把水印嵌入图像的低频系数(频域中除直流系数外数值最大的前 k 个系数)上，最后进行 DCT 逆变换完成水印的嵌入。相比较基于空域的数字图像水印算法，基于变换域的数字图像水印算法具有较强的鲁棒性。

例 5.2 基于 DCT 域的数字图像水印算法。

因为是在 DCT 域上嵌入水印，因此需要对载体图像进行 DCT 变换。首先对载体图像分块，其次对各子块(一般为 8×8 的子块)做 DCT 变换，在载体图像每个子块的 DCT 中频位置选定系数并按照一定的算法实现加密处理后的水印信息的嵌入，最后对图像进行 DCT 逆变换，从而得到含水印图像。图 5.7 所示就是一种水印嵌入的例子，按照一定规律，改变每个子块对角线的系数，即水印嵌入在图中"※"的位置。

图 5.7 水印嵌入示例

实验载体图像如图 5.8(a)所示，将前面置乱之后的水印在 DCT 域嵌入载体图像，含水印图像如图 5.8(b)所示。比较两图可见，含水印图像和原载体图像在视觉上很难发现水印的存在，因此满足视觉不可见性。在未攻击的条件下，恢复出来的水印与原始水印几乎无差别，此时 NC 值为 0.9899。

(a) 载体图像　　　　　(b) 含水印图像　　　　(c) 压缩攻击后的图像

(d) 水印图像　　(e) 未受攻击提取的水印图像　(f) 压缩攻击后提取的水印图像

图 5.8 基于 DCT 域的数字图像水印实验

例 5.3　基于 DWT 域的数字图像水印技术。

与之前的 DCT 变换相比，DWT 拥有更好的空间和频率局部化能力，更符合人类视觉系统(HSV)。因此，随着 JPEG2000 压缩标准(基于小波变换设计)的流行，小波变化在信息隐藏和数字水印领域的应用也越来越广泛。对于图像来说，低频部分蕴含了信号的大部分能量，而高频部分则主要用来描绘"细节"。图 5.9 所示是一个小波一层分解的例子。图中，cA_n 表示低频分量系数，cH_n 表示水平分量系数，cV_n 表示垂直分量系数，cD_n 表示对角分量系数，n 表示第 n 层分解，此例中 n 为 1。

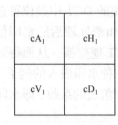

(a) 原图像　　　　　　　(b) 一层小波分解　　　　　(c) 一层小波分解图像

图 5.9　小波一层分解

基于小波域的数字图像水印是对载体图像进行 DWT 变换，将预处理后的水印按照一定的算法进行嵌入，再进行 DWT 逆变换，从而得到含水印图像。水印的恢复是对含水印图像进行 DWT 变换，然后根据嵌入算法在嵌入的位置提取水印，并进行解密，恢复原始水印。

下面给出一个基于 DWT 域的水印算法实验。此处水印首先采取前面提到的 Logistic 混沌置乱，将秘密信息图像置乱一定的次数，完成加密操作，以满足水印的安全性需求；其次对载体进行 DWT 变换，得到相应的小波系数；再次根据水印嵌入算法，将经过加密的消息内容嵌入载体图像中；最后进行 DWT 逆变换重构得到含水印图像。恢复水印与嵌入水印过程相反。本实验的载体图像和水印图像如图 5.10 所示。表 5.3 给出在未受攻击、噪声(椒盐噪声和高斯噪声)攻击和压缩攻击(质量因子 70)下水印提取结果。

(a) 载体图像　　　　　　　(b) 水印图像

图 5.10　载体图像和水印图像

表 5.3 不同情况下水印提取结果

情况	未受攻击	不同攻击情况		
		JPEG 压缩 70%	椒盐噪声	高斯噪声
恢复的水印	 西安邮电	 西安邮电	 西安邮电	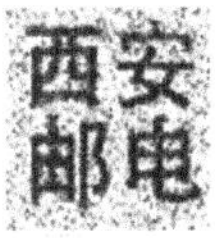 西安邮电
NC	0.9996	0.9965	0.9292	0.9677

相比于空域直接嵌入水印，在变换域嵌入水印的鲁棒性更好。鲁棒性和不可见性是相互矛盾的，为了满足图像更好的鲁棒性，同时兼顾不可见性，研究人员提出空域结合的图像水印算法、基于变换域的水印算法。在满足不可见性的同时，达到提高鲁棒性的目的。随着深度学习的广泛应用，利用深度学习网络可以提取图像更深层次的特征，为提高图像水印的性能提供了新的解决思路，目前研究进展的简单介绍见 5.5 节内容。

5.4 数字图像双水印技术

为了克服单一水印功能的局限性，图像双水印算法被提出。图像双水印[7-11]是一种特殊的半脆弱水印，它同时嵌入鲁棒水印和脆弱水印，实现了版权保护和完整性验证的双重功能。根据水印的生成、水印嵌入的次序和位置，目前图像双水印系统被分为以下三种方案。

方案一如图 5.11 所示，由脆弱水印和鲁棒水印生成双水印，然后将双水印嵌入原始图像中。这种方案与传统的水印方案相似，但是水印是不同的。实际中，许多水印算法使用了这个方案的思想，有效结合了脆弱水印和鲁棒水印，并将其嵌入原始图像中。但是这种方案的水印存在缺陷，如果攻击者破坏嵌入的双水印，系统将失去其双重功能。

方案二如图 5.12 所示，将鲁棒水印和脆弱水印依次嵌入原始图像中。此方案要求鲁棒水印和脆弱水印相互独立。

方案三如图 5.13 所示，脆弱水印和鲁棒水印被嵌入图像的不同区域，使脆弱水印和鲁棒水印互不影响，有效地避免了第二种方案的相互约束，但也不影响第一种方案的脆弱性。目前，许多水印算法都是基于此方案的。它们将脆弱水印(认证水印)和鲁棒水印(恢复水印)嵌入图像的不同区域，其中一个用于检测篡改，另一个用于恢复篡改图像。

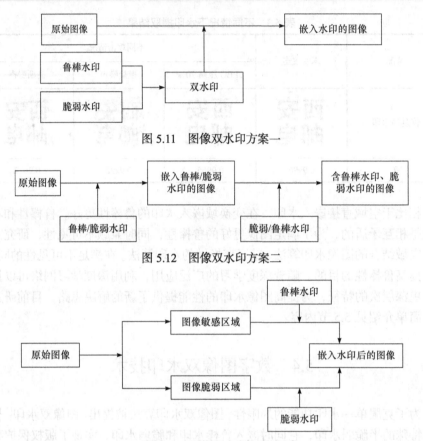

图 5.11　图像双水印方案一

图 5.12　图像双水印方案二

图 5.13　图像双水印方案三

　　双水印算法需要在同一载体中嵌入两个水印信息，而基于变换域的双水印算法则是在图像调整到变换域后嵌入水印，其中的两个水印为鲁棒水印和脆弱水印。鲁棒水印抗攻击能力较强，即使伪装图像遭受较为严重的破坏，仍然能够从中提取到鲁棒水印信息。鲁棒水印相当于在载体中设置一个标识，标识载体的归属。依靠鲁棒水印的提取和验证，就可确定载体的所有者。因此，鲁棒水印可以用来进行版权保护。鲁棒性越强，提取到的标识信息越完整，其版权保护能力就越强。脆弱水印抗攻击能力非常弱，对载体的任何修改，都有可能使脆弱水印遭到破坏。如果无法正确提取出脆弱水印，说明此载体内容遭到了篡改，因此脆弱水印可以用来进行内容认证工作。

　　双水印算法中每个水印都有其各自的功能，它们互相之间不会对其他水印造成破坏或干扰，但是却可以互相支持，完成单个水印不能完成的工作，这样就形成了双水印算法的多功能性。一般根据实际的需求进行水印功能的选取，目前常用的为第二种和第三种方案。

例 5.4 基于曲波变换的图像双水印算法[11]的简单说明。

1) 水印的构成

首先提取图像的纹理特征作为特征水印，另外一个水印为标识水印。

2) 双水印的嵌入

基于图像双水印的第二种方案，嵌入两个水印。因为改进的颜色空间 Y'Cb'Cr' 中三个通道正交，所以两个水印的嵌入顺序可以任意选择。

特征水印的嵌入过程对改进后的 Y' 通道进行 DCT 变换及奇异值分解，根据一定规则嵌入特征水印，进行奇异值逆分解和 DCT 逆变换，得到含水印的 Y' 通道。

标识水印的嵌入过程对 Cb' 和 Cr' 通道的联合系数矩阵进行离散曲波变换，根据一定的规则嵌入加密处理后的标识水印。然后在含水印的 Cb' 和 Cr' 通道进行离散曲波逆变换。

利用含水印的三通道重新构建 Y'Cb'Cr' 图像，再转换到 RGB 颜色空间得到含水印图像。

3) 水印提取

水印提取的过程分为两部分，首先对 Y' 通道进行处理，提取特征水印并从中恢复出纹理特征，再对 Cb' 和 Cr' 通道进行处理提取标识水印。

图 5.14 所示为实验的载体图像、特征水印和标识水印。表 5.4 和表 5.5 给出了实验结果。

26　5
899 434

(a) 载体图像　　　　　　　(b) 特征水印　　　　　　　(c) 标识水印

图 5.14　图像双水印方案

表 5.4　未受攻击的算法性能指标

含双水印图像	
PSNR	47.1543
SSIM	1
特征水印 BER	0
标识水印 NC	1

表 5.5　受攻击时提取的标识水印

攻击类型	提取的标识水印	NC
未攻击	数字水印	1.0000
高斯噪声 (0.001)	数字水印	0.9880
椒盐噪声 (0.01)	数字水印	0.9865
压缩 (20%)	数字水印	1.0000
剪切 (1/4)	数字水印	0.9696
旋转 (45°)	数字水印	0.8494

5.5　深度学习在数字图像水印领域的应用

深度学习在图像领域的应用分为不可见水印和可见水印两个方面。因为现有不可见水印算法依赖经验手动设置嵌入强度，所以很难获取最优嵌入强度，平衡不可见性和鲁棒性。随着深度学习技术的提出及其快速发展，它在计算机视觉、自然语言处理和语音识别等领域已经成为学者的研究热点，特别是卷积神经网络、深度残差网络、生成对抗网络、UNet 等深度学习模型在各领域取得了突出的成绩。人工神经网络是由许多神经元相互连接组成的信号处理系统，每个神经元都是一个非线性系统，因此人工神经网络是由许多非线性系统组成的大规模信号处理系统。研究人员根据图像水印技术的需求和深度学习技术的特点，将水印技术与深度学习技术有效结合，弥补传统图像水印技术的不足。近几年，深度学习在水印技术领域取得了不少创造性成果[12-14]。

神经网络在数字水印技术中的应用是最近几年才提出的。在不可见水印方面主要有两个应用：①利用神经网络产生自适应水印，以提高水印嵌入强度和图像的保真度；②利用神经网络进行水印检测，提高水印检测的准确率。在可见水印方面的应用主要表现为利用神经网络检测可见水印，并去掉可见水印。

1. 利用深度学习网络在图像中嵌入水印

传统的图像水印方法在空域(变换域)对载体图像进行处理，寻找稳定的隐藏空间，以提高水印抗攻击能力。随着深度学习网络的引入，研究者利用深度学习网络寻找嵌入强度和位置，提高水印的抗攻击能力。一般此类算法的核心步骤如下所述：

(1) 水印处理。不同的研究者对水印信息做不同的预处理，但是与传统水印处理类似，对水印信息进行加密处理，即预处理网络中完成水印信息的处理。

(2) 利用深度学习网络，学习载体图像的纹理、亮度、更深层次的语义特征，根据学习到的特征，确定水印的嵌入强度和嵌入位置。

(3) 对水印攻击展开对抗学习，从而建立抗攻击性强的水印编码器和水印检测准确率高的解码器。

上面核心步骤中，各类算法的最大差异就是后面两个步骤，利用网络学习图像的特征时，如利用卷积神经网络、残差网络等学习，选取的网络、训练的数据不同，则学习的特征不同，选取的位置和嵌入的强度算法不同。相比较于传统图像水印算法，这类算法在不可见性、脆弱性、安全性、鲁棒性上更胜一筹，同时可以灵活地选择嵌入位置。近几年，如何提高图像水印算法的抗网络攻击能力，使其在实际应用中具有良好的鲁棒性，也成为研究者关注的热点。

例 5.5　基于 CNN 的鲁棒图像水印算法。

一般地，卷积神经网络主要由四部分组成：encoder、decoder、discriminator 和 distortion。encoder 用于实现水印的嵌入，decoder 用于提取水印，discriminator 通常由一个对抗网络来保证图像的视觉质量，distortion 表示为了使水印具有鲁棒性而引入的失真层。水印被加密处理后，利用真实攻击数据或者模拟攻击数据学习抗网络攻击能力。

图 5.15 所示是一个利用 CNN 和模拟攻击数据更新网络权值而嵌入水印的例子[12]。训练好的 CNN，其权值是确定的。利用训练好的 CNN 作为检测器预测来自被攻击图像块的信息，分类、提取水印信息。

基于残差网络的图像水印技术通过残差学习可以提取图像尺度、亮度、纹理等复杂特征，更为精确地评估图像对噪声的局部敏感性，自适应获得水印嵌入强度，均衡水印的不可见性和抗攻击性能。

目前对于网络攻击训练分为已知攻击和未知攻击两种情况，对于已知攻击通过模拟

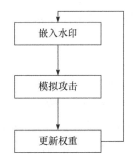

图 5.15　利用 CNN 和模拟攻击数据更新网络权值而嵌入水印的例子

攻击来训练模型；对于未知攻击需要设计对不同强度、不同组合攻击均有效的水印模型，现实生活中的攻击多为组合攻击，这进一步为设计一个实用的鲁棒水印方法增加了难度。现有的算法对个别攻击的鲁棒性还不能达到理想的效果。在提升不可感知性时，传统的方法中有很多策略，未来的研究中能否将传统方法中的某些策略引入网络中，也是一个值得研究的方向。

2. 基于深度学习的图像水印去除

深度学习在图像水印领域的另一个应用是去掉可见水印[15-19]。为了声明图像的所有权，水印被加注到载体图像中。但是加注水印的图像也会存在一定的风险，即水印可以被图像还原工具去除。因此，利用深度学习网络通过去除水印的程度评估图片中水印的有效性。

基于深度学习的去水印方法可以分为两大类：①端到端的全图擦除；②同时检测水印和修复图像。第一类方法将水印去除的任务视为一个图像翻译的任务，即将带有水印的图像作为源域，无水印的图像作为目标域，通过近几年流行的图像翻译模型，实现水印擦除。第二类方法则是一种多任务的学习框架，同时执行水印检测与图像修复的任务，既提高水印检测的质量，又为后续去掉水印区域的图像修复提供帮助，修复只在水印区域进行，这样减小了误擦除的可能性。

一个基于深度学习网络的水印去除算法例子如下所述。设计自纠正的水印检测模块。掩模引导的图像修复模块、多层次信息融合的背景改进模块。整体框架可以分为图像粗修阶段和图像精修阶段。在图像粗修阶段，可以看到网络由传统的 UNet 框架演变而来，为了兼顾模型大小及多任务的需求，采用了共享编码器及一层共享解码器的主干网络，对于水印掩模检测及图像修复任务，采用了不同的解码器分支实现不同的功能。在图像精修阶段，将预测的水印掩模和粗修图像放置在一起作为输入，并引入了跨阶段特征融合、跨尺度特征融合，以此提高精修阶段的图像修复质量。

思 考 题

1. 列举实际生活中的图像水印技术，并试着将它们分类。
2. 简述信息隐藏与数字水印之间的关系。
3. 对图像水印的恶意攻击有哪些，它们对于水印提取有什么影响？
4. 将图像的纹理分为简单、较复杂和复杂三个级别，试从不可见性角度分析嵌入水印的影响。
5. 试比较传统图像水印技术与基于深度学习的图像水印技术的优缺点。

参 考 文 献

[1] FRANK H E. Identification of sound and like signals: U.S. Patent 3004104[P]. 1961-10-10.

[2] TIRKEL A, RANKIN G A, SCHYNDEL R V, et al. Electronic watermark[C]. Digital Image Computing, Technology and Applications, Sydney, 1993: 666-673.

[3] COX I J, KILIAN J, LEIGHTON T, et al. Secure spread spectrum watermarking for images, audio and video[C]. IEEE International Conference on Image Processing, Lausanne, 2002: 243-246.

[4] 林雪辉, 蔡利栋. 基于 Hilbert 曲线的数字图像置乱方法研究[J]. 中国体视学与图像分析, 2004, 9(5): 224-227.

[5] HONG W, CHEN M J, CHEN T S. An efficient reversible image authentication method using improved PVO and LSB substitution techniques[J]. Signal Processing: Image Communication, 2017, 58: 111-122.

[6] 甘霖, 杨榆. 基于变换域的 Patchwork 水印改进算法[J]. 成都信息工程大学学报, 2017, 32(6): 623-627.

[7] SHI H, LI M C, GUO C, et al. A region-adaptive semi-fragile dual watermarking scheme[J]. Multimedia Tools and Applications, 2016, 75(1): 465-495.

[8] LEE T Y, LIN S D. Dual watermark for image tamper detection and recovery[J]. Pattern Recognition, 2008, 41(11): 3497-3506.

[9] SARRESHTEDARI S, AKHAEE M A. A source-channel coding approach to digital image protection and self-recovery[J]. IEEE Transactions on Image Processing, 2015, 24(7): 2266-2277.

[10] 朱婷鸽, 曹海龙, 刘颖, 等. 基于改进颜色空间的彩色图像双水印算法[J]. 控制与决策, 2019, 34(6): 1141-1150.

[11] 李智, 陈怡, 王丽会, 等. 基于实质区域的医学图像双水印算法研究[J]. 贵州大学学报(自然科学版), 2018, 35(5): 55-62.

[12] MUN S, NAM S, JANG H, et al. Finding robust domain from attacks: A learning framework for blind watermarking[J]. Neurocomputing, 2019, 337(14): 191-202.

[13] KANDI H, MISHRA D, GORTHI S R. Exploring the learning capabilities of convolutional neural networks for robust image watermarking[J]. Computers and Security, 2017, 65: 247-268.

[14] HAYES J, DANEZIS G. Generating steganographic images via adversarial training[C]. Advances in Neural Information Processing Systems, Long Beach, 2017: 1954-1963.

[15] CAO Z, NIU S, ZHANG J, et al. Generative adversarial networks model for visible watermark removal[J]. IET Image Processing, 2019, 13(10): 1783-1789.

[16] LI X, LU C, CHENG D, et al. Towards photo-realistic visible watermark removal with conditional generative adversarial networks[C]. International Conference on Image and Graphics, Cham, 2019: 345-356.

[17] HERTZ A, FOGEL S, HANOCKA R, et al. Blind visual motif removal from a single image[C]. Proceedings of the IEEE/CVF Conference on Computer Vision and Pattern Recognition, Long Beach, 2019: 6858-6867.

[18] LIU Y, ZHU Z, BAI X. Wdnet: Watermark-decomposition network for visible watermark removal[C]. Proceedings of the IEEE/CVF Winter Conference on Applications of Computer Vision, Waikoloa, 2021: 3685-3693.

[19] CHENG D, LI X. Large-scale visible watermark detection and removal with deep convolutional networks[C]. Chinese Conference on Pattern Recognition and Computer Vision, Cham, 2018: 27-40.

第6章 图像检索

图像检索(image retrieval, IR)就是以图像底层视觉特征为输入数据,分析图像中包含哪些主要对象(object)或属于哪种场景类型,并采用基于内容或语义(semantic)的方式在特定图像库中查询相似图像。近些年,随着多媒体、计算机、通信、互联网技术的迅速发展,以及数码成像产品的普及与应用,在互联网和企事业单位的信息中心(如电视、博物馆、数字图书馆等),图像数量呈爆炸式增长,如何顺应图像资源的发展趋势,对海量图像资源实现有效管理和快速查找,已经成为信息检索领域一个极具挑战性且亟待解决的问题,也是当今计算机视觉领域的一个研究热点。

6.1 引　言

6.1.1 图像检索研究背景

中外谚语"百闻不如一见""A picture is worth a thousand words",都说明视觉是人类认识世界、获取信息的主要途径。现代心理学研究也表明,人类在日常生活中大约有 83%的信息是靠视觉来获取的[1],视觉信息的常用载体是图像,因为它不但形象直观,而且还包含丰富的内容,所以图像是构成多媒体信息的基础元素。随着数字图像数量的爆炸式增长,人们苦恼的问题已经不再是缺少图像信息,而是如何从浩如烟海的图像信息中寻找到自己真正想要的图像[2]。

为了从数量众多的图像中找到所需要的图像,早期基于文本(或关键字)进行图像检索(text-based image retrieval, TBIR)[2],其基本思路:首先对图像进行文本标注,然后通过对输入的文本进行匹配而得到检索结果,即把图像检索问题转化为成熟的文本检索问题。该图像检索方法的优点:算法思路简单直观,且对图像标注的关键字可以简洁、准确地描述图像所包含的高层语义概念。因此,当前互联网上的多数图像搜索引擎,如 Google、百度、Yahoo 等,普遍采用此种基于文本的方式进行图像检索。但是,TBIR 方法也存在很大的局限性[3]:一是对图像进行文本标注需要人工来完成,这是一个非常费时费力的过程,尤其是面对海量的图像库时,要对所有的图像进行人工文本标注,因工作量巨大而变得无法实现;二是图像本身往往包含非常丰富的内容,不同人或在不同的情况下对同一幅图像进行标注时,因理解方式的差异,给出的标注文本也会各不相同,也就是说人工对图像进行文本标注时存在主观歧义性问题,直接影响到图像检索结果的准确性。

20 世纪 90 年代,直接利用图像底层视觉特征的基于内容的图像检索(content-based image retrieval, CBIR)[4]算法被提出,并成为图像检索领域中的主流算法。CBIR 算法不需要人工对图像进行文本标注,而是直接利用图像的底层视觉特征(包括颜色、纹理、形状等)来进行图像相似性匹配,输出特征相似的图像作为检索结果。通常情况下,这些视觉特征可以利用计算机自动地从图像中提取出来,有效地避免了文本人工标注所产生的主观歧义性,所以 CBIR 算法有望成为解决海量图像信息检索问题的关键技术,从而一直得到相关研究者的普遍关注[5]。

自 1992 年起,CBIR 算法就开始得到应用,并在之后十几年中得到了很大的发展。由于图像的视觉特征是实现 CBIR 算法的基础,所以图像的特征提取方式非常重要。CBIR 系统对图像特征的要求:不但能够准确地描述图像所包含的各种高层语义概念,而且当环境发生改变时,还具有较强的鲁棒性与稳定性。其原因在于:优秀的图像特征不但能够简化分类器的设计,还能够帮助提高分类器的预测精度;不好的图像特征则会导致图像在特征空间的分布杂乱无序,使分类器无法对图像进行分类预测。在当前的 CBIR 系统中,提取的图像特征主要用于描述图像的颜色、形状、纹理和空间关系等性质[6],并且针对不同的应用场合,采用不同的特征或特征组合。通常,CBIR 系统中提取特征的方式分成如下三种类型:①提取图像的全局特征,这种方式就是对整幅图像提取颜色、纹理或形状等特征,用于图像检索;②提取图像的局部区域特征,因为图像的局部区域特征能够利用图像局部的语义信息,能在一定程度上简化图像特征,并且具有较好的解释性。常见的方法就是采用图像分割的技术,把图像分割成几个不同的区域,分别提取每个区域的颜色和纹理等特征,实现图像检索;③提取图像的关键点特征,为了进一步提高 CBIR 系统检索的准确性,研究发现局部显著性特征与人对图像的理解更为一致,更能体现图像的语义,所以图像的关键点特征,如 Harris 角点[7]、尺度不变特征变换(scale invariable feature transformation, SIFT)[8]等,被越来越多地应用到图像检索中。

在现实应用中,人在判断两幅图像的相似性时,往往并不完全依赖于"视觉相似",而是"语义相似",即是否包含相同的主要目标对象或属于相同的场景类型。但是,由于"语义鸿沟"的存在,即图像的底层视觉特征所代表图像的视觉信息与图像的高层语义之间存在着较大的差异[9],所以 CBIR 技术往往难以使用户获得满意的检索或分类结果。因此,如何利用计算机按照用户理解的方式,将图像划分到不同的语义类别之中,并实现图像的语义分类或检索,已成为当今一个新的研究热点,并且是一个机遇与挑战同在的研究领域[10]。

6.1.2 图像检索研究意义

要按照人类理解或认知的方式对图像进行分类或检索,其关键点在于如何利用计算机自动获取图像的高层语义概念,"语义清晰"已经成为构建大规模图像数据管理系统的重要前提。如何利用计算机自动获取图像的语义内容，实现基于语义的图像分类或检索，涉及机器学习、模式识别、数据挖掘、计算机视觉和图像处理等多个研究领域的理论与知识，是一个颇具生命力的研究方向，不但具有重大的理论研究价值，而且在如下方面具有广阔的应用前景[1]。

(1) 数字化图书馆的建立与管理。随着数字化成像技术的发展与广泛应用，越来越多的图书馆开始把已有的馆藏资料扫描成图像，对这些图像数据进行存储和检索时，可以利用本章的研究成果。

(2) 家庭数字照片的自动管理。近些年，随着数码技术的发展，数字相机、摄像头与拍照手机得到迅速普及与应用，在家庭的个人计算机上，存储的数字照片在不断增多。本章研究的方法可以用于对这些照片进行自动分类和管理。

(3) 网络图像检索。随着互联网的发展与普及，各种拍客、个人或组织在网络中发布与共享的数字图像数量呈爆炸式增长，在网络信息海洋中，如何帮助用户检索到真正想要的图像，是信息检索所面临的一个主要问题。目前，常用的图像搜索引擎有百度、Google、Live Search、Yahoo 等，在一定程度上帮助广大用户对图像进行检索，但是，由于这些图像搜索引擎利用的不是图像的语义信息，而是基于网页中的文本内容，因此很可能会检索到与用户要求完全无关的垃圾图像。本章的研究成果能在一定程度上提高因特网图像检索的精度。

(4) 视频分析与检索。在信息化时代，每天都会有大量的"播客"视频与"拍客"视频在网上共享。因为图像是构成视频的基础，则图像分类与检索方法也可应用于视频分类或检索，通过对视频的语义内容分析而检索到自己感兴趣的视频片断或单帧图像。

(5) 医学图像分析。医学图像分析是图像识别技术的一个重要应用分支，也是医学图像处理系统的一个重要组成部分，其研究内容是如何从大量的 CT、X 光透视或核磁共振的照片中把带病变的照片检测出来，并进一步定位病变的具体位置，这涉及的就是图像的分类与目标检测技术。

(6) 不良图像过滤。在互联网这个庞大的资源库中，各种信息鱼龙混杂，一些不法分子为了谋利，在互联网上存放色情或暴力等各种不利于青少年成长的不良图像。研究开发一种图像过滤系统，用来过滤不良图像，从而达到净化网络环境的目的，已成为当前图像分析领域的一个重要应用方向。因此，不良图像过滤也是图像检索的一个很有潜力的应用领域。

除此以外，基于语义的图像分类与检索技术还可以应用到遥感图像分类、图像编辑、工业流水线上的图像检测、追捕逃犯与知识产权保护等方面。

6.1.3　图像检索存在的问题

对图像进行语义理解，然后根据语义来进行图像分类或检索，已经得到研究者的广泛关注[1]，但由于直接对图像的语义进行描述、提取及相似性度量，是一个非常复杂的过程，其技术仍相当不成熟，理论上有许多问题需要解决，所以要完全跨越"语义鸿沟"还任重而道远。为了建立图像与语义类别之间的联系，通常提取图像的全局视觉特征(颜色、纹理和形状等)或中间语义特征(自然性、开放性、粗糙性、辽阔性、险峻性等)或局部不变特征，再结合有监督学习方法，实现图像语义分类或检索。在有监督学习框架下进行语义图像分类或检索，存在的主要问题如下[1]所述。

1. 图像语义表示问题

图像语义表示即研究如何描述图像所包含的各种语义概念，以利于对不同语义的图像进行鉴别。通常情况下，图像的语义分为场景语义与对象语义，场景语义往往由整幅图像或图像的多个区域才能共同表达，对象语义则对应图像的个别区域，所以图像或区域的底层视觉特征(如颜色、纹理和形状特征等)，被直接用来对图像的语义进行描述。由于图像的视觉内容和语义的不一致性，即视觉内容相似的图像在语义上可能并不一致。例如，"蓝色的大海"和"蓝色的天空"在颜色与纹理等视觉内容方面呈现很强的相似性，然而其语义则完全不同。又如，"行人"在不同的图像中，可能由于其性别、年龄、所穿衣服的颜色(红色、黄色、白色)、所处环境的光照条件与拍摄角度的不同，而呈现出不同的视觉特征，则相同的语义概念在不同的图像中可以呈现出完全不同的视觉特征。因此，在图像理解应用中，图像所包含的语义概念无法用一种相对固定的特征向量进行表示[6]。

因为语义概念通常反映的是用户对图像的一种主观理解，也就是说，图像语义具有模糊性和不精确性，并且它们之间的关系也比较复杂，所以不能用类似于图像底层视觉特征的描述方法来表示图像的高层语义，就目前技术水平，想准确地表示图像的语义概念仍有难度。总之，研究怎样有效地描述图像所包含的高层语义，并且这种描述方式还能推广到其他未知图像，在图像语义分类与检索系统中非常重要。

2. 训练样本的标注问题

用于有监督学习的每个训练样本，都要有一个明确的类别标号，标号一般都是依靠手工标注的方式来获得，如图 6.1 所示，假设这是两幅用户反馈的"horse"类图像及其分割区域，若用传统的有监督机器学习方法来训练"horse"分类器，用户在手工标注训练样本时，必须标注到图像中的具体"horse"区域(因为图像中还有"grass"和"fence"这样的无关区域)，其过程不但非常繁琐、费时费力，而且还容易带有主观偏差。

图 6.1　图像及其分割区域示例[1]

3. 小样本学习问题

小样本学习问题表现在两个方面：①因为采用手工标注的方式来获得训练样本费时费力，所以用户在进行图像语义分类或检索时，不可能标注大量的图像用于分类器的训练，则希望尽可能少地提供训练样本。特别在相关反馈的应用环境中，用户所能标记的样本数量(一般每次小于 20 幅)非常有限，而图像特征空间的维数可能高达几十甚至数百，在这种小样本的训练环境下，数据则显得特别稀疏，一些学习算法的稳定性得不到保证，以至于学习结果无法得到有意义的分类器，导致分类器泛化能力不强，分类性能很差。②正负训练样本存在不平衡性，因为很多机器学习方法均将分类问题转化成二类问题来处理，有的时候，因为正样本难以获得且数量很少，从而正样本无法代表正例图像在特征空间中的真正分布；有的时候，因为反类样本来自不同的类别，当其数量太少时不能代表所有反类样本在特征空间的真正分布，可能会破坏系统的鲁棒性并降低检索性能，这种情况在相关反馈中也体现得非常明显。

6.2　图像底层特征提取

在图像检索系统中，图像的底层视觉特征提取是一项非常重要的技术，对于图像所包含的底层视觉信息，主要提取的是颜色、纹理、形状与局部结构等特征，常用方法如下所述。

1. HSV 颜色矩特征

在图像的颜色特征表示方法中，颜色矩是一种简洁而有效的特征描述方法，其能描述图像或区域内的颜色分布特性。由于颜色分布特性都集中于低阶矩中，对于三个颜色分量，在每个分量上分别用一阶与二阶等这类低阶矩就能很好地描述图像的颜色分布信息。

要合理地描述图像的颜色特征，关键问题是选择恰当的颜色空间，常用的颜色空间有 RGB 颜色空间与 HSV 颜色空间。图 6.2 为 HSV 圆锥状颜色空间模型示意图，图中 H 表示色调，S 表示饱和度，V 表示亮度。由于 HSV 模型是一种能够用感觉器官直接感受到的空间模型，它的依据是人眼的视觉原理，可表示彩色的直观特性，并且 H、S 与 V 三者相互独立，因此通常选择在 HSV 颜色空间计算颜色矩特征。

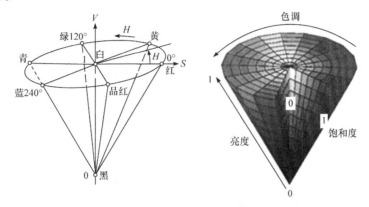

图 6.2　HSV 圆锥状颜色空间模型示意图

将任意图像的第 $i(i=1, 2, 3)$ 个颜色通道的像素记作 $\{p_i(t) \mid t=1,2,\cdots,N\}$，则一阶(均值)与二阶(方差)颜色矩特征定义为[1]

$$M_i = \frac{1}{N} \sum_{t=1}^{N} p_i(t) \tag{6.1}$$

$$\sigma_i = \sqrt{\frac{1}{N} \sum_{t=1}^{N} \left[p_i(t) - M_i \right]^2} \tag{6.2}$$

式中，N 表示图像中像素的总数。这样，可得到一个 6 维的颜色矩特征，记为

$$Cx = \left[M_1, \sigma_1, M_2, \sigma_2, M_3, \sigma_3 \right] \tag{6.3}$$

2. HSV 颜色直方图特征

针对待提取特征的彩色图像，可提取其 16 维的 HSV 颜色直方图特征，即在 HSV 颜色空间($H \in [0,360]$，$V \in [0,1]$，$S \in [0,1]$)，按如下方法进行非均匀量化[1]。

(1) 黑色：对于 $V < 0.1$ 的颜色，认为是黑色。

(2) 白色：对于 $S < 0.1$ 且 $V > 0.9$ 的颜色，认为是白色。

(3) 彩色：把位于黑色与白色区域之外的颜色依色调的不同，划分为赤、橙、黄、绿、青、蓝、紫七种彩色，门限分别为[20，45，75，165，200，270，330]；以 0.6 为分界点，将饱和度分成两级。

3. 灰度共生纹理特征

纹理是由图像灰度分布在空间位置上反复出现而形成的，因而图像空间中相隔特定距离的两个像素之间存在一定的灰度关系，即图像中的灰度值在空间位置上均存在一定的相关性，灰度共生纹理就是一种通过研究图像灰度值的空间相关性来描述图像纹理特征的一种常用方法[11]。

灰度共生纹理特征提取步骤如图 6.3 所示，主要包括灰度降级、计算共生矩阵与计算统计量三部分。

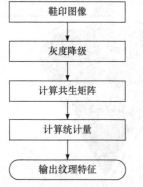

图 6.3　灰度共生纹理特征提取步骤

1) 灰度降级

灰度降级也可称为灰度量化。在实际应用中，一幅灰度图像通常有 256 个灰度级，在计算由灰度共生矩阵推导出的纹理特征时，要求图像的灰度级远小于 256，主要是因为图像灰度共生矩阵的计算量由图像的灰度等级和图像的大小来确定。例如，假定图像 $I(x,y)$ 有 G 个灰度级，其大小为 M 行 N 列，则运算量大约是 $G^2 \times M \times N$，可见运算量与 G 的平方成正比关系。为了提高图像灰度共生纹理特征的提取速度，在计算空间灰度共生矩阵时，在不影响纹理特征的前提下往往先将原图像的灰度级进行量化压缩，后续实验中取 8 级，以便减小共生矩阵的尺寸。

2) 计算共生矩阵

根据设定好的方向与步距，计算灰度共生矩阵。通常，计算灰度共生矩阵时取 0°、45°、90°、135°四个方向，在实际应用中，可取步距等于 1，且针对距离差分值(1,0)、(1,1)、(0,1)与(−1,1)，分别计算每幅图像的 4 个灰度共生矩阵。

3) 计算统计量

根据选择的统计量，计算纹理值。为了更直观地以共生矩阵描述纹理状况，从共生矩阵导出一些反映矩阵状况的数值，典型的有以下几种。

(1) 能量：能量就是灰度共生矩阵中所有元素值的平方和，它反映了图像灰度分布的均匀程度和纹理粗细度。如果共生矩阵的所有值均相等，则能量值小；相反，如果其中一些值大而其他值小，则能量值大。当共生矩阵中元素集中分布时，能量值大。能量值大表明一种较均匀和规则变化的纹理模式。

(2) 对比度：对比度反映了图像的清晰度和纹理沟纹深浅的程度。纹理沟纹越深，其对比度越大，视觉效果越清晰；反之，对比度小，则沟纹浅，效果模糊。灰度差即对比度大的像素对越多，对比度越大。灰度共生矩阵中远离对角线的元素值越大，对比度越大。

(3) 相关度：相关度反映的是灰度共生矩阵元素在行或列方向上的相似程度，因此相关度大小反映了图像中局部灰度相关性。当共生矩阵元素值均匀相等时，相关度就大；相反，如果共生矩阵元素值相差很大，则相关度小，即如果图像中有水平方向纹理，则水平方向矩阵的相关度大于其余矩阵的相关度。

(4) 熵：熵是图像所具有的信息量的度量，是一个随机性的度量，纹理信息也属于图像的信息。当共生矩阵中所有元素有最大的随机性、空间共生矩阵中所有值几乎相等时，即共生矩阵中元素分散分布时，熵较大。熵反映了图像中纹理的非均匀程度或复杂程度。

在实际应用中，可分别计算 4 个灰度共生矩阵的能量、熵、对比度和相关度，从而得到 16 个不同数值作为图像的纹理特征。

4. LBP 纹理特征

局部二值模式(local binary pattern，LBP)作为 1 种描述图像局部纹理特征的方法，具有计算简便、分辨能力强等优点。近些年，LBP 纹理在图像检索、人脸识别等领域得到广泛的应用。基本 LBP 算子原理[12]：①选取 1 个 3×3 窗口，以窗口中心像素为阈值，对窗口中的 8 个邻域像素点进行二值化，即当邻域内 8 个像素点之中的某 1 个像素点的灰度值大于中心像素点的灰度值时，则该像素点置为 1，否则置为 0，最终得到一个 8 位的二进制码；②将阈值化后的 8 个二进制数分别与每个点对应的权值相乘；③把所得的 8 个乘积相加，得出 1 个十进制数，这个数就是这个 3×3 邻域的 LBP 特征值，用这个值来表示该区域的纹理信息，其计算过程如图 6.4 所示。

7	9	7
5	7	8
6	3	2

(a) 3×3 邻域

1	1	1
0		1
0	0	0

(b) 二值化结果

1	2	4
8		16
32	64	128

(c) 每个点对应的权值

1	2	4
0		16
0	0	0

(d) 图(b)和(c)对应值相乘结果

图 6.4　LBP 特征值的计算过程示意图

LBP 数学定义如下：

$$\mathrm{LBP}(x_{\mathrm{c}}, y_{\mathrm{c}}) = \sum_{p=0}^{P-1} 2^{p} \times \mathrm{sign}(i_{\mathrm{p}} - i_{\mathrm{c}}) \tag{6.4}$$

式中，$(x_{\mathrm{c}}, y_{\mathrm{c}})$ 为中心像素坐标；i_{c}、i_{p} 为中心像素、邻域像素的灰度值；P 为邻域像素的总数；sign(·)为符号函数，即

$$\mathrm{sign}(x) = \begin{cases} 1, & x \geqslant 0 \\ 0, & \text{其他} \end{cases} \tag{6.5}$$

为了进一步提高 LBP 纹理的表示能力，还提出了旋转不变与等价模式等改进 LBP 算子，则 LBP 特征值对图像的旋转具有不变性，且减少了模式种类。最后，要强调的是，通过从图像中计算每个像素对应的 LBP 值，然后统计 LBP 值的归一化直方图，将其作为图像的 LBP 纹理特征：

$$H_{\text{LBP}} = \{n_j / N \mid j = 0, 1, \cdots, L-1\} \tag{6.6}$$

式中，n_j 表示 LBP 为 j 的像素数量；L 表示 LBP 的种类数；N 表示图像的像素总数。

5. HU 矩形状特征

矩作为概率论与数理统计中的一个重要概念，反映的是随机变量的数字特征，当把像素的坐标看成一个二维随机变量时，不变矩作为一种高度浓缩的图像特征，能刻画图像的形状特征，且具有平移、灰度、尺度与旋转不变性，在图像检索与识别中得到广泛应用。设图像坐标 (x, y) 处的像素值记为 $I(x, y)$，定义图像 $(m+n)$ 阶的原点矩 $\mu_{m,n}$ 和中心矩 $\sigma_{m,n}$ 分别为[1]

$$\mu_{m,n} = \sum_{x=1}^{M} \sum_{y=1}^{N} x^m y^n I(x, y) \tag{6.7}$$

$$\sigma_{m,n} = \sum_{x=1}^{M} \sum_{y=1}^{N} (x - x_0)^m (y - y_0)^n I(x, y) \tag{6.8}$$

式中，M 和 N 分别为图像的高度和宽度；m、n 为非负整数；(x_0, y_0) 为图像中心的坐标，即 $x_0 = \mu_{1,0}/\mu_{0,0}$，$y_0 = \mu_{0,1}/\mu_{0,0}$。进而，定义 $(m+n)$ 阶规范化中心矩 $\eta_{p,q}$ 为

$$\eta_{p,q} = \frac{\sigma_{p,q}}{\sigma_{0,0}^r} \tag{6.9}$$

式中，$r = \dfrac{m+n}{2} + 1$。

然后，基于归一化的二阶和三阶中心矩，构造如下 7 个不变矩[1]：

$$
\begin{cases}
\psi_1 = \eta_{2,0} + \eta_{0,2} \\[4pt]
\psi_2 = (\eta_{2,0} - \eta_{0,2})^2 + 4\eta_{1,1}^2 \\[4pt]
\psi_3 = (\eta_{3,0} - 3\eta_{1,2})^2 + (\eta_{0,3} - 3\eta_{2,1})^2 \\[4pt]
\psi_4 = (\eta_{3,0} + \eta_{1,2})^2 + (\eta_{0,3} + \eta_{2,1})^2 \\[4pt]
\psi_5 = (\eta_{3,0} - 3\eta_{1,2})(\eta_{0,3} + \eta_{1,2}) \left[(\eta_{3,0} + \eta_{1,2})^2 - 3(\eta_{0,3} + \eta_{1,2})^2 \right] \\[4pt]
\qquad + (3\eta_{2,1} - \eta_{0,3})(\eta_{2,1} + \eta_{0,3}) \left[3(\eta_{3,0} + \eta_{1,2})^2 - (\eta_{0,3} + \eta_{2,1})^2 \right] \\[4pt]
\psi_6 = (\eta_{2,0} - \eta_{0,2}) \left[(\eta_{3,0} + \eta_{1,2})^2 - (\eta_{0,3} + \eta_{2,1})^2 \right] \\[4pt]
\qquad + 4\eta_{1,1}(\eta_{3,0} + \eta_{1,2})(\eta_{0,3} + \eta_{2,1}) \\[4pt]
\psi_7 = (3\eta_{2,1} - \eta_{0,3})(\eta_{3,0} + \eta_{1,2}) \left[(\eta_{3,0} + \eta_{1,2})^2 - 3(\eta_{0,3} + \eta_{2,1})^2 \right] \\[4pt]
\qquad + (3\eta_{1,2} - \eta_{3,0})(\eta_{2,1} + \eta_{0,3}) \left[3(\eta_{3,0} + \eta_{1,2})^2 - (\eta_{0,3} + \eta_{2,1})^2 \right]
\end{cases} \tag{6.10}
$$

6.3　中层语义特征提取

6.3.1　词袋特征

词袋(bag of words，BoW)模型最初被用在文本分析中，以将文档表示成特征矢量。它的基本思想是，假定对于一个文本，忽略其词序和语法、句法，仅仅将其看作一些词汇的集合，而文本中的每个词汇都是独立的。简单说，就是将每篇文档都看成一个袋子(因为里面装的都是词汇，所以称为词袋)，然后看这个袋子里装的都是什么词汇，将其分类。如果文档中猪、马、牛、羊、山谷、土地、拖拉机这样的词汇多，而银行、大厦、汽车、公园这样的词汇少，那么就倾向于判断它是一篇描绘乡村的文档，而不是描述城镇的文档。

2004 年，BoW 模型首次被用于图像分类任务，在该模型中图像的单词(words)被定义为一个图像块(patch)的特征向量，图像的 BoW 模型即图像中所有局部特征向量得到的直方图。BoW 模型经常与 SIFT 特征相结合，以提高图像特征的描述能力。为什么要用 BoW 模型描述图像？这是因为 SIFT 虽然能很好地描述一幅图像的局部结构，但是每个 SIFT 描述子都是 128 维的特征向量，且每幅图像通常包含成百上千个 SIFT 矢量，则在进行相似度计算时，会导致计算量非常大，不利于实时应用。常用的解决方法：用聚类算法对这些矢量数据进行聚类，然后用聚类中的一个簇代表 BoW 中的一个视觉词，将同一幅图像的 SIFT 矢量映射到视觉词序列生成码本，每一幅图像只用一个码本矢量来描述，这样计算相似度时效率就可大大提高。

假设训练集有 M 幅图像，对训练图像集进行预处理(如图像增强、分割、去噪等)，BoW 模型用于图像分类特征提取主要包含以下几个步骤。

(1) 提取训练图像的局部特征。对每一幅图像提取其 SIFT 特征(每一幅图像提取的 SIFT 特征数量不等)。每一个 SIFT 特征用一个 128 维的描述子矢量表示，假设 M 幅图像共提取出 N 个 SIFT 特征。

(2) 构建视觉码本。首先，通过上一步的局部特征提取，可得到所有训练样本图像中的特征，将所有特征放在一起可得到特征集；然后，采用 K-Means 算法对特征集中的 N 个 SIFT 特征进行聚类。K-Means 算法是一种基于样本间相似性度量的间接聚类方法，此算法以 K 为参数，把 N 个对象分为 K 个簇，以使簇内具有较高的相似度，而簇间相似度较低。聚类中心有 K 个，在 BoW 模型中每个聚类中心称为"视觉字"，所有"视觉字"放在一起则称为"视觉码本"，其长度为 K。

(3) 计算图像特征直方图。计算每一幅图像的每一个 SIFT 特征到这 K 个"视觉字"的距离，并将其映射到距离最近的"视觉字"中(将该"视觉字"的对应词频+1)。完成这一步后，每一幅图像就变成了一个与"视觉字"序列相对应的词频向量。

6.3.2 潜在语义特征

潜在语义分析(latent semantic analysis，LSA)作为一种自然语言处理方法[13]，其核心思想是，通过截断的奇异值分解建立潜在语义空间，将词和文档投影到代表潜在语义的各个维度上，进而可以获得词语之间的潜在语义关系，使得相互之间有关联的文档即使没有使用相同的词时，也能获得相同的向量表示。

为了用 LSA 方法获得图像的潜在语义模型，类似于 BoW 模型，首先要构造"视觉码本"，且统计不同"视觉字"在图像中的出现次数，即用词频向量(直方图)对图像进行表示。设第 j 幅图像 B_j 的词频向量为

$$\mathbf{Fr}_j = [n_{1,j}, n_{2,j}, \cdots, n_{K,j}]' \tag{6.11}$$

式中，$n_{i,j}$ 表示第 i 个"视觉字" v_i 在 B_j 中的出现次数。

为了突显不同的"视觉字"在图像分类中的重要程度，对词频向量进行如下加权[1]：

$$w_{i,j} = n_{i,j} \times \log_2(1 + N / \mathrm{d}f_i) \tag{6.12}$$

式中，$\mathrm{d}f_i$ 为训练集中包含第 j 个"视觉字"的图像数量；N 为训练集中图像的总数。为了将 $w_{i,j}$ 的变化范围控制在相同的区间之内，进行归一化，即 $\bar{w}_{i,j} = w_{i,j} \Big/ \sum_{i=1}^{K} w_{i,j}$，则加权归一化的词频向量记作 $\boldsymbol{W}_j = [\bar{w}_{1,j}, \bar{w}_{2,j}, \cdots, \bar{w}_{K,j}]'$。将训练集中所有图像对应的加权且归一化的词频向量排在一起，可得到"词–文档"矩阵，记作：

$$\boldsymbol{A}_{K \times N} = [\boldsymbol{W}_1, \boldsymbol{W}_2, \cdots, \boldsymbol{W}_N] = \begin{bmatrix} \bar{w}_{1,1} & \bar{w}_{1,2} & \cdots & \bar{w}_{1,N} \\ \bar{w}_{2,1} & \bar{w}_{2,2} & \cdots & \bar{w}_{2,N} \\ \vdots & \vdots & & \vdots \\ \bar{w}_{K,1} & \bar{w}_{K,2} & \cdots & \bar{w}_{K,N} \end{bmatrix} \tag{6.13}$$

式中，$\boldsymbol{A}_{K \times N}$ 每一行对应一个"视觉字"，每一列对应一幅图像。

根据奇异值分解定理，"词–文档"矩阵 $\boldsymbol{A}_{K \times N}$ 可分解为 3 个矩阵乘积的形式，即

$$\boldsymbol{A}_{K \times N} = \boldsymbol{U}_{K \times n} \boldsymbol{D}_{n \times n} (\boldsymbol{V}_{N \times n})' \tag{6.14}$$

式中，K 为原特征空间的维数；N 为图像总数；$n = \min(K, N)$；$\boldsymbol{U}_{K \times n}$ 和 $\boldsymbol{V}_{N \times n}$ 分别为与矩阵 $\boldsymbol{A}_{K \times N}$ 的奇异值对应的左、右奇异向量矩阵，且 $\boldsymbol{U}'\boldsymbol{U} = \boldsymbol{V}'\boldsymbol{V} = \boldsymbol{I}$；$\boldsymbol{D}_{n \times n}$ 为将矩阵 $\boldsymbol{A}_{K \times N}$ 的奇异值按递减排列构成的对角矩阵。如果只取 $\boldsymbol{D}_{n \times n}$ 中的前 T 个最大的

奇异值，以及 $U_{K×n}$ 与 $V_{N×n}$ 的前 T 列，即 $D_{T×T}$、$U_{K×T}$ 与 $(V_{N×T})'$，则可得到矩阵 $A_{K×N}$ 在 T 阶最小二乘意义上的最佳近似，即

$$A'_{K×N} = U_{K×T}D_{T×T}(V_{N×T})' \tag{6.15}$$

通常，式(6.15)被称为截断的奇异值分解。这样，可得到 $A_{K×N}$ 降维后的矩阵，即

$$\overline{A}_{T×N} = D_{T×T}(V_{N×T})' \tag{6.16}$$

式中，$\overline{A}_{T×N}$ 中的每一列就是训练集中相应图像的"潜在语义特征"，由原来的 K 维降为 T 维。

设 $W = [\overline{w}_1, \overline{w}_2, \cdots, \overline{w}_K]'$ 为任一新的图像 B 的加权且归一化词频向量，其 LSA 特征为

$$\phi(B) = (U_{K×T})'W \tag{6.17}$$

式(6.17)是由式(6.18)推导得出的：

$$A = UDV' \Rightarrow U'A = U'UDV' \Rightarrow U'A = DV' \tag{6.18}$$

式中，U 的所有列向量所张成的空间称为模糊潜在语义空间，可视为对原向量空间的压缩。$U_{K×T}$ 中的 T 个列向量就是模糊潜在语义空间的基。

6.3.3 稀疏编码特征

人眼视觉感知机理的研究表明，人眼视觉系统(human visual system，HVS)可看成是一种合理而高效的图像处理系统。在人眼视觉系统中，从视网膜到大脑皮层存在一系列细胞，以"感受野"模式描述，感受野是视觉系统信息处理的基本结构和功能单元，是视网膜上可引起或调制视觉细胞响应的区域，它们被视网膜上相应区域的光感受细胞所激活，对时空信息进行处理。神经生理研究已表明，在初级视觉皮层(primary visual cortex，PVC)下细胞的感受野具有显著的方向敏感性，单个神经元仅对处于其感受野中的刺激做出反应，即单个神经元仅对某一频段的信息呈现较强的反应，如特定方向的边缘、线段、条纹等图像特征，其空间感受野被描述为具有局部性、方向性和带通特性的信号编码滤波器。每个神经元对这些刺激的表达则采用了稀疏编码(sparse coding，SC)原则，将图像在边缘、端点、条纹等方面的特性以稀疏编码的形式进行描述。从数学的角度来说，稀疏编码是一种多维数据描述方法，数据经稀疏编码后仅有少数分量同时处于明显激活状态，这大致等价于编码后的分量呈现超高斯分布。在实际应用中，稀疏编码有如下几个优点：编码方案存储能力大，具有联想记忆能力，并且计算简便；使自然信号的结构更加清晰；编码方案既符合生物进化普遍的能量最小经济策略，又符合电生理实验的结论。

假设 $\text{Trn} = \{B_n \mid n = 1, 2, \cdots, N\}$ 表示由 N 幅图像组成的训练集。设任一图像 B_i 被分成 n_i 个块，每个块对应的视觉特征向量记作 $X_{ij} \in \mathbb{R}^d$，$j = 1, 2, \cdots, n_i$，d 表示视

觉特征向量的维数，则基于 SC 的特征提取方法的主要步骤如下。

(1) 将 Trn 中所有图像的所有特征排在一起，称为特征集，记作：

$$\text{IntSet} = \{X_t \mid t = 1, 2, \cdots, P\} \tag{6.19}$$

式中，$P = \sum_{i=1}^{N} n_i$ 为特征的总数。采用 K-Means 聚类方法构造字典 $D = [d_1, d_2, \cdots, d_s] \in \mathbb{R}^{d \times s}$，其中 D 的每一列表示字典的一个基向量，s 为字典的长度。

(2) 对于任意信号 X，求解如下优化问题，得到稀疏编码系数 α：

$$\min_{\alpha} \|X - D\alpha\|_2^2 + \lambda \|\alpha\|_1 \tag{6.20}$$

式中，$\lambda > 0$ 表示正则化系数；$\|\alpha\|_1$ 表示系数 α 的 L_1 范数。

(3) 计算图像 $B_i = \{X_{ij} \mid j = 1, 2, \cdots, n_i\}$ 的 SC 特征 b。

对于图像中的每一个局部特征 $X_{ij} \in \mathbb{R}^d$，$j = 1, 2, \cdots, n_i$，求出它的稀疏编码系数 $\alpha_j \in \mathbb{R}^{1 \times s}$。然后，采用如下"最大池化"计算图像的 SC 特征：

$$b = \phi(B_i) = \text{Max}[\alpha_1, \alpha_2, \cdots, \alpha_{n_i}] \tag{6.21}$$

6.4　图像检索性能评价

6.4.1　查全率和查准率

1. 查全率

查全率(recall)也叫召回率，是衡量某一检索系统从图像库中检索出相关图像准确度的一项指标，即检索出的相关图像数量占图像库中相关图像总量的百分比，普遍表示为

查全率 = (检索出的相关图像数量 / 图像库中相关图像总量) × 100%　(6.22)

2. 查准率

查准率(precision)是衡量某一检索系统的信号噪声比的一种指标，即检索出的相关图像数量占检索出的图像总量的百分比，普遍表示为

查准率 = (检索出的相关图像数量 / 检索出的图像总量) × 100%　　(6.23)

查全率和查准率之间具有互逆关系，一个图像检索系统可以在它们之间进行折中。在极端情况下，一个将图像库中所有图像返回为结果集合的系统，有 100% 的查全率，但是其查准率却很低；如果一个系统只能返回一幅图像，则其会有很低的查全率，

但却可能有 100%的查准率。因此，以查全率和查准率为指标来测定 IR 系统的有效性时，总是假定查全率为一个适当的值，然后按查准率的高低来衡量系统的有效性。由于查全率与查准率是信息检索领域内的概念，二者是反映检索效果的重要指标。根据查准率和查全率可绘制系统的查准率–查全率曲线，可根据曲线判断系统的优劣。

6.4.2　F 得分

对于查准率和查全率，虽然从计算公式来看，并没有什么必然的相关性，但是在大规模数据集合中，这两个指标往往是相互制约的。理想情况下做到两个指标都高当然最好，但一般情况下，查准率高，查全率低；查全率高，查准率就低。因此，在实际中常常需要根据具体情况做出取舍，对于一般的图像检索情况，在保证查全率的条件下，尽量提升查准率。对于癌症检测、地震检测、金融欺诈等，则在保证查准率的条件下，尽量提升查全率。因此，很多时候需要综合权衡这两个指标，这就引出了一个新的指标——F 得分(F-score)，这是综合考虑查准率和查全率的调和值：

$$F\text{-score} = (1+\beta^2) \times \frac{\text{precision} \times \text{recall}}{\beta^2 \times \text{precision+recall}} \tag{6.24}$$

当 $\beta=1$ 时，称为 F1 得分(F1-score)，这时查准率和查全率都很重要，权重相同。在某些情况下，认为查准率更重要，那就调整 β 的值小于 1；如果认为查全率更重要，那就调整 β 的值大于 1。

6.4.3　ROC 曲线和 AUC

接受者操作特性(receiver operating characteristic，ROC)曲线是表示假阳性率(false positive rate，FPR)、真阳性率(true positive rate，TPR)和阈值之间关系的曲线示意图。图 6.5 为 ROC 曲线示意图。当 TPR=1，FPR=0 时为理想情况，曲线越

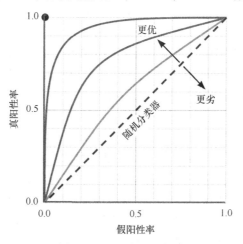

图 6.5　ROC 曲线示意图

接近(0, 1)点，分类效果越好。计算 ROC 曲线下的面积(area under curve，AUC)，用来量化分类模型的性能，其取值范围是[0,1]，度量值越高，则分类性能越好。

6.5　应 用 实 例

采用图像自动识别技术对犯罪现场足迹图像进行分析，快速而准确地在大规模罪犯足迹库中完成鞋印图像相似比对，为破案工作提供线索和证据，提高破案速度，已经成为当前"科技强警"工作极具挑战性的一个研究课题，具有重要应用价值。鞋印检索作为足迹分析系统中的核心技术，其正确率是衡量整个系统性能的重要指标。由于现勘采集的鞋印图像可能会发生平移、旋转和尺度等变化，为了能快速而准确地判断两幅鞋印图像的相似度，本章基于 SIFT 特征，设计了一种鞋印检索算法[14]。

设鞋印图像 P 与 Q 所有的 SIFT 描述子分别记为 $P = \{X_i \mid i = 1, 2, \cdots, N_p\}$ 和 $Q = \{Y_j \mid j = 1, 2, \cdots, N_q\}$，其中 X_i、Y_j 表示 128 维的特征向量，N_p、N_q 表示描述子的数量。对于 P 中的任意 X_i，基于欧氏距离采用 k-d 近似最近邻搜索算法，在 Q 中搜索它的最近特征点 Y_{j1} 与次近特征点 Y_{j2}。然后，计算 X_i 与它们之间的欧氏距离 $D_1 = \| X_i - Y_{j1} \|_2$ 和 $D_2 = \| X_i - Y_{j2} \|_2$，若 D_1 与 D_2 的比值 D_1 / D_2 小于某个阈值 σ(后续实验中取 $\sigma = 0.5$)，则认为 X_i 与 Y_{j1} 是一对匹配点。反之，则不是匹配点。通过上述方法，设鞋印图像 P 与 Q 的 SIFT 描述子总共的匹配点个数为 $M(P, Q)$，则两幅图像之间的相似度定义如下：

$$\text{Sim}(P, Q) = M(P, Q) / \min(N_p, N_q) \tag{6.25}$$

为了验证算法的有效性，首先，基于 OpenCV 计算机视觉函数库，在 VS 2017 编程环境中开发一个鞋印图像比对系统，操作界面如图 6.6 所示；然后，选择 100 幅包含各种花纹的鞋印图像，每幅图像经过 0.8 倍、1.0 倍、1.2 倍三种比例缩放变换，且每次缩放之后的图像在 0 到 360°范围以步长 36°做 10 种旋转变换。于是，最终的测试鞋印图像库共包含 3000 幅图像，以测试基于 SIFT 特征的鞋印图像比对算法对尺度与旋转变化的鲁棒性。

为了进一步验证 SIFT 算法的有效性，对所有鞋印图像提取其全局"LBP 纹理"与"梯度方向角直方图形状"特征，进行对比实验。每次测试中，均以 100 幅原始鞋印图像为查询样图，统计前 10 幅、15 幅、20 幅、25 幅图像的三种特征比对平均精度，如表 6.1 所示。由表中数据可见，本小节采用的 SIFT 特征，正确率高于其他两种特征，其原因如下：①SIFT 特征是图像的局部特征，其对旋转、尺度缩放、亮度变化保持不变性，对视角变化、仿射变换、噪声也具有一定程度

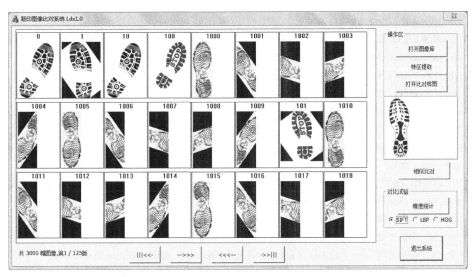

图 6.6 鞋印图像比对系统操作界面

的稳定性；②SIFT 特征独特性好，信息量丰富，适用于在大规模图像库中进行快速而准确的物体查找或匹配。

表 6.1 三种特征比对平均精度 (单位：%)

特征名称	Top10	Top15	Top20	Top25
SIFT 特征	93.2	90.6	86.3	81.6
LBP 纹理	90.6	86.5	82.6	79.1
HOG 形状	88.5	83.2	80.7	75.2

注：HOG-梯度方向角直方图(histogram of oriented gradient)。

思 考 题

1. 简述图像检索的研究意义，并举例说一说你在生活中哪些地方用到了图像检索。
2. 分析比较颜色矩与颜色直方图的优缺点及其适用场合。
3. 简述词袋特征的提取步骤与核心思想。
4. 简述图像检索有哪些评价指标。
5. 为了实现高精度的鞋印图像检索，谈谈你的想法与建议。

参 考 文 献

[1] 李大湘, 李娜. 图像语义分析算法与实现——基于多示例学习[M]. 北京：科学出版社, 2016.

[2] CHANG N S, FU K S. A relational database system for images[J]. Pictorial Information Systems, 1980, 80(6): 288-321.

[3] 王惠锋, 孙正兴. 语义图像检索研究进展[J]. 计算机研究与发展, 2002, 39(5): 513-523.

[4] CHANG K, HSU A. Image information systems: Where do we go from here?[J]. IEEE Transactions on Knowledge and

Data Engineering, 1992, 4(5): 431-442.

[5] RITENDRA D, DHIRAJ J, LI J, et al. Image retrieval: Ideas, influences, and trends of the new age[J]. ACM Transactions on Computing Surveys, 2008, 39(2): 65-73.

[6] QIU G P，LAM K M. Frequency layered color indexing for content-based image retrieval[J]. IEEE Transactions on Image Processing, 2003, 12(1): 102-113.

[7] 孟繁杰, 郭宝龙. 一种基于兴趣点颜色及空间分布的图像检索新方法[J]. 西安电子科技大学学报, 2005, 35(2): 308-311.

[8] DAVID G L. Distinctive image features from sealer-invariant key points[J]. Interactional Journal of Computer Vision, 2003, 60(2): 91-110.

[9] YONG R, HUANG T S. Image retrieval: Current techniques, promising directions and open issues[J]. Journal of Visual Communication and Image Representation, 1999, 10 (4):39-62.

[10] 王梅. 基于多标签学习的图像语义自动标注研究[D]. 上海: 复旦大学, 2008.

[11] 李大湘, 吴倩, 李娜, 等. 图像分块及惰性多示例学习鞋印图像识别[J]. 西安邮电大学学报, 2016, 21(1): 59-62.

[12] 李大湘, 吴倩, 李娜. 融合 LBP 特征与 LSH 索引的鞋印图像检索[J]. 警察技术, 2016, 156(3): 47-49.

[13] 李大湘, 彭进业, 李展. 集成模糊 LSA 与 MIL 的图像分类算法[J]. 计算机辅助设计与图形学学报, 2010, 22(10): 1796-1802.

[14] 李大湘, 吴倩, 李娜. 基于 SIFT 与 PMK 的鞋印图像比对算法[J]. 现代计算机, 2016, 539(4): 64-67.

第7章　高光谱图像处理

7.1　引　言

高光谱图像是通过光谱成像技术所获取的图像。光谱成像技术大约出现于20世纪80年代，目前应用范围最为广泛的是遥感探测领域，并且随着发展，在物质化学成分分析、刑侦探测、汽车检测等领域也有越来越好的应用前景。传统的成像手段通过获取两维的空间信息来表示一个场景的强度。光谱成像技术将光谱和成像结合起来，是一种"图谱合一"的成像技术，通过这种技术所获取的高光谱图像具有两个维度的空间信息和一个维度的光谱信息，构成了一个三维的数据立方体(data cube, DC)，光谱成像的三维数据立方体如图 7.1 所示。数据立方体包含光谱成像仪所观测区域物质的几何信息和理化信息，一方面，它可同时实现对所观测物质的空间几何特性的感知和光谱特性的识别；另一方面，它也扩展了遥感技术的物质识别能力和目标检测能力，具有其他类型的遥感技术所没有的优势[1]。

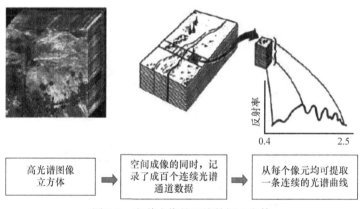

图 7.1　光谱成像的三维数据立方体

7.1.1　基本概念

高光谱图像按照光谱成像的光谱分辨率来分类，可以分为多光谱成像(multispectral imaging，MSI)、高光谱成像(hyperspectral imaging，HSI)和超光谱成像(ultraspectral imaging，USI)[1-4]。全色图像、彩色图像、多光谱图像和高光谱图像的分辨率差别如图 7.2 所示。它们都具有同时获取图像空间信息和光谱信息的能力，但是它们在产生图像和收集信息的方式上是有区别的。目前，有两种定义来区分多光谱遥感器和高光谱遥感器。其定义通常包含波段通道数，每个波段的宽度及某一区域内各波段是连续的，也就是说，各个光谱通道之间并没有间隔。目前来说，比较好的区分标准如下所述，多光谱成像：光谱通道数一般被定义为少于 20 个波段，图像的谱段范围较宽，谱段范围的中心波长一般选择所观测物质的辐射特性处[1]，并且可以不连续地分为几个谱段。一般可应用于地物分类和土地评估等领域。高光谱成像：光谱通道数一般被定义为几十到几百个波段[1]，图像光谱范围较窄，并且每个通道的波段宽度为 10~20nm，因为 HSI 系统只有在大气较透明的环境下可获得有效的光谱，传感器的属性导致波段分布不可能真正连续，而且可能被分成波段宽度组。一般用于农药检测、环境监测、目标探测、军事侦察和资源探测等领域。超光谱成像：光谱通道数一般被定义为上千个波段，图像光谱范围最窄，光谱分辨率极高[1]，并且波段通道也是连续的。一般用来研究气体等化学物质成分。所有的物质反射、发射、传输或者吸收电磁波辐射，都是基于物质内部的物理结构和化学属性，以及辐射波长。对于一个给定的物质来说，电磁辐射在不同波长位置是不同的，因此，如果给定物质的反射或发射波长在一定范围内，通过光谱成像仪等探测设备可以获取所观测地物的光谱信息。由于物质内部的物理结构和化学属性是确定的，其光谱曲线也是确定的。光谱成像仪则是基于物质的这种属性来获取其光谱信息，进而对物质进行分类、探测和应用。

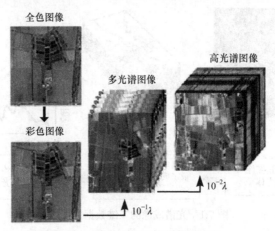

图 7.2　按分辨率分类的光谱图像

7.1.2　高光谱图像的获取原理

光谱成像技术可以按照多种方式来进行分类，按照成像的分光原理来分类，可以分为色散型、傅里叶变换型、滤光片型和计算成像型。

色散型光谱成像技术是指通过棱镜、光栅等光学元件来直接进行光的色散。

光线通过色散光学元件后，可以获取所观测区域内物质的光谱信息，然后再通过成像技术，可以获取所观测区域内的空间信息。对于色散型光谱成像仪的光学系统来说，没有增加额外的变换和重构处理，因此这一类型的光谱成像仪一般需要进行一个空间维度上的推扫才可以得到完整的数据立方体。这种类型的光谱成像技术原理简单，技术成熟。棱镜和光栅色散型光谱成像仪分光原理如图 7.3 所示。

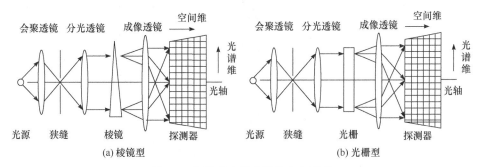

图 7.3　色散型光谱成像仪分光原理

傅里叶变换型光谱成像仪得到的图像是干涉图像，需要经过傅里叶变换才能反演出光谱图像，并且也需要进行一个空间维度的推扫才能获得完整的数据立方体[1]。傅里叶变换型光谱成像仪分光原理如图 7.4 所示。

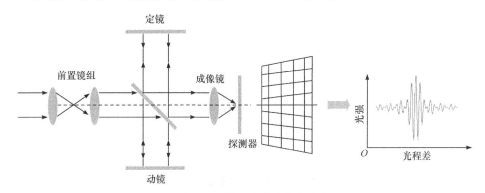

图 7.4　傅里叶变换型光谱成像仪分光原理

滤光片型光谱成像技术是将滤光片进行镀膜使其完成分光的使命，在光学系统上不需要进行复杂的设计，一般可将滤光片置于探测器前端或者成像镜头前端[2]。这类型的光谱成像技术也需要进行一个空间维度的推扫才能获得数据立方体。滤光片型光谱成像仪的分光原理如图 7.5 所示。

计算成像型光谱成像技术通过计算方法来获得目标的空间图像和光谱信息，是一种快照式光谱成像技术[1]。按照成像原理，计算成像型光谱成像技术可以分为光场成像型、编码孔径成像型和计算层析型等。获取图像的具体方式如下：首先将三维的物质信息投影到二维的探测器上，然后按照不同类型的计算方法将二维探测器上得到的信息进行重构。因此，这种类型的光谱成像技术不需要进行推扫，简化了遥感传感器结构。计算成像型光谱成像技术示意图如图 7.6 所示。

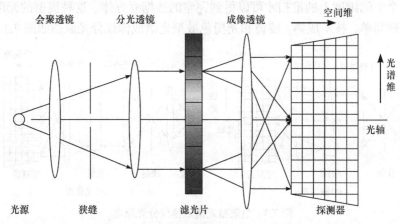

图 7.5　滤光片型光谱成像仪的分光原理

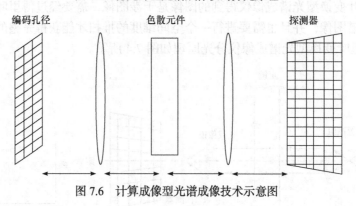

图 7.6　计算成像型光谱成像技术示意图

7.2　高光谱图像处理方法分类

高光谱图像处理依据其应用方向的不同可以划分为预处理、分类、解混、目标检测等。高光谱图像的预处理旨在对图像数据进行辐射标定、大气校正及数据的降维降噪等处理。高光谱图像的分类旨在对所观测地物进行不同类别的标定，进而应用于不同场合。高光谱图像的解混旨在获取图像中的地物端元光谱及其丰度，进而对地物的物质属性进行判别。高光谱图像的目标检测旨在对所观测图像中的感兴趣目标进行识别提取，适用于多种实际应用场景。不同应用方向的处理方法有所不同，但是其基本处理流程如图 7.7 所示。

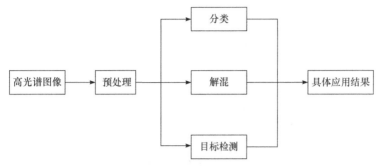

图 7.7　高光谱图像基本处理流程

针对高光谱图像的处理主要在于研究高光谱图像的预处理、分类、解混及目标检测等方法。其中，预处理是对高光谱数据进行处理，其处理结果便于后续的分类、解混及目标检测处理。分类、解混及目标检测处理可看作后处理。通过预处理和后处理，可对高光谱图像进行感兴趣特征的提取，进而根据具体应用获得处理结果。

7.2.1　高光谱图像解混

光谱的混合模型是进行高光谱解混技术研究的前提。按照对光谱混合因素的考虑来分，光谱的混合模型可以分为线性混合模型(linear spectral mixing model，LSMM)[5] 和非线性混合模型(nonlinear spectral mixing model，NLSMM)这两种模型[6-8]。

线性混合模型仅考虑到达传感器的光子与某一地物发生作用，忽略了物质相互之间的影响。然而，当小观测范围内具有多种复杂地物时，各种物质之间相互产生散射作用，形成了光谱的非线性混合。非线性混合模型不仅考虑光子与地物之间的作用，还考虑光子在不同物质之间的散射作用，这些作用是各种各样的。非线性混合模型，可分为基于辐射度理论的非线性混合模型和基于计算理论的非线性混合模型。

由于非线性混合模型更贴近实际的高光谱遥感图像的情况，所以针对实际高光谱遥感图像，非线性混合模型解混效果往往较好。但是，非线性混合模型要考虑多种地物之间的辐射量，模型结构比较复杂，给实际应用带来了困难[9]。线性混合模型物理意义明确，并且在实际应用中取得了较好的解混效果，因此线性混合模型在高光谱遥感图像的应用中得到了广泛的使用。两种混合模型的示意图如图 7.8 所示。

1. 线性混合模型

在线性混合模型中，高光谱影像的像元为各端元按照一定比例系数的线性组合，各端元在像元中所占比例称为丰度，丰度需要满足和为一约束(abundance sum-to-one constraint，ASC)和非负约束(abundance non-negativity constraint，ANC)。

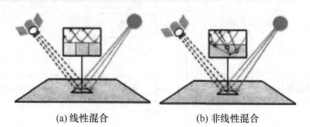

(a) 线性混合　　　　　　　　　　(b) 非线性混合

图 7.8　混合模型的示意图

LSMM 只考虑光子与单个地物之间的辐射，不考虑其他类型的辐射、散射等，并将其信号叠加到像元光谱中。假设第 i 个像元用 $r_i(i=1,2,\cdots,N)$ 表示，则 r_i 可以表达为

$$r_i = \sum_{j=1}^{p} m_j a_{i,j} + n_i \tag{7.1}$$

式中，$m_j \in \boldsymbol{m}^{L \times p}$ 为端元光谱，L 为光谱通道数；$a_{i,j} \in \boldsymbol{a}^{p \times N}$ 为对应端元的丰度值，N 为像元数目；p 为端元数目；n_i 为像元中的噪声。其非负约束、和为一约束的表达式分别为

$$a_{i,j} \geqslant 0, \quad \sum_{j=1}^{p} a_{i,j} = 1 \tag{7.2}$$

用矩阵表示则有 $\boldsymbol{R} = \boldsymbol{MA} + \boldsymbol{n}$。其中，$\boldsymbol{R}$ 为高光谱像元矩阵，$\boldsymbol{M}$ 为端元光谱矩阵，$\boldsymbol{A}$ 为丰度矩阵，$\boldsymbol{n}$ 为噪声矩阵。丰度矩阵的物理意义是每个端元在每个像元中所占比例，因此需要满足和为一约束和非负约束。

线性混合模型具有结构简单和物理意义明确的优点，因此在光谱解混领域得到了广泛的应用，图 7.9 是线性光谱混合模型示意图。

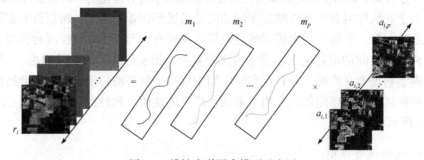

图 7.9　线性光谱混合模型示意图

2. 非线性混合模型

在非线性混合模型中，由于辐射情况比较复杂，所以基于辐射度理论的模型

通常针对特定地物类型，需要大量先验知识，从混合光谱产生根源上进行分析。目前有一些简化的非线性混合模型[5]问世，比较典型的非线性光谱混合模型有双线性混合模型(bilinear mixing model，BMM)[10]、后非线性混合模型(postnonlinear mixing model，PNMM)[11]、Hapke 模型[12,13]、几何光学模型[14]和 SAIL 模型[15]等。

在非线性光谱混合模型中，Fan 模型(Fan model，FM)[16]采用特征光谱的哈达玛积表示光子之间的散射效应。广义双线性模型(generalized bilinear model，GBM)则具有明确的物理意义。PNMM 在线性混合基础上进行非线性变换。多项式后非线性混合模型(polynomial postnonlinear mixing model，PPNMM)是采用多项式级数技术建立的。从数学意义上讲，它们都是在线性混合模型的基础上增加非线性项来完成模型的建立[5]。因此，LSMM 中的基本概念仍旧必须被这两种模型使用，但是需要增加新的约束项来保证其物理意义；另外，又在模型中加入了新的调整非线性混合的系数[5]。

然而，非线性模型中所需要的先验知识往往很难获取，需要对特定地物进行大量研究，实际工作中存在很大困难。因此，近年来，从计算方法的角度来进行非线性解混的研究也相继出现，主要有基于神经网络的方法、基于核函数的方法、基于流形学习的方法等。代表方法有多层感知器(multilayer perception，MLP)方法、神经网络自适应共振理论映射(neural network adaptive resonance theory map，NNARTMAP)方法及核函数非线性映射方法等。

7.2.2　高光谱图像分类

高光谱图像分类是对高光谱图像上未标记像素进行类别划分，是对高光谱图像进行解译和获取信息的主要方式之一。高光谱图像分类也是基于高光谱特征提取来进行的，依据其发展历程，主要方法可归纳为光谱信息匹配方法、统计学习分类方法、线性降维分类方法、核函数分类方法、稀疏表示分类方法、深度学习分类方法[17]。

光谱信息匹配方法一般基于某种相似度准则函数测算待测样本与参考光谱的相似度，以相似度为基准进行分类。常见的光谱信息匹配方法依赖于光谱数据库来实现，主要有光谱编码法、光谱投影法及信息度量法等。比较典型的光谱编码法有二值编码、多阈值编码及光谱吸收编码等。光谱角匹配(spectral angle match，SAM)法则是比较典型的光谱投影法，它将光谱信息视为光谱空间的高维矢量，测算待测样本与光谱库中标准样本之间的夹角，进而达到分类目的。光谱信息散度(spectral information divergence，SID)则是一种与概率相关的随机算法，其相似性度量效果要优于 SAM[17]。

统计学习分类方法可以分为有监督分类方法和无监督分类方法两类。有监督分类方法依赖于数据的标签样本信息进行分类，而无监督分类方法则根据样本在特征空间上的距离或相似度对样本进行子簇划分，这种子簇的聚类过程独立于样本的先验信息。经典的无监督分类方法有 K 均值算法和迭代自组织数据分析技术 (iterative self-organizing data analysis technique algorithm，ISODATA)算法。有监督分类方法仍然是高光谱图像分类的主要方法，典型的有监督分类方法有最小距离法、马氏距离法(Mahalanobis distance，MD)、K-近邻 (k-neatest neighbor，KNN)算法、Fisher 线性判决法和极大似然分类法。

高光谱图像是三维的数据立方体，具有高维度特性，同时有效样本较少，易使分类模型陷入"Hughes"现象，也就是维度灾难现象，它表明在既定数量训练数据下，数据维度达到某上界后，模型分类效果随维度进一步提升而下降。因此，针对高光谱图像这类易陷入维度灾难的高维度、稀样本数据，许多基于特征的降维分类方法被提出。但是这类算法专注于降维而缺乏对数据特征的表示，而且高光谱图像还存在信号冗余及地表异质等结构问题，导致这类线性降维分类方法的应用受到限制。

核函数分类方法可以很好地解决复杂非线性数据结构问题。这类方法通过将地位空间的数据依托核函数映射至高维空间完成分类。较为常用的核函数分类方法有 SVM 分类器。然而，由于 SVM 为面向二分类任务提出并构建的分类器，在完成高光谱遥感中的多类别分析任务时，通常需将若干二分类参数优化归并至单个优化问题中，该优化任务的求解涉及的变量多且计算量大。因此，就高光谱分类任务而言，虽然 SVM 算法适用于小样本学习且抗噪性较好，但其精度和计算效率受分类器参数影响较大，核函数自适应选择及优化求解变量配置方式等仍需要进一步研究完善。高光谱数据结构呈现非线性的同时也存在内在稀疏性，遥感领域学者对高光谱数据特性的这种深入认识，再结合压缩感知及协作表征技术的推广，推动了面向高光谱数据的稀疏表征研究不断发展。稀疏表示分类器通过将高维光谱像元构建为少量字典像元与对应系数项的线性组合，发掘高维数据的有效表征，通过搜索最小重构残差项完成对应分类过程。

近年来，随着人工智能技术的发展，一些新的模式识别分类方法也被应用于高光谱图像分类。决策树、随机森林和深度网络在特征学习上的优势都已经应用到高光谱图像分类中，这些方法都不同程度地改善了高光谱图像的分类效果。深度学习分类方法不同于传统的统计分类方法中分类设计独立于数据分布的假设，它通过样本的信息传递与损失优化更新模型参数，整体鲁棒性强且具有较强非线性逼近能力，可以构建出数学模型难以刻画的复杂系统。因此，深度学习分类方法能更好地处理和分析谱间及空间分布复杂的高光谱图像。其中突出的网络框架有深度自编码网络、深度卷积神经网络、深度置信网络、生成对抗网络、深度森林、稠密网络，以及一些上述网络的变体和改进网络。

7.2.3　高光谱图像异常目标检测

高光谱图像的异常目标检测不需要提前获取地物的光谱曲线，并且能够在恶劣的自然背景条件下，检测出所需的异常目标。因此，高光谱图像的异常目标检测是高光谱图像处理中的一个重要的研究方向，其是指在物体光谱信息未知的情况下对图像中的异常信息点进行检测[17-19]。最经典的异常检测算法是 Reed 和 Yu 在 1990 年提出的一种在未知背景信息的条件下检测未知光谱特性的目标地物的 Reed-Xiaoli 光谱异常检测算法，简称 RX 算法[20]。作为最经典的算法之一，RX 算法得到了广泛的应用。但是，RX 算法也是有缺陷的，一方面，RX 算法需要假定背景为高斯分布，而实际情况中高光谱遥感图像的背景是复杂多变的，因此这种假设不能很好地反映高光谱遥感图像的信息；另一方面，高光谱遥感图像的波段之间存在着一些关联性，这也影响着 RX 算法的检测性能。RX 算法存在全局检测概率不高、虚警等问题，局部 RX(local Reed-Xiaoli，LRX)算法的提出改善了这些不足[21]。LRX 算法是基于局部双窗口滑动检测的 RX 算法，它可以利用双窗口自动构建异常目标周围像元的背景模型，提高了检测精度。RX 算法和它的改进算法都是基于马氏距离的线性模型，没有充分利用光谱信息的高阶非线性的特性，所以，为了充分利用高光谱的特性，Kown 提出一种核 RX(kernel Reed-Xiaoli，KRX)算法[22]。通过一个核函数，将低维特征空间的光谱信息映射到高维特征空间，充分挖掘了光谱信息中的非线性特性，有效解决了在线性空间中异常目标和背景区分难的问题，降低了错误率。KRX 算法虽然在一定程度上提高了异常检测的性能，但是在检测效率上取决于协方差矩阵的求逆运算[23]，其复杂度较高，如果想要进一步提升算法性能，需要继续对算法改进。随着机器学习理论的发展，支持向量描述方法已经广泛应用于分类和异常检测。Banerjee 等提出了一种支持向量数据描述(support vector data description，SVDD)的异常检测算法[24-26]。其思想是通过一个高维空间中的超球体来将背景与异常目标进行分离，在球体外部的像元点判定为异常目标点。江帆等[27]在 SVDD 的基础上，对图像进行非下采样 Contourlet 变换分解及低频图像空间聚类处理，从而为 SVDD 背景建模提供训练样本，此种处理能够大大降低检测的错误率。SVDD 虽然避免了求逆运算，但是对于代表稀疏权重的拉格朗日乘子的求解往往比较困难[23]。

近些年来，稀疏表示方法应用在了高光谱遥感图像异常目标检测领域，稀疏理论是用较少的基本信号的线性组合来表达大部分或者全部的原始信号。其中，这些基本信号被称为原子，是从给定的完备字典中选出来的，任一信号在不同的原子组下有不同的稀疏表示[28]。对于高光谱图像运用稀疏理论来进行异常检测时，用背景像元构建完备字典，之后图像中的任何一个背景像元都可以用背景字典来表示。Li 等[29]提出了基于联合协同表示的异常检测(collaborative representation on based detector，CRD)算法，目标像元往往可以表示为背景像元的线性组合，通过将目标像元的线性表示结果与实际像元作差来作为异常像元的判断依据。后来，高光谱异常检测的低秩表示和协同表示得到了广泛的研究，Wu 等[30]提出了一种低秩和协同表示相结合的高光谱异常检测(collaborative representations for hyperspectral anomaly detection，CRHAD)方法。与现有的低秩协同表示的异常检测算法不同，该算法将图像分为背景和异常目标两部分。稀疏分布的异常由残差矩阵确定，通过构建背景字典来避免异常像素的污染，具有更加稳定的检测结果。基于稀疏表示的检测器[31]假设背景可以由学习的背景字典的几个原子稀疏地表示，并且将残差用于检测异常。CRHAD 算法可用于减轻异常污染和分配适当的权重。Yuan 等[32]提出了一种基于局部稀疏散度的异常检测方法，该方法直接采用滑动窗口来计算异常和背景之间的稀疏度差。Li 等[33]使用背景联合稀疏表示来检测高光谱图像中的异常。该方法旨在选择最活跃的词典库作为代表性背景。一般来说，由于背景位于低维子空间中，因此背景也应该具有低秩属性；异常通常具有稀疏性，因为其发生概率较低，一些研究人员也利用这些特性来设计探测器。例如，Zhang 等[34]提出了一种基于低秩稀疏矩阵分解的马氏距离(low rank sparse Mahalanobis distance，LSMAD)法，通过使用低秩特征来估计背景，并进一步应用马氏距离来检测可能的异常，用于高光谱异常检测。近年来，低秩矩阵分解(low rank matrix decomposition，LRMD)已成为异常检测的有力工具。它基于高光谱图像固有的低秩特性，利用稀疏分量进行异常检测。基于稳健主成分分析(robust principle component analysis，RPCA)的检测器[35]将 HSI 数据集分解为低阶背景分量和包含大部分异常信息的稀疏分量。然而，稀疏分量总是受到孤立噪声的污染，导致一些不希望出现的虚警点。基于低秩稀疏矩阵分解(low rank sparse matrix decomposition，LRSMD)的检测器[36]从有价值的信号中提取噪声，然后进一步分离低秩背景和稀疏异常。

上述方法主要侧重于通过光谱识别来检测异常。一个新兴分支是利用空间分辨来检测异常。例如，基于异常目标的面积与空间域中周围背景相比比较小的假设，提出的基于属性和边缘保持滤波的检测(attribute and edge holding detection，AEHD)算法[37]、基于结构张量和引导滤波的高光谱异常检测(structure tensor and guide filtering detection，STGFD)算法[38]通过局部滤波操作非常有效地检测异常目标。

在异常检测算子的实际应用中，研究者也很注重方法的时效性，因此很多学者从这一方面入手，开始研究异常检测算子的实时性，致力于提高高光谱图像异常检测算法的检测速度。例如，赵春晖等[39]将首次异常检测的检测结果作为后验信息，从而估计背景的协方差矩阵，实现了实时检测。Rossi 等[40]基于线性代数理论更新协方差矩阵的逆矩阵，利用 RX 算法，对图像中数据进行逐行处理，大大缩短算法运行时间。

近年来，随着深度学习的发展，深度神经网络技术也应用到高光谱异常目标检测中。在小目标异常检测中，由于背景复杂，目标检测非常困难。近年来，各种神经网络框架被引入高光谱图像处理中，尤其在异常检测方面有较多的应用。例如，Li 等[41]提出了一种新的减法像素对特征，以显著增加图像中的训练样本数，把待检测的高光谱图像输入预训练的 CNN 模型中，输出所需的异常目标。这是首次将深度 CNN 应用于高光谱图像异常检测。Zhao 等[42]采用基于低秩空谱信息叠加的自编码器检测高光谱遥感图像中的异常目标。

深度神经网络在复杂数据集的建模和泛化方面显示出强大的优势，这使得基于深度神经网络的异常检测(deep anomaly detection，DAD)能够比传统方法更好地捕获数据特征[43]。DAD 技术已广泛应用于许多领域，从医学图像到网络，再到分类数据和遥感图像。异常检测有三种常用模型，即混合模型[44]、半监督模型[45]和无监督模型[46]。混合模型主要用作特征抽取器来提取稳健的特征，可以减少高维数据的维度灾难，但由于它不能改善潜在特征层内的特征，因此是次优的模型；半监督模型使用仅包含正常样本的数据训练的预训练模型执行异常检测；无监督模型可以更好地解释数据的特征，并且更适合于标记数据[47]中有限且难以获得的样本，如高光谱数据。对于所有无监督的 DAD 模型，自编码器[48]及其变换[49]是无监督异常检测模型的核心。自编码器及其类似变体结构已应用于高光谱异常检测，主要作为检测的预处理器，即特征提取器[44]，或通过重建背景图像和原始图像之间的残差检测异常[50]，这意味着异常预计会有较大的重建误差，而背景具有较小的重建误差。

无监督 DAD 技术的另一个重要网络框架是生成对抗网络[51]，它可以通过零和博弈学习输入数据分布，生成具有一些新变化的新数据分布。几种基于生成对抗网络(GAN)的异常检测框架[52,53]，已被广泛用于有效检测高维复杂数据集上的异常，因此，GAN 也非常适合高光谱图像处理，如分类[54]和特征提取[55]，但它尚未很好地应用于高光谱异常检测(hyperspectral anomaly detection，HAD)。因此，考虑到自编码器重建能力，GAN 对高维、未标记和有限样本的泛化能力，以及判别学习在图像识别中的优势[56]，Jiang 等[57]通过引入一个潜在的鉴别器，即一致性，来重建传统的声发射网络，提出了一种抑制异常目标的判别式背景重建方法，该方法产生初始检测图像(原始图像和重建图像之间的残差图像)，突出显示异常目标，抑制背景样本。

在高光谱遥感图像的异常目标检测中，充分利用高光谱图像的光谱信息和空间信息，是提高异常目标检测的关键。面对高光谱的波段数量较多这一特点，容易产生波段冗余、计算量过大等问题，需要针对高光谱特性充分挖掘光谱波段间的特征信息，从而提高异常目标检测的精度，这是高光谱遥感图像异常目标检测方法研究中的关键。

随着高光谱技术的不断发展，异常目标检测算法的研究也在深入。本章系统总结了现有算法的研究现状，分析了不同算法的优势。然而，由于背景分布的复杂性和高光谱数据的冗余性，异常检测目标仍然面临许多困难和挑战：

(1) 高光谱数据具有多波段、强相关性的特点。在检测过程中，会遇到维度灾难现象，严重影响检测精度。现有的降维方法大多采用线性降维，没有挖掘高光谱数据的非线性特征。因此，寻找更合适的降维方法可以有效地提高检测精度，研究基于非线性映射的核函数异常目标检测算法是具有重要意义的。

(2) 随着成像光谱仪的不断发展，空间分辨率有了很大的提高，空间信息已经成为探测目标的重要信息，但大多数算法只使用光谱信息。将光谱信息与空间信息相结合对于提高目标检测精度具有重要意义。

(3) 高光谱图像的背景分布复杂多变[56,57]，对异常目标的检测造成很大干扰。现有算法仍然存在许多问题，数据信息没有得到充分利用。因此，研究异常检测的背景抑制算法具有重要意义。

7.3　高光谱图像解混应用示例

7.3.1　基于非负矩阵分解的解混算法

非负矩阵分解(nonnegative matrix factorization，NMF)算法是一种盲源分解(blind source separation，BSS)算法[58-60]。目前，这种算法已经广泛应用于人脸识别和语义分析中。它最早是由 Lee 和 Sueng 在 1999 年提出的将一个非负矩阵分解为两个低秩非负矩阵乘积的矩阵分解方法[61]。对于基于线性模型的高光谱图像而言，其端元光谱矩阵及丰度矩阵都可以看成非负矩阵，因而可以将非负矩阵分解用于求解光谱解混问题。非负矩阵分解可保证非负性且无须指定迭代步长，同时非负矩阵分解不需要高光谱图像中纯像元的存在。因此，基于非负矩阵分解的方法在高光谱解混领域具有其优越性。

目前，一些学者在基于 NMF 的解混技术上已经奠定了研究基础。2007 年，Miao 和 Qi 提出了最小体积约束的非负矩阵分解(minimum volume constrained nonnegative matrix factorization，MVC-NMF)解混算法[62]。由于 NMF 的目标函数非凸，通过加入体积约束，将最小二乘分析和凸面几何结合起来，取得了较好的解混结果。但是，该算法中体积约束采用行列式来计算，导致梯度计算较为复杂，并且在每次迭代过程中将负值强制置 0 来保证非负性，这对收敛会产生一定影响。2011 年，Cai 等[63]提出了图正则化非负矩阵分解(graph regularized nonnegative matrix factorization，GNMF)算法。随后，Rajabi 等[64]于 2011 年将 GNMF 算法应用于高光谱解混，其结果相比于传统的 NMF 算法精确程度更高，该算法的优点是不仅考虑了高光谱数据的欧式距离内部结构，还考虑了其内部黎曼几何结构，但是忽略了丰度的稀疏特性。2013 年，Lu 等提出了图正则化 $L_{1/2}$ 非负矩阵分解 (graph regularized $L_{1/2}$ nonnegative matrix factorization，GLNMF)[65]算法来进行光谱解混，它在图正则化基础上加入丰度稀疏约束，并且取得了较好的结果。

采用基于非负矩阵分解的方法可以满足高光谱数据、端元矩阵及丰度矩阵的非负性，因此可以采用非负矩阵分解的方法来进行线性混合模型下的光谱解混。给定一个非负矩阵 $Y \in \mathbb{R}^{L \times N}$ 和一个正整数 $r < \min(L, N)$，通过非负矩阵分解可以找到两个低秩非负矩阵 $W \in \mathbb{R}^{L \times p}$ 和 $H \in \mathbb{R}^{p \times N}$，使其满足：

$$Y \approx WH \tag{7.3}$$

定义一个目标函数来描述分解后乘积对原矩阵的逼近程度，它通过最小化欧式距离的目标函数来表示。非负矩阵分解的目标函数表示为

$$
\begin{aligned}
J(W, H) &= \frac{1}{2} \|Y - WH\|_F^2 \\
&= \frac{1}{2} \sum_{ij} \left[Y_{ij} - (WH)_{ij} \right]^2
\end{aligned}
\tag{7.4}
$$

式中，$\|\cdot\|_F$ 表示 Frobenius 范数，简称 F 范数。F 范数是一种与向量的 2 范数相容的方阵范数。为了控制步长和矩阵的非负性，在 Lee 等的文章中采用乘性迭代规则，相关求解的推导过程如下：

由

$$(WH)_{ij} = \sum_k W_{ik} H_{kj} \Rightarrow \frac{\partial (WH)_{ij}}{\partial W_{ik}} = H_{kj} \tag{7.5}$$

推出

$$
\begin{aligned}
\frac{\partial J(W, H)}{\partial W_{ik}} &= \sum_j \left\{ H_{kj} \left[Y_{ij} - (WH)_{ij} \right] \right\} \\
&= \sum_j Y_{ij} H_{kj} - \sum_j (WH)_{ij} H_{kj} \\
&= (YH^T)_{ik} - (WHH^T)_{ik}
\end{aligned}
\tag{7.6}
$$

同理，由

$$\frac{\partial J(W, H)}{\partial H_{kj}} = (W^T Y)_{kj} - (W^T WH)_{kj} \tag{7.7}$$

采用梯度下降法迭代，推出

$$W_{ik} = W_{ik} + \alpha_1 [(YH^T)_{ik} - (WHH^T)_{ik}] \tag{7.8}$$

$$H_{kj} = H_{kj} + \alpha_2 \left\{ \left[(W^{\mathrm{T}}Y)_{kj} - (W^{\mathrm{T}}WH)_{kj} \right] \right\} \tag{7.9}$$

选取 $\alpha_1 = \dfrac{W_{ik}}{(WHH^{\mathrm{T}})_{ik}}$，$\alpha_2 = \dfrac{H_{kj}}{(W^{\mathrm{T}}WH)_{kj}}$。

得到

$$W \leftarrow W.*(YH^{\mathrm{T}})./(WHH^{\mathrm{T}}) \tag{7.10}$$

$$H \leftarrow H.*(W^{\mathrm{T}}Y)./(W^{\mathrm{T}}WH) \tag{7.11}$$

式(7.10)和式(7.11)即为矩阵 W 和 H 的迭代公式。采用乘性迭代规则，可以自动调整步长以进行迭代，对每个矩阵元素施以不同步长，保证了非负性，消除了参数选择带来的影响。然而，一般情况下，目标函数具有明显的非凸性，存在大量局部极小值，因此解不唯一，这也是 NMF 算法存在的缺点。

7.3.2　MVC-NMF 算法

MVC-NMF 算法将最小体积约束加入 NMF 中，把最小二乘分析和凸面集合理论结合起来。MVC-NMF 算法是基于两个重要理论来进行研究的：第一，光谱数据是非负的数据；第二，由端元为顶点构成的单形体的体积是所有数据点构成的单形体体积中最小的。其损失函数包括两部分：一部分代表原始图像数据与所提取的端元和丰度所重建数据之间的误差；另一部分代表最小体积约束。损失函数的这两部分相互制约：第一部分是外力，力求使得原始数据与重构数据之间的近似误差达到最小，这也就使得估计结果向数据点云外部移动；另一部分是内力，力求以所提取的端元为顶点的单形体的体积最小，这也就使得估计结果在数据点云中，并且使得各个端元之间尽可能相互靠近。两种力量的相互平衡作用可引导学习过程向真实的端元位置收敛。其目标函数形式如下所示：

$$\min f(A,S) = \frac{1}{2}\|X - AS\|_{\mathrm{F}}^2 + \lambda J(A) \tag{7.12}$$

式中，$A \geqslant 0$；$S \geqslant 0$，$\mathbf{1}_P^{\mathrm{T}}S = \mathbf{1}_N^{\mathrm{T}}$，其中 $\mathbf{1}_P(\mathbf{1}_N)$ 是一个 $P(N)$ 维的元素全部为 1 的列向量；$J(A)$ 为惩罚函数，用来计算以提取出的端元为顶点构成的单形体的体积；$\lambda \in \mathbf{R}$ 为一个用来控制重构函数和体积约束之间平衡的参数。

损失函数的前半部分提供外力使估计结果向外部移动，后半部分提供内力使估计出来的单形体体积尽可能小。当两种力量达到平衡时，损失函数进行收敛，寻找到需要的解混结果。MVC-NMF 算法的优点在于具有体积约束的 NMF 可以降低噪声的存在。通常噪声会导致更大的数据点云，噪声的存在也会导致构造更大体积的单形体，也就使得所估计出来的单形体顶点(端元)脱离了真实端元的位置。因此，加入了最小体积约束，所构造的单形体可以将某些数据点排除在外，尤其是边界处噪声的点,也就使得估计端元位置更接近于真实的端元位置。因此,具有最小体积约束的 NMF 算法相比于没有体积约束的 NMF 算法对噪声的处理效果更好。

MVC-NMF 的具体计算步骤如下所述。

(1) 通过对单形体体积计算及简化后,构造目标函数,如式(7.13)所示:

$$f(A,S)=\frac{1}{2}\|X-AS\|_{\mathrm{F}}^2+\frac{\tau}{2}\det{}^2(C+BU^{\mathrm{T}}(A-\mu\mathbf{1}_P^{\mathrm{T}}))\tag{7.13}$$

式中,$\tau=\lambda/(P-1)!$;矩阵 C、B、U 和向量 μ 对于给出的高光谱数据 X 来说都是常量。矩阵 C、B、Z 的表达式如下所示,向量 μ 为高光谱数据的平均向量。

$$C=\begin{bmatrix}\mathbf{1}_P^{\mathrm{T}}\\\mathbf{0}\end{bmatrix}\tag{7.14}$$

$$B=\begin{bmatrix}\mathbf{0}_{P-1}^{\mathrm{T}}\\I\end{bmatrix}\tag{7.15}$$

$$Z=C+BU^{\mathrm{T}}(A-\mu\mathbf{1}_P^{\mathrm{T}})\tag{7.16}$$

(2) 初始化:从原始的图像数据中随机选择 P 个点,构成端元矩阵 A 的初始值,丰度矩阵 S 的初始值可以采用随机初始化方法得到。

(3) 利用虚拟维度方法来估计端元数目 P。

(4) 按式(7.17)构造梯度函数。

$$\nabla_A f(A,S)=(AS-X)S^{\mathrm{T}}+\tau\det{}^2(Z)UB^{\mathrm{T}}(Z^{-1})^{\mathrm{T}}\tag{7.17}$$

(5) 按式(7.18)和式(7.19)对端元矩阵和丰度矩阵进行迭代。

$$A^{k+1}=\max(0,A^k-\alpha^k\nabla_A f(A^k,S^k))\tag{7.18}$$

$$S^{k+1}=\max(0,S^k-\beta^k\nabla_S f(A^{k+1},S^k))\tag{7.19}$$

(6) 设置迭代停止准则:有两种方式可以停止迭代,一种是给定一个最大迭代次数,当迭代次数达到所设置的最大迭代次数时停止迭代;另外一种是设置误差阈值,当原始数据与重构数据的误差小于误差阈值时停止迭代。

(7) 根据一定准则计算能够最小化目标函数的矩阵 A、S,如果满足停止准则,则迭代停止,否则继续更新端元矩阵 A 和丰度矩阵 S,继续寻找最小化目标函数的矩阵。

7.3.3　GNMF 算法

NMF 通过其非负约束可在欧式空间中表示数据,但是并没有考虑数据内部的几何特性,也无法识别数据空间上的结构特征。GNMF 则克服了这个缺点。从几何学角度来看,数据通常是从一个嵌入高维空间的低维流形数据所采样得到的。

因此, GNMF 算法通过构造最近邻域图来解译数据内在的几何信息。实际应用中, GNMF 算法在目标函数中引入权重矩阵来构造一个新的正则项。但是, GNMF 算法没有考虑丰度矩阵的系数特性。

为了对数据的几何结构进行建模, 需要考虑数据云点的最近邻域图。两点 (x_i, x_j) 之间存在一个边界, 如果它们是相邻的, 不同的邻域系统都可以进行应用, 如 4-邻域或者 8-邻域系统。邻域图的权重矩阵(W)可以用多种方式来定义。最简单的方式是 0-1 权重。在这种权重定义方式中, 假如两个像素点之间有一个边界, 那么权重设置为 1($W_{ij} = 1$)。其他的权重方式有热核权重法、点乘权重法等。

根据欧几里得距离, 考虑几何属性的损失函数定义如下:

$$R = \frac{1}{2} \left\| z_j - z_i \right\|^2 W_{ij} = \sum_{j=1}^{N} z_j^{\mathrm{T}} z_j D_{jj} - \sum_{j,i=1}^{N} z_j^{\mathrm{T}} z_i D_{ji} \tag{7.20}$$
$$= \mathrm{Tr}(S^{\mathrm{T}} D S) - \mathrm{Tr}(S^{\mathrm{T}} W S) = \mathrm{Tr}(S^{\mathrm{T}} L S)$$

式中, z_j 是 x_j 的低维表示; $\mathrm{Tr}(\cdot)$ 是一个矩阵的迹; D 和 L 矩阵定义如下:

$$D_{jj} = \sum_i W_{ji} \tag{7.21}$$

$$L = D - W \tag{7.22}$$

GNMF 算法的损失函数构造如下:

$$O = \left\| X - A S \right\|^2 + \lambda \mathrm{Tr}(S^{\mathrm{T}} L S) \tag{7.23}$$

式中, $\lambda \geqslant 0$ 是正则化参数, 其作用是控制新数据的平滑程度。

7.3.4　GLNMF 算法

GLNMF 算法则在目标函数中引入了丰度矩阵约束, 进一步提高了解混精度。其目标函数可以表示为

$$J(A, S) = \frac{1}{2} \left\| X - A S \right\|_{\mathrm{F}}^2 + \lambda \left\| S \right\|_{1/2} + \frac{1}{2} \mu \mathrm{Tr}(S L S^{\mathrm{T}}) \tag{7.24}$$

式中, λ 用来调整丰度矩阵稀疏约束 $\left\| S \right\|_{1/2}$ 的影响权重; $\left\| S \right\|_{1/2}$ 的定义如式(7.25)所示; $\mathrm{Tr}(\cdot)$ 表示矩阵的迹; $L = D - W$, $D_{jj} = \sum_l W_{jl}$; μ 表示图正则化影响因子。

$$\left\| S \right\|_{1/2} = \sum_{p=1}^{c} \sum_{n=1}^{N} S_{pn}^{1/2} \tag{7.25}$$

式中, c 为高光谱图像端元个数; N 为高光谱图像像元个数。

假设数据 $X = [x_1, x_2, \cdots, x_N] \in \mathbb{R}^{L \times N}$ 为给定数据, 那么每个 $x_i (i = 1, \cdots, N)$ 可代表 L 维空间中的一个数据点, 这 N 个数据点可作为顶点构造最近邻域图。邻域图的

权重矩阵用 W 表示。W 的定义方法有很多,其中 0-1 权重、热核权重、点积权重为三种常用的权重定义方法。考虑到高光谱数据的凸面几何特性,即高光谱数据构成的凸面几何体的顶点为端元光谱,选择热核权重方法来定义权重矩阵 W 更适合。如果点 x_i 是点 x_j 的最近邻域之一,那么权重可表示为

$$W_{jl} = e^{-\frac{\|x_j - x_i\|^2}{\sigma}} \tag{7.26}$$

式中,σ 用来控制两点之间的相似程度。

7.3.5　EAGLNMF 算法

1. EAGLNMF 算法原理

针对现有的基于 NMF 的解混算法中存在的问题,如 MVC-NMF 算法中体度计算复杂,且迭代过程中将负值强制置 0 来保证非负性,导致对收敛产生一定影响;GNMF 算法忽略了丰度的稀疏性;GLNMF 算法考虑了丰度稀疏性,但是没有给端元增加约束,在 GLNMF 算法的基础上,对端元光谱矩阵也加入了稀疏约束的方法,提出了一种新的非负矩阵分解算法,称为端元丰度稀疏约束的图正则化非负矩阵分解(endmember and abundance sparse constraint graph regularized nonnegative matrix factorization,EAGLNMF)算法。

通常情况下,由于真实的端元光谱矩阵本身并不具备稀疏性,因此在每次迭代过程中,端元光谱矩阵是稀疏的,而且多个稀疏矩阵的乘积形成一个非稀疏矩阵。有关此理论的证明仍是一个开放性问题[66,67]。基于上述理论,本章在 GLNMF 算法的基础上引入端元光谱的稀疏约束。无论端元光谱矩阵本身是否为稀疏矩阵,引入稀疏约束后对端元光谱矩阵进行稀疏分解,在降低噪声影响的同时,可进一步提高端元光谱的提取精度。本算法的损失函数定义为

$$J(A, S) = \frac{1}{2}\|X - AS\|_F^2 + \frac{1}{2}\mu\mathrm{Tr}(SLS^T) + \alpha\|A\|_{1/2} + \beta\|S\|_{1/2} \tag{7.27}$$

式中,A 为估计出的端元矩阵;S 为分解出的丰度矩阵;参数 μ 用来控制光谱数据的平滑程度;$\alpha = \alpha_0 e^{\frac{-t}{\tau}}$,$t$ 为优化过程中的迭代次数,α_0 和 τ 为用来调整稀疏程度的常数;$\beta = \theta\alpha$,为了加强丰度稀疏约束对解混结果的影响,通常将 θ 设置成一个大于 1 的数。同时,丰度需要满足 ANC 和 ASC 这两个约束条件:① $S_{cN} \geqslant 0$;② $\mathbf{1}_c^T S = \mathbf{1}_N^T$。其中,$S_{cN}$ 为维度为 $c \times N$ 的丰度矩阵,$\mathbf{1}_c$ 为一个值全为 1 的 c 维列向量,$\mathbf{1}_N$ 为 ·个值全为 1 的 N 维列向量。

根据 F 范数的性质,有以下等式成立:

$$\|A\|_{\mathrm{F}}^2 = \mathrm{Tr}(AA^{\mathrm{T}}) \tag{7.28}$$

而且，矩阵具有以下性质：

$$\mathrm{Tr}(AB) = \mathrm{Tr}(BA) \tag{7.29}$$

$$\mathrm{Tr}(A) = \mathrm{Tr}(A^{\mathrm{T}}) \tag{7.30}$$

式(7.27)改写成：

$$
\begin{aligned}
J(A,S) &= \frac{1}{2}\mathrm{Tr}((X - AS)(X - AS)^{\mathrm{T}}) + \frac{1}{2}\mu\mathrm{Tr}(SLS^{\mathrm{T}}) \\
&\quad + \alpha\|A\|_{1/2} + \beta\|S\|_{1/2} \\
&= \frac{1}{2}\mathrm{Tr}(XX^{\mathrm{T}} - XS^{\mathrm{T}}A^{\mathrm{T}} - ASX^{\mathrm{T}} + ASS^{\mathrm{T}}A^{\mathrm{T}}) \\
&\quad + \frac{1}{2}\mu\mathrm{Tr}(SLS^{\mathrm{T}}) + \alpha\|A\|_{1/2} + \beta\|S\|_{1/2} \\
&= \frac{1}{2}\mathrm{Tr}(XX^{\mathrm{T}}) - \mathrm{Tr}(XS^{\mathrm{T}}A^{\mathrm{T}}) + \frac{1}{2}\mathrm{Tr}(ASS^{\mathrm{T}}A^{\mathrm{T}}) \\
&\quad + \frac{\mu}{2}\mathrm{Tr}(SLS^{\mathrm{T}}) + \alpha\|A\|_{1/2} + \beta\|S\|_{1/2}
\end{aligned}
\tag{7.31}
$$

采用拉格朗日乘子法和 KKT 条件，假设 φ_{ik} 和 ϕ_{jk} 分别为常数 $a_{ik} \geqslant 0$ 和 $s_{jk} \geqslant 0$ 的拉格朗日乘子，并且 $\Psi = [\varphi_{ik}]$，$\Phi = [\varphi_{jk}]$，则拉格朗日函数 L 表示为

$$
\begin{aligned}
L &= \frac{1}{2}\mathrm{Tr}(XX^{\mathrm{T}}) - \mathrm{Tr}(XS^{\mathrm{T}}A^{\mathrm{T}}) + \frac{1}{2}\mathrm{Tr}(ASS^{\mathrm{T}}A^{\mathrm{T}}) \\
&\quad + \frac{\mu}{2}\mathrm{Tr}(SLS^{\mathrm{T}}) + \alpha\|A\|_{1/2} + \beta\|S\|_{1/2} + \mathrm{Tr}(\Psi A^{\mathrm{T}}) + \mathrm{Tr}(\Phi S^{\mathrm{T}})
\end{aligned}
\tag{7.32}
$$

对式(7.32)的 L 分别求 A 和 S 的偏导数，得到：

$$\frac{\partial L}{\partial A} = -XS^{\mathrm{T}} + SS^{\mathrm{T}}A + \frac{1}{2}\alpha A^{-\frac{1}{2}} + \Psi \tag{7.33}$$

$$\frac{\partial L}{\partial S} = -XA^{\mathrm{T}} + ASA^{\mathrm{T}} + \mu LS + \frac{1}{2}\beta S^{-\frac{1}{2}} + \Phi \tag{7.34}$$

根据 KKT 条件有 $\varphi_{ik}a_{ik} = 0$ 和 $\phi_{jk}s_{jk} = 0$，结合式(7.33)和式(7.34)有

$$-(XS^{\mathrm{T}})_{ik}a_{ik} + SS^{\mathrm{T}}Aa_{ik} + \frac{1}{2}\alpha A^{-\frac{1}{2}}a_{ik} = 0 \tag{7.35}$$

$$-(XA^{\mathrm{T}})_{jk}s_{jk} + (ASA^{\mathrm{T}})_{jk}s_{jk} + \mu(LS)_{jk}s_{jk} + \frac{1}{2}\beta S^{-\frac{1}{2}}s_{jk} = 0 \tag{7.36}$$

根据式(7.35)和式(7.36)，可以得到迭代规则：

$$a_{ik} \leftarrow a_{ik} \frac{(\boldsymbol{X}\boldsymbol{S}^{\mathrm{T}})_{ik}}{\left(\boldsymbol{S}\boldsymbol{S}^{\mathrm{T}}\boldsymbol{A} + \frac{1}{2}\alpha \boldsymbol{A}^{-\frac{1}{2}}\right)_{ik}} \tag{7.37}$$

$$s_{jk} \leftarrow s_{jk} \frac{(\boldsymbol{X}\boldsymbol{A}^{\mathrm{T}} + \mu \boldsymbol{W}\boldsymbol{S})_{jk}}{\left(\boldsymbol{A}\boldsymbol{S}\boldsymbol{A}^{\mathrm{T}} + \frac{1}{2}\beta \boldsymbol{S}^{-\frac{1}{2}} + \mu \boldsymbol{D}\boldsymbol{S}\right)_{jk}} \tag{7.38}$$

将式(7.37)和式(7.38)改写后，可得到乘性迭代规则：

$$\boldsymbol{A} \leftarrow \boldsymbol{A} \frac{\boldsymbol{X}\boldsymbol{S}^{\mathrm{T}}}{\boldsymbol{S}\boldsymbol{S}^{\mathrm{T}}\boldsymbol{A} + \frac{1}{2}\alpha \boldsymbol{A}^{-\frac{1}{2}}} \tag{7.39}$$

$$\boldsymbol{S} \leftarrow \boldsymbol{S} \frac{\boldsymbol{X}\boldsymbol{A}^{\mathrm{T}} + \mu \boldsymbol{W}\boldsymbol{S}}{\boldsymbol{A}\boldsymbol{S}\boldsymbol{A}^{\mathrm{T}} + \frac{1}{2}\beta \boldsymbol{S}^{-\frac{1}{2}} + \mu \boldsymbol{D}\boldsymbol{S}} \tag{7.40}$$

EAGLNMF 算法有几点需要注意的地方，说明如下：

(1) 不同的初始值会得到不同的结果。通常会采用两种初始化方法，分别是随机初始化和利用 VCA-FCLS 算法来进行初始化。随机初始化方法随机选择 0 到 1 之间的值作为 $\boldsymbol{A}$ 和 $\boldsymbol{S}$ 的初始值。但根据以往研究结果，随机初始化方法往往没有 VCA-FCLS 算法初始化准确程度高，因此本小节采用 VCA-FCLS 算法对所提出的算法进行初始化。

(2) 要保证丰度矩阵满足 ASC 和 ANC。根据式(7.39)和式(7.40)所示的迭代规则，$\boldsymbol{S}$ 显然不满足这两个约束条件，因此，在对 $\boldsymbol{S}$ 进行迭代时，采用文献[62]的方法，将矩阵 $\boldsymbol{X}$ 和 $\boldsymbol{A}$ 用矩阵 $\boldsymbol{Xt}$ 和 $\boldsymbol{At}$ 代替，其分别定义如下：

$$\boldsymbol{Xt} = \begin{bmatrix} \boldsymbol{X} \\ \delta \boldsymbol{1}_N^{\mathrm{T}} \end{bmatrix} \tag{7.41}$$

$$\boldsymbol{At} = \begin{bmatrix} \boldsymbol{A} \\ \delta \boldsymbol{1}_P^{\mathrm{T}} \end{bmatrix} \tag{7.42}$$

式中，N 为像元个数；P 为端元个数；δ 为常数，用来调节 ASC 的约束效果，使得丰度和趋近于 1。实验结果表明：δ 的选择会对解混精度造成影响，随着 δ 的增大，光谱解混的结果更为准确，但这也导致收敛速度变慢。为了平衡解混精度和收敛速度，本小节实验选择 $\delta=20$。

(3) 本小节设置两种迭代停止规则。第一种，当迭代次数达到所设置的最大次数时迭代停止。第二种，当目标函数不再收敛时迭代停止。本小节设置一个差值 ε 作为停止迭代阈值，实验中选择 $\varepsilon=10^{-4}$，当连续十次目标函数差值小于 ε 时，则迭代停止。其目标函数定义如式(7.43)所示，停止迭代规则如式(7.44)所示：

$$O = \frac{1}{2}\|\boldsymbol{X} - \boldsymbol{AS}\|_{\mathrm{F}}^2 \tag{7.43}$$

$$\|O_{\mathrm{new}} - O_{\mathrm{old}}\| \leqslant \varepsilon \tag{7.44}$$

(4) 如果在迭代过程中，$\boldsymbol{A}$ 和 $\boldsymbol{S}$ 中出现 0 或者负值，则加上一个极小值来保证迭代可行。

(5) 本小节算法流程表示如下，其中 ε 是停止迭代阈值，α_0 和 τ 是用来调整稀疏程度的常数，θ 是调整端元稀疏程度与丰度稀疏程度的因子，即 $\beta = \theta\alpha$，μ 是调整参数，P 是端元个数，$T_{\max}$ 是最大迭代次数。

算法 7.1　EAGLNMF 算法。

输入：原始高光谱数据矩阵 ($\boldsymbol{X}$)。

输出：端元矩阵 $\boldsymbol{A}$ 及丰度矩阵 $\boldsymbol{S}$。

参数：$\varepsilon, \alpha_0, \theta, \tau, \mu, P, T_{\max}$。

(1) 用 VCA-FCLS 算法来初始化端元矩阵 $\boldsymbol{A}$ 和丰度矩阵 $\boldsymbol{S}$，令 $t=1$；

(2) 构建 $\boldsymbol{W}$、$\boldsymbol{D}$ 矩阵；

(3) 采用式(7.39)和式(7.40)对 $\boldsymbol{A}$ 和 $\boldsymbol{S}$ 进行迭代，令 $t=t+1$；

(4) 满足停止迭代条件，则迭代停止，输出 $\boldsymbol{A}$ 和 $\boldsymbol{S}$。

EAGLNMF 算法流程如图 7.10 所示。

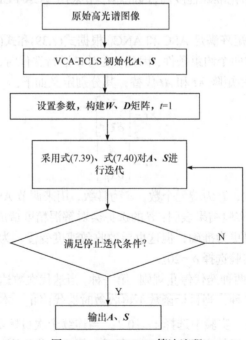

图 7.10　EAGLNMF 算法流程

2. EAGLNMF 算法实验结果

1) 评价标准

高光谱解混结果的定量评价标准分别针对端元提取结果和丰度估计结果进行评价。一般采用光谱角距离(spectral angle distance，SAD)和光谱信息散度来评价端元提取结果。采用丰度角距离(abundance angle distance，AAD)和丰度信息散度(abundance information divergence，AID)来评价丰度估计结果。

在 EAGLNMF 算法分析中，采用 SAD 和 AAD 来分别对解混后的端元和丰度进行评价。SAD 用来计算估计出的光谱与真实光谱之间的光谱角，SAD 值越小，则估计出的端元光谱与真实光谱的差别越小。AAD 用来评价估计出的丰度与真实丰度之间的差别，AAD 值越小，说明估计丰度越接近真实丰度。其计算公式分别如式(7.45)和式(7.46)所示：

$$\text{SAD}_{a_i} = \cos^{-1}\frac{a_i^{\text{T}}\hat{a}_i}{\|a_i\|\|\hat{a}_i\|} \tag{7.45}$$

$$\text{AAD}_{s_i} = \cos^{-1}\frac{s_i^{\text{T}}\hat{s}_i}{\|s_i\|\|\hat{s}_i\|} \tag{7.46}$$

式中，a_i 表示第 i 个端元的光谱；$\hat{a}_i$ 表示提取出的第 i 个端元的光谱；s_i 表示第 i 个端元对应的丰度；$\hat{s}_i$ 表示提取出的第 i 个端元对应的丰度。

为了对所有估计出的端元及丰度进行评价，采用 SAD 和 AAD 的均方根(root mean square，RMS)来进行评价，用式(7.47)和式(7.48)表示：

$$\text{RMS}_{\text{SAD}} = \left[\frac{1}{p}\sum_{i=1}^{p}(\text{SAD}_{a_i})^2\right]^{1/2} \tag{7.47}$$

$$\text{RMS}_{\text{AAD}} = \left[\frac{1}{N}\sum_{i=1}^{N}(\text{AAD}_{s_i})^2\right]^{1/2} \tag{7.48}$$

2) 实验环境

本小节实验中，所有算法验证均采用相同系统，运行计算机配置如下：CPU 型号为 Intel(R) Core(TM) i3-3110M CPU@2.4GHz，内存为 8GB，操作系统为 Win7 64bit Service Pack1。

3) 仿真数据实验结果

模拟数据大小为 64×64，是从 USGS 光谱数据库中选择一系列反射光谱来合成的。光谱的选择是任意的，所选择的光谱数据有 224 个谱段，覆盖波长范围为 0.38~2.50μm，光谱分辨率为 10nm。将整个图像分成 8×8 的小块，每个小块内都用 6 种不同物质光谱进行填充，6 种物质光谱均从 USGS 光谱数据库中选择。所产生的图像通过一个空间低通滤波器来进行线性混合。选中的 6 种物质光谱曲线如图 7.11 所示。

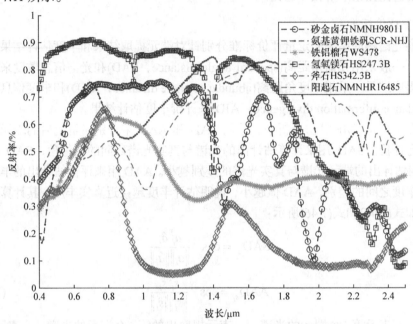

图 7.11　从 USGS 光谱数据库选择的 6 种物质光谱曲线

本小节采用 9×9 的滤波器来合成模拟数据。同时，将丰度大于 80%的像素点的丰度值用 $1/p$ 来代替，并且加入 0 均值高斯噪声来模拟可能出现的误差和传感器噪声等[68]。算法分析通过 4 个实验来完成。实验 1 是总体分析实验，对几种算法进行总体比较分析。实验 2 是 SNR 影响分析实验，验证算法对信噪比的敏感程度。实验 3 是端元数目分析实验，验证端元数目对几种方法的影响程度。实验 4 是稀疏因子分析实验，分析稀疏系数之间的影响因子对解混结果的影响。同时，为保证结果准确性，所有的实验结果都是 30 次运行结果的平均值。本小节实验 1、实验 2 和实验 4 都是用选中的 6 种物质来进行模拟数据的合成，实验 3 根据所需要的端元数目来进行模拟数据的合成。

实验 1(总体分析实验)：实验 1 的目的是对几种不同算法进行总体比较。在本实验中，加入了 SNR 为 20dB 的高斯噪声。采用 VCA-FCLS、NMF、GLNMF 及 EAGLNMF 几种算法来进行求解。其中，NMF、GLNMF-EAGLNMF 均采用 VCA-FCLS 的结果作为初始迭代值。停止迭代规则为式(7.44)，当连续 10 次迭代结果满足式(7.44)或者当迭代次数达到设定的最大次数 T_{max} 时，停止迭代。EAGLNMF 算法的参数设置为 $\varepsilon = 10^{-4}$，$\alpha_0 = 0.1$，$\tau = 25$，$\theta = 2$，$\mu = 0.1$，$P = 6$，$T_{max} = 3000$。为了保证满足 ASC 条件，采用式(7.41)和式(7.42)中方法来实现。图 7.12(a)、(b)分别给出几种算法下 RMS_{SAD} 和 RMS_{AAD} 及其标准偏差。在图 7.12(a)中，VCA-FCLS、

NMF、GLNMF 和 EAGLNMF 算法的 RMS_{SAD} 值分别为 0.1640、0.1930、0.0840
和 0.0767,其对应的标准偏差分别为 0.0322、0.0574、0.0231 和 0.0159。从图 7.12(a)
中可以看出,VCA-FCLS 算法的 RMS_{SAD} 及标准偏差比标准 NMF 算法的都更小,
说明 VCA-FCLS 算法比 NMF 算法的端元提取精度更高,这是由于标准 NMF 算
法仅仅从非负矩阵分解的角度进行解混,没有考虑到高光谱数据的几何特性。
GLNMF 和 EAGLNMF 算法的端元提取效果比 VCA-FCLS 和 NMF 算法好一些,
同时,从数据对比可以看出,EAGLNMF 算法比 GLNMF 算法的端元提取结果稍
好,这是因为 EAGLNMF 算法对端元增加了稀疏约束,在迭代过程中降低了噪声
的影响。在图 7.12(b)中,VCA-FCLS、NMF、GLNMF 和 EAGLNMF 算法的 RMS_{AAD}
分别为 0.3841、0.5456、0.2914 和 0.2753,其对应的标准偏差分别为 0.0776、0.0807、
0.0641 和 0.0560。从图 7.12(b)中可以看出,其结果与 RMS_{SAD} 具有一致性。总体
来说,EAGLNMF 算法的解混效果优于其他几种算法。

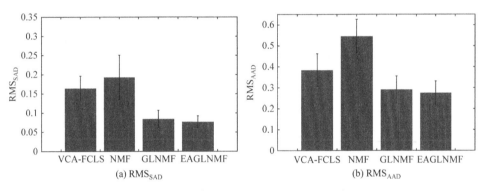

图 7.12　几种算法的 RMS_{SAD} 和 RMS_{AAD} 对比

实验 2(SNR 影响分析实验):本实验的目的是评估噪声对算法的影响程度。
实验选择相同的端元数目和不同程度信噪比来对算法进行分析。此实验中,端元
数目 $P=5$,信噪比分别为 15dB、20dB、25dB、30dB、35dB、40dB 和 45dB 的高
斯噪声加入了合成数据。其中,合成数据的生成方法与实验 1 中相同,参数设置
也与实验 1 中相同。从图 7.13(a)中可以看出,VCA-FCLS 算法的端元提取效果优
于 NMF 算法,同时 GLNMF 和 EAGLNMF 算法的端元提取精度比 VCA-FCLS 更
高。EAGLNMF 算法所获得的 RMS_{SAD} 值最小,其端元提取精度比 GLNMF 算法
稍好。从图 7.13(b)中可以看出,VCA-FCLS 的丰度估计效果优于 NMF 算法,同
时 GLNMF 和 EAGLNMF 算法的丰度估计效果比 VCA-FCLS 更准确。EAGLNMF
算法所获得的 RMS_{AAD} 值最小,其丰度估计结果比 GLNMF 算法稍好。

实验 3(端元数目分析实验):本实验的目的是测试不同端元数目对算法解混精
度的影响,以及在相同信噪比和不同端元数目情况下算法的解混效果。从光谱数

据库中选择对应数目的端元光谱来合成数据，几种算法分别对相同端元数目的合成数据来进行分解，其中 SNR 统一设置为 20dB，端元数目 P 分别设置为 5、8、11、14、17、20，其他参数设置与实验 1 相同，实验结果如图 7.14 所示。从图 7.14(a)中可以看出，随着端元数目的增加，四种算法的 RMS_{SAD} 值也增加，NMF 算法的端元提取效果最差，VCA-FCLS 算法的端元提取精度优于 NMF，GLNMF 和 EAGLNMF 算法的端元提取精度比 VCA-FCLS 算法更高。同时也可以看出，EAGLNMF 算法的端元提取结果比 GLNMF 算法稍好，尤其是当端元数目为 11、14、17 时，其端元提取的精度较 GLNMF 算法更具有优越性。从图 7.14(b)中可以看出，随着端元数目的增加，四种算法的 RMS_{AAD} 值也增加，并且其值与 RMS_{SAD} 具有一致性，这说明丰度估计的结果与端元提取的结果具有一致性。同时也可以看出，EAGLNMF 算法的丰度估计结果比 GLNMF 算法稍好。

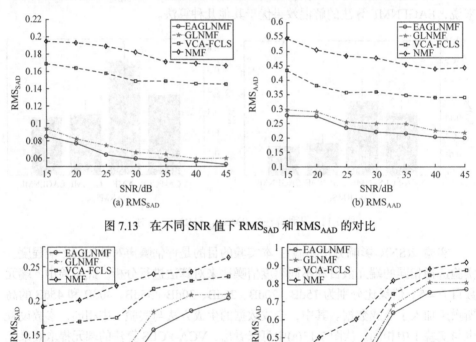

图 7.13　在不同 SNR 值下 RMS_{SAD} 和 RMS_{AAD} 的对比

图 7.14　不同端元数目下 RMS_{SAD} 和 RMS_{AAD} 的对比

实验 4(稀疏因子分析实验)：实验 4 用来分析稀疏系数之间的影响因子对解混

结果的影响。设 $\beta = \theta\alpha$，在实验 1、2、3 中，$\theta = 2$。在本实验中，采用的合成数据构造方式与实验 1 相同，参数设置也与试验 1 相同，但是分别将 θ 设置为 0.1、0.5、1、2、3、4、5、6、7、8、9、10 来进行分析。由图 7.15 可以看出，当 θ 由 0.1 到 3 逐步递增时，RMS_{SAD} 和 RMS_{AAD} 的值均逐渐变小，解混结果逐渐变好；当 θ 从 3 到 10 时，RMS_{SAD} 和 RMS_{AAD} 的值逐渐变大，解混结果逐渐变差，但总体仍然好于 $\theta = 0.1$ 和 $\theta = 0.5$ 的情形，这说明加入的端元稀疏约束在小于丰度稀疏的情况下，解混结果较好；同时，加入的端元稀疏约束对于解混结果具有较好的影响。但是，需要对端元稀疏约束和丰度稀疏约束之间的影响因子 θ 进行合理的选择。当影响因子 $\theta < 1$ 时，削弱了丰度稀疏约束的影响，解混精度有所降低；当影响因子逐渐增大至 3 时，解混精度逐渐提高；当继续增大时，解混精度则有降低的趋势，这说明端元稀疏约束和丰度稀疏约束对解混结果都产生了影响。

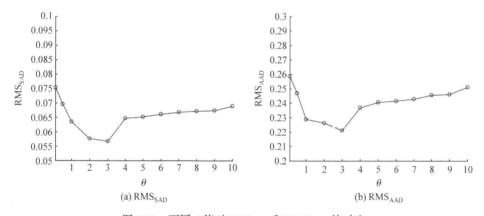

(a) RMS_{SAD}　　　　　　　　　　(b) RMS_{AAD}

图 7.15　不同 θ 值时 RMS_{SAD} 和 RMS_{AAD} 的对比

4) 真实数据实验结果

本小节采用机载可见光及红外成像光谱仪(airborne visible infrared imaging spectrometer，AVIRIS)所采集的美国内华达州的 Cuprite 数据来进行实验[68]。由于该地区主要为裸露的矿物，且具有混合情况，较适合用来验证算法对混合数据的分解能力。Cuprite 数据有 224 个波段，波段范围为 0.4m~2.5μm，由于低的信噪比和吸收波段，剔除了波段 1~2、104~113、148~169、221~224，留下了 188 个波段进行分析。本小节选择了原始数据的右上角图像，图像大小为 250×191。

此区域最多有 18 种物质，但是其中一些是相似物质，因此选择了 12 种物质端元进行提取。实验中参数设置如下：$\varepsilon = 10^{-4}, \alpha_0 = 0.1, \tau = 25, \theta = 3, \mu = 0.1, P = 6,$ $T_{max} = 3000$。按照 EAGLNMF 算法提取出的端元光谱曲线及其在数据库中的光谱曲线如图 7.16 所示，提取出各端元对应的丰度图如图 7.17 所示。

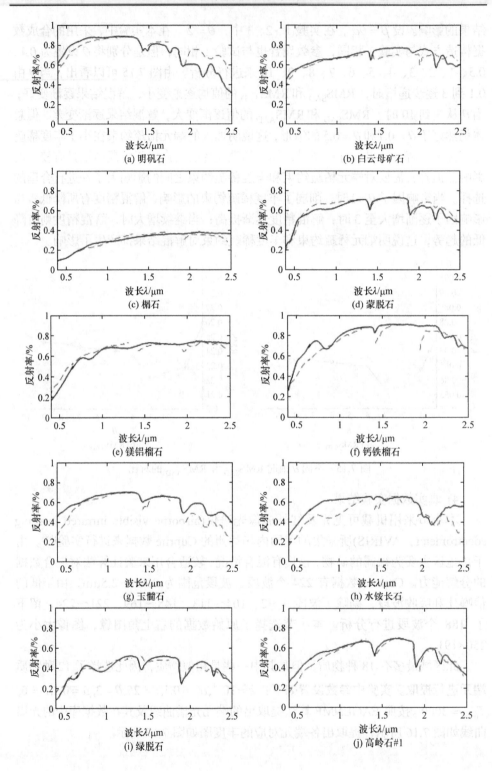

(a) 明矾石

(b) 白云母矿石

(c) 橄石

(d) 蒙脱石

(e) 镁铝榴石

(f) 钙铁榴石

(g) 玉髓石

(h) 水铵长石

(i) 绿脱石

(j) 高岭石#1

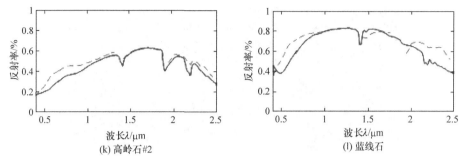

(k) 高岭石#2　　　　　　　　　　　(l) 蓝线石

图 7.16　EAGLNMF 算法提取的端元光谱曲线(虚线)与 USGS 光谱数据库中光谱曲线(实线)的对比

为了将解混结果进行定量分析, 对各种物质的 SAD 值进行了比较, 如表 7.1 所示。从中可以看出, 相比较于 GLNMF、NMF 和 VCA-FCLS 算法, 本小节算法的解混结果稍好。

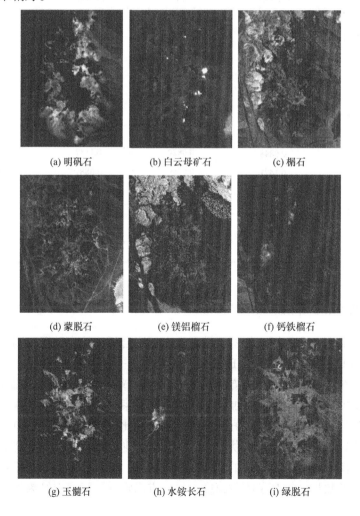

(a) 明矾石　　　　　　(b) 白云母矿石　　　　　(c) 榍石

(d) 蒙脱石　　　　　　(e) 镁铝榴石　　　　　(f) 钙铁榴石

(g) 玉髓石　　　　　　(h) 水铵长石　　　　　(i) 绿脱石

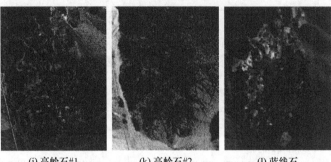

(j) 高岭石#1　　　　　(k) 高岭石#2　　　　　(l) 蓝线石

图 7.17　EAGLNMF 算法所提取端元的丰度图

表 7.1　不同算法的 SAD 值比较(粗体表示最佳值)　　　(单位：rad)

矿物质	VCA-FCLS	NMF	GLNMF	EAGLNMF
明矾石	**0.0871**	0.1086	0.1366	0.1007
白云母矿石	0.1480	0.1696	0.0961	**0.0718**
桐石	0.0942	0.1091	**0.0804**	0.0840
蒙脱石	0.0714	0.0706	0.1367	**0.0594**
镁铝榴石	0.1225	0.0866	0.0649	**0.0563**
钙铁榴石	0.1668	0.1310	0.1473	**0.0786**
玉髓石	**0.0765**	0.1328	0.1619	0.1552
水铵长石	0.0848	**0.0820**	0.1187	0.1286
绿脱石	0.1471	0.0959	**0.0887**	0.1002
高岭石#1	0.1485	0.1513	**0.0765**	0.1222
高岭石#2	**0.0948**	0.1543	0.1544	0.1347
蓝线石	0.1583	0.1758	**0.1103**	0.1576
平均值	0.1167	0.1223	0.1144	**0.1041**

注：1rad = 57.3°。

3. EAGLNMF 算法总结

在本小节中，介绍了一种基于端元和丰度联合稀疏约束的图正则化光谱解混算法，称为 EAGLNMF 算法。EAGLNMF 算法是一种不需要纯像元假设的算法。该算法在传统的非负矩阵分解方法基础上，加入了端元稀疏和丰度稀疏约束因子，同时对数据的几何结构考虑后加入了图正则化约束因子，并构造了端元矩阵和丰度矩阵的迭代公式，获得了较好的解混结果。相比于传统的基于非负矩阵分解的算法，EAGLNMF 算法有两个优点：第一，图正则化约束通过对所观测的数据定义一个邻域图来考虑数据内部的几何结构；第二，端元和丰度联合系数约束一方面减少了解的数量，提高了收敛速度，另一方面降低了噪声对结果的影响。从仿真数据和真实高光谱数据解混实验可以看出，本小节提出的算法能显著提高实验结果，表明本小节算法能够有效提高解混精度，并且优于所有对比的其他算法。具体来说，针对本小节中所选择的 Cuprite 数据来说，EAGLNMF 算法的端元光谱解混精度相比于 GLNMF 算法提高了 9%。

7.4　高光谱图像异常目标检测应用示例

7.4.1　基于统计的线性异常目标检测算法

RX 算法[20]是一种基于广义似然比检验的虚警异常检测算法。它从多光谱图像发展到高光谱图像，已成功应用于高光谱图像的许多领域。RX 算法是在未知背景信息和未知目标光谱信息的条件下，将不符合背景光谱信息的测量像素确定为异常目标。RX 算法包括全局 RX 算法和局部 RX 算法。由于局部 RX 算法在检测小目标时更有效，通常使用局部 RX 算法。该算法假设背景分布满足局部高斯分布模型，从而计算背景像素的均值和协方差矩阵。在背景模型下，采用双窗口滑动法进行检测，如图 7.18 所示。

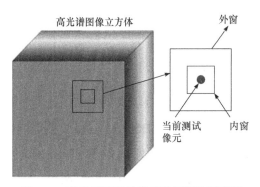

图 7.18　高光谱图像异常目标局部检测模型

RX 算法的缺陷：首先，背景假设是局部高斯分布模型，然而现实中的特征分布是复杂多变的，在许多情况下无法完全描述高光谱图像数据的分布情况；其次，无法充分利用高光谱的高阶数据，忽略了图像的非线性特征。

7.4.2　非线性异常目标检测算法

由于 RX 算法是一种线性检测算法，高光谱数据的高阶数据不能得到充分利用，图像中的非线性数据被忽略，其检测性能仍有改进空间。通过引入核方法，将线性不可分数据投影到高维特征空间，可以有效地提高非线性数据的利用率。最典型的非线性异常目标检测算法[22-24]包括核方法、Nystrom RX 和非线性随机 RX。

1. 核方法

KRX 算法在 7.2 节中已详细介绍，所以这里主要针对本小节所用到的核方法进行重点介绍。核方法广泛应用于非线性学习[69]，但对于大型数据集，核方法的计算成本很高。内核近似是一种强大的技术，通过将输入特征映射到一个新的空间，使内核方法具有可伸缩性，在这个空间中点积可以很好地近似内核[70]。通过精确的核近似，可以在变换空间中训练有效的线性分类器，同时保留非线性方法的表达能力。

随机傅里叶特征方法是一种近似核函数的方法，旨在找到一个低阶的映射函数 $z(x)$，将 d 维原始数据映射到 D 维随机特征空间中，随机特征空间中两个特征的内积约等于核函数。该方法从分布中提取随机线，以保证两个变换点的内积近似于所需的平移不变核。特征映射函数 $z(x)$ 的每个分量将 x 投影到从 w 的傅里叶变换 $p(w)$ 得出的随机方向上，把这条线绕到 $\mathbb{R}^2$ 的单位圆上。用这种方法变换两点 x 和 y 后，它们的内积是 $k(x,y)$ 的无偏估计量，如图 7.19 所示。

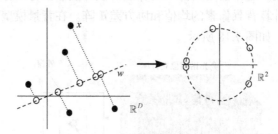

图 7.19　随机傅里叶映射

形式上，给定一个核函数 $K(\cdot,\cdot):\mathbb{R}^d \times \mathbb{R}^d \to \mathbb{R}$，采用核近似方法寻求一种非线性变换 $\phi(\cdot):\mathbb{R}^d \to \mathbb{R}^{d'}$，那么对于任何 $x, y \in \mathbb{R}^d$ 有

$$K(x,y) \approx \hat{K}(x,y) = \phi(x)^{\mathrm{T}} \phi(y) \tag{7.49}$$

随机傅里叶特征[70]被广泛用于逼近平滑、平移不变的核。这种技术要求内核表现出两个属性：平移不变性 i.e $K(x,y) = K(\varDelta)$，其中 $\varDelta = x - y$ 和正半确定性 $K(\varDelta)$ 在 $\mathbb{R}^d$ 上，正半确定性保证了傅里叶变换 $K(\varDelta)$ 是一个非负函数，设 $p(w)$ 是 $K(z)$ 的傅里叶变换，于是有

$$K(x-y) = \int_{\mathbb{R}^d} p(w) \mathrm{e}^{\mathrm{j}w^{\mathrm{T}}(x-y)} \mathrm{d}w \tag{7.50}$$

这意味着可以将 $p(w)$ 视为密度函数，并使用蒙特卡罗采样法来推导实值核的以下非线性映射：

$$\phi(x) = \sqrt{1/D}\left[\sin\left(w_1^{\mathrm{T}}x\right), \sin\left(w_2^{\mathrm{T}}x\right), \cdots, \sin\left(w_D^{\mathrm{T}}x\right), \cos\left(w_1^{\mathrm{T}}x\right), \cos\left(w_2^{\mathrm{T}}x\right), \cdots, \cos\left(w_D^{\mathrm{T}}x\right)\right]^{\mathrm{T}}$$

$$\tag{7.51}$$

式中，w_i 是从密度为 $p(w)$ 的概率分布中取样的。假设 $W = [w_1, w_2, \cdots, w_D]$，那么线性变换 W_x 是上述计算的核心，因为 W 的选择决定了估计核收敛到实际核的程度。通过对 W 强制执行正交性，可显著减少核近似误差。这里称这种方法为正交随机特征(orthogonal random feature，ORF)[71-73]。

ORF 是将正交性强加于线性变换矩阵(随机高斯矩阵 G)的矩阵。需要说明的是，并不能简单地用正交矩阵替换随机高斯矩阵来实现无偏核估计，因为对随机高斯矩阵 G 来说，其行范数遵循 χ 分布，而正交矩阵的行具有单位范数。ORF 的线性变换矩阵具有以下形式:

$$W_{\mathrm{ORF}} = 1 / \sigma SQ \tag{7.52}$$

式中，Q 是均匀分布的随机正交矩阵。在 $\mathbb{R}^d$ 中，Q 是由基的行集合构成的一个对角矩阵，对角项从具有 d 个自由度的 χ 分布中采样。S 使 SQ 和随机高斯矩阵 G 的行范数分布相同。

2. Nystrom RX

Nystrom 近似是基于协同方差核 $k(x, y)$ 进行构造的，其主要原理是选择一个样本子集来构建 LRX 的核矩阵。该方法将核函数近似为 $K(x_*, x) \approx k_{*,r}^{\mathrm{T}} \hat{K}^{-1} k_{x,r}$，其中 $k_{x,r}$ 包含 x 和 r 点之间的相似之处，$\hat{K} \in \mathbb{R}^{r \times r}$ 表示中点之间的核矩阵 $\hat{x}$。定义奈斯特龙低秩估计(Nystrom low-rank approximation Reed-Xiaoli，NRX)的检测模型如下:

$$D_{\mathrm{NRX}}(x_*) = k_{*,r}^{\mathrm{T}} \hat{K}^{-1} R (R^{\mathrm{T}} M R)^{-1} R^{\mathrm{T}} \hat{K}^{-1} k_{*,r} \tag{7.53}$$

式中，$M = \hat{K}^{-1} R R^{\mathrm{T}} \hat{K}^{-1}$。当 $M \in \mathbb{R}^{r \times r}$，由于 R 不是方阵($r < n$)，是一个低秩矩阵，所以使用伪逆矩阵来代替 $R^{\mathrm{T}} M R$。因此，NRX 的检测器模型是一个更紧凑的方程:

$$D_{\mathrm{NRX}}(x_*) = k_{*,r}^{\mathrm{T}} (R R^{\mathrm{T}})^{\dagger} k_{*,r} \tag{7.54}$$

需要解释的是，NRX 涉及 $r \times r$ 矩阵的求逆，比 KRX 更有效。此外，Nystrom 方法比随机傅里叶特征(random Fourier feature，RFF)方法更通用，因为它允许近似所有半正定核，而不仅仅是移位不变核。同时，这种近似依赖于数据(基函数是估计数据本身的子集)，可以转化为更好的结果。

3. 非线性随机 RX

在近几年的核方法研究中，一个突出的结果是利用调和分析中的一个经典定义来实现近似性和可伸缩性，该性质被用来逼近核函数，核函数在多个随机特征上具有线性投影。核矩阵 $K \in \mathbb{R}^{n \times n}$，它可以用显式映射的数据来近似，$Z = [z_1, z_2, \cdots, z_n]^{\mathrm{T}} \in$

$\mathbb{R}^{n \times 2D}$ ，并且可以表示为 $\hat{K} \approx ZZ^{\mathrm{T}}$ 。然后，随机 RX(random RX，RRX)检测器可以表达为

$$D_{\mathrm{RRX}} = z_*^{\mathrm{T}} (Z^{\mathrm{T}} Z)^{-1} z_* \tag{7.55}$$

并得出一个近似于 KRX 的非线性 RRX。本质上，通过显式映射 $z(x_i)$ 将原始数据映射到非线性空间，而不是二维空间(具有 $\phi(x_i)$ 的潜在无限特征空间)，然后使用线性 RX 公式。这使得可以通过 D 来控制空间和时间复杂度，因为只需要存储 $n \times 2D$ 的矩阵和 $2D \times 2D$ 大小的反转矩阵。在实际应用中，参数 D 通常满足 $D \ll n$ 。

7.4.3 GFM

在 ORF 中，使用随机正交矩阵来消除线性相关特征的影响。从 7.4.2 小节介绍的算法背景中的随机特征映射可以知道线性变换矩阵是通过正交矩阵计算出来的。受此启发，本小节尝试用格拉姆–施密特正交化方法来构造更精确的正交矩阵[72]，这将进一步提高算法的检测精度。因此，本部分演示了格拉姆–施密特特征映射(Gram-Schmidt feature map，GFM)，所用算法称为格拉姆–施密特里德–小李(Gram-Schmidt Reed-Xiaoli，GRX)算法。GRX 算法使用 Gram-Schmidt 正交化方法构造正交矩阵，用于替换 KRX 中的随机高斯矩阵和正交里德–小李(orthogonal Reed-Xiaoli，ORX)算法中的正交随机特征。

GRX 算法的线性变换矩阵表示为 $W_{\mathrm{GRX}} = 1/\sigma SQ$ ，其中 Q 为均匀分布的正交矩阵，Q 在高维空间中形成一组碱基，S 为对角采样的对角矩阵。

考虑 Gram-Schmidt 正交化[74]的过程，如果一个矩阵 $A^{m \times n} = [a_1, a_2, \cdots, a_n]$ ，其中 $a_i (i = 1, 2, \cdots, n)$ 是矩阵 A 的列，那么：

$$u_1 = a_1, \ e_1 = \frac{u_1}{\|u_1\|}, \ u_2 = a_2 - (a_2 \cdot e_1) e_1, \ e_2 = \frac{u_2}{\|u_2\|} \tag{7.56}$$

$$u_{k+1} = a_{k+1} - (a_{k+1} \cdot e_1) e_1 - \cdots - (a_{k+1} \cdot e_k) e_k, \ e_{k+1} = \frac{u_{k+1}}{\|u_{k+1}\|} \tag{7.57}$$

Gram-Schmidt QR 分解是

$$A = [a_1, a_2, \cdots, a_n] = [e_1, e_2, \cdots, e_n] \begin{bmatrix} a_1 \cdot e_1 & a_2 \cdot e_1 & \cdots & a_n \cdot e_1 \\ 0 & a_2 \cdot e_2 & \cdots & a_n \cdot e_2 \\ \vdots & \vdots & & \vdots \\ 0 & 0 & \cdots & a_n \cdot e_n \end{bmatrix} = QR \tag{7.58}$$

式中，Q 是 $m \times n$ 正交矩阵；R 是一个 $n \times n$ 上三角矩阵。并且，$A = QR$ 是满足的，这是基于 Gram-Schmidt 正交化的 QR 分解。QR 分解通过具有满秩矩阵的 Gram-

Schmidt 正交化过程保留信息。得到 GRX 算法的检测模型如下：

$$D_{GRX} = z_*^T (Z^T Z)^{-1} z_* \tag{7.59}$$

1. 计算复杂度分析

获取的高光谱图像以矩阵形式重塑为 $X \in \mathbb{R}^{n \times d}$，其中 n 是像素数和，d 是传感器获取的光谱通道总数，并且核函数可映射 D 维随机特征，r 是随机样本的数量 $(r \ll n)$。KRX、RRX、ORX、NRX 和本小节提出的 GRX 算法的理论计算复杂度如表 7.2 所示。这里假设 $d < D < r \ll n$，以处理大数据。从表 7.2 可以看出，特征映射算法 ORX 和 GRX 表现出比标准 KRX 算法更高的计算效率。

表 7.2　各算法的理论计算复杂度

算法	T	C	C^{-1}	AD
KRX	$n^2 d$	n^3	n^3	n^3
RRX/ORX	ndD	nD^2	D^3	nD^2
NRX	ndr	nr^2	r^3	nr^2
GRX	ndD	nD^2	D^3	nD^2

注：T-图像到非线性空间的变换；C-协方差或核矩阵；C^{-1}-C 的逆矩阵；AD-异常检测计算复杂度。

2. 高光谱模拟数据实验

实验设置：本实验选用了 RRX、ORX、NRX、KRX 四种异常检测算法与本小节提出的 GRX 检测算法做对比，分别采用了七组不同梯度 σ 值来对高光谱模拟数据进行异常目标检测，选择 σ 值的原则是，五种算法的检测精度都表现出良好的性能，记录每一种算法在不同参数值下的 AUC 面积和运行时间，绘制出五种算法的 ROC 曲线图。本小节其余实验的原理也是一样的。

实验数据：高光谱模拟数据是使用 Salinas 场景创建的。Salinas 场景由加利福尼亚州萨利纳斯谷上空的 224 波段 AVIRIS 传感器采集。作为一种常见做法[17]，这里丢弃了 20 个吸水带，即吸收带(108~112、154~167、224)。Salinas 数据具有较高的空间分辨率(3.7m/pixel)。该场景覆盖的区域包括 512 条线和 217 个样本，其中包括蔬菜、裸土和葡萄园。文献[74]中使用的目标植入方法用于为 Salinas 场景创建合成数据。图 7.20 所示 150×126 二值掩模图像 M 是通过生成六个正方形构成的，这些正方形的边长为 1 到 6 个像素，排列成一条直线。然后，六个正方形按相反的顺序复制，并近距离排列成另一条直线。这两条线最终旋转了大约 π/6 的角度。正方形内的像素值为 1，而 M 中的其余像素值为 0。最后，从 Salinas 场景中裁剪出一个区域 I，与遮罩的尺寸相同，用它来构建包含植入靶的修改图像 I'，如下所示：

$$I'(i,j) = M(i,j) \cdot \Phi(k) + [1 - M(i,j)] \cdot I(i,j) \qquad (7.60)$$

式中，$\Phi(k)$ 为表示目标光谱丰度的函数；k 为目标类别数目。

图 7.20(a)是真实图像，图 7.20(b)是地物异常信息图像。表 7.3 所示是五种算法的 AUC 值和运行时间。图 7.21 是对应的 ROC 曲线和 AUC 直方图。

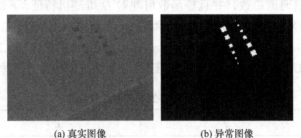

(a) 真实图像　　　　　　　　　(b) 异常图像

图 7.20　模拟高光谱数据

表 7.3　五种算法在 Salinas 上运行的 AUC 值和运行时间(粗体为最佳值)

σ	指标	算法				
		GRX	RRX	ORX	NRX	KRX
3	AUC	**0.5362**	0.5063	0.5178	0.4999	0.4917
	运行时间/s	0.3614	**0.0251**	0.1141	0.0257	0.4861
10	AUC	**0.5132**	0.5011	0.5031	0.4721	0.3887
	运行时间/s	0.1987	0.2242	**0.0195**	0.0263	1.0950
100	AUC	**0.6595**	0.6161	0.6477	0.1890	0.4565
	运行时间/s	0.3182	0.2364	0.2229	0.0640	1.5411
200	AUC	0.9115	0.9012	**0.9165**	0.1934	0.5113
	运行时间/s	**0.1270**	0.0666	0.1295	0.0440	0.6274
300	AUC	**0.9628**	0.9563	0.9497	0.2200	0.6484
	运行时间/s	0.1109	0.0702	**0.0710**	0.0459	0.6248
400	AUC	**0.9782**	0.9691	0.9306	0.2950	0.6584
	运行时间/s	0.1094	0.0492	**0.0212**	0.0483	0.4507
800	AUC	**0.9751**	0.9680	0.9736	0.6005	0.8050
	运行时间/s	0.0760	**0.015**	0.0221	0.0500	0.4190

实验分析：从实验数据(表 7.3)和实验结果(图 7.21)来看，本小节提出的 Gram-Schmidt 正交化异常检测算法 GRX 在 σ 取 3～800 时与其他四种算法(RRX、ORX、NRX、KRX)相比较，均取得了不错的检测效果。其中，在 σ 取 200 时 GRX 算法检测效果仅次于 ORX 算法，但在二者差距很小的情况下，GRX 算法的运行时间

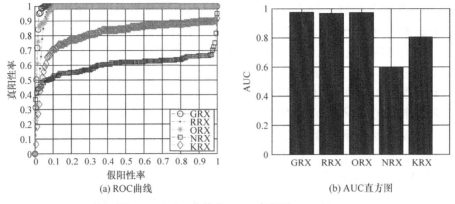

(a) ROC曲线　　　　　　　　　(b) AUC直方图

图 7.21　ROC 曲线和 AUC 直方图 ($\sigma = 800$)

较短，所以综合运行时间和检测精度来看，GRX 算法仍具有一定的优势。从总体趋势来看，KRX 算法一直处于一个相较于其他四种算法运行时间较长的状态，这是由 KRX 算法固有的缺陷所导致的结果，但是在其他的改进算法中，运行时间都有所减少。当 σ 值逐渐增大时，五种算法均呈现出检测精度逐渐提高的趋势，可以证明所选取的 σ 参数确实有效影响着算法的检测效果，检测精度随着参数取值的变化而变化。在实验中，五种算法里 GRX 算法的检测效果表现最好，ORX 算法仅次于 GRX 算法的检测效果，随后是 RRX、KRX 和 NRX 算法。

实验数据适用性：五种算法对此次合成的模拟高光谱遥感图像数据的检测性能表现良好，可以得出采用 Salinas 场景创建的高光谱模拟数据是成功的。本次合成的高光谱模拟数据大小为 150×126，波段为 204 个波段，数据大小为正常的高光谱遥感图像异常目标检测数据。五种算法分别对本模拟数据集进行检测时，AUC 值大多数在 0.5 以上，并且 GRX 算法、RRX 算法和 ORX 算法在参数取值大于 200 时，AUC 值均在 0.9 以上，表明本小节的五种算法在此次由 Salinas 场景创建合成的高光谱模拟数据上是可以稳定应用的，而 NRX 算法的检测效果不是很好的原因可能是 NRX 算法更加适合不复杂的高光谱图像场景，在一些复杂多变，光谱信息特征很多的数据上，NRX 算法并不能很好地适用。KRX 算法在检测效果上表现中等，但是 KRX 算法本身原理导致 KRX 算法检测时间较长，所以在此次合成数据上 KRX 算法检测性能一般。

3. 高光谱真实数据实验

实验设置：本实验通过五种检测算法 GRX、RRX、ORX、NRX 和 KRX 对高光谱实验数据 Indian Pines 场景进行异常目标检测，并设置了七组 σ 参数，观察检测结果 AUC 值和运行时间，最后绘制出五种算法的 ROC 曲线和 AUC 直方图。

实验数据：Indian Pines 场景由 AVIRIS 传感器在印第安纳州西北部的 Indian

Pines 测试场地上采集，如图 7.22 所示，由 145×145 像素和 224 个光谱反射带组成，波长范围为 0.4～2.5μm。这个场景是一个更大场景的子集。Indian Pines 景观包含三分之二的农业、三分之一的森林或其他天然多年生植被，有两条主要的双车道高速公路、一条铁路线，以及一些低密度住房、其他建筑结构和较小的道路。由于该场景是在春季拍摄的，因此一些农作物如玉米、大豆正处于生长的早期阶段，覆盖率不到 5%[75]。可用的基本事实被指定为 16 个类别，并且并非全部相互排斥。本实验通过删除覆盖吸水区域及信噪比较低的波段，将波段数量减少到 200，删除的波段为 104～108、150～163、220～223。Indian Pines 数据可通过 Pursue 大学的 MultiSpec 网站获得。

(a) 真实图像　　　　　　　　　　(b) 地物异常图像

图 7.22　Indian Pines 数据

实验分析：从实验结果(图 7.23)和实验数据(表 7.4)中可以获知，当参数 σ 值选取为 2700、2800、2900、3000、3100、3200、3300 时，GRX 算法的检测效果明显优于 RRX、ORX、NRX 和 KRX 算法，说明本小节提出的基于 Gram-Schmidt 正交化的异常检测算法 GRX 的检测性能相对于其余四种算法来说更好；从运行时间上看，GRX 算法和其他四种算法相比较处于一个中间地位，侧面说明了 GRX 算法在取得最佳检测效果的时候，运行消耗的时间适中，由此可以得出本小节提出的 GRX 算法相对于 RRX、ORX、NRX 和 KRX 算法是具有综合优势的。同时，在 ROC 曲线图中 GRX 算法曲线在最上方，在 AUC 直方图中 GRX 算法具有最高的立方体，在每个异常检测评估标准中，本小节提出的 GRX 算法相较于其他算法都具有优势，所以 GRX 算法比 RRX、ORX、NRX 和 KRX 算法有更好的异常检测性能。

表 7.4　五种算法在 Indian Pines 上运行的 AUC 值和运行时间(粗体为最佳值)

σ	指标	算法				
		GRX	RRX	ORX	NRX	KRX
2700	AUC	**0.7729**	0.5587	0.6526	0.3071	0.5666
	运行时间/s	0.0641	**0.0134**	0.0176	0.0506	0.4752

续表

σ	指标	算法				
		GRX	RRX	ORX	NRX	KRX
2800	AUC	**0.7849**	0.5671	0.6461	0.3379	0.6153
	运行时间/s	0.0630	**0.0129**	0.0171	0.0517	0.4559
2900	AUC	**0.7959**	0.5716	0.6398	0.3787	0.6507
	运行时间/s	0.0846	**0.0132**	0.0182	0.0511	0.4718
3000	AUC	**0.8062**	0.5728	0.6339	0.4267	0.6767
	运行时间/s	0.0799	**0.0126**	0.0172	0.0525	0.4571
3100	AUC	**0.8147**	0.5703	0.6269	0.4772	0.6955
	运行时间/s	0.0640	**0.0112**	0.0168	0.0656	0.5224
3200	AUC	**0.8217**	0.5645	0.6209	0.5256	0.7092
	运行时间/s	0.1057	**0.0145**	0.0163	0.0548	0.4561
3300	AUC	**0.8272**	0.7337	0.6897	0.2073	0.7187
	运行时间/s	0.0518	0.0191	**0.0184**	0.0451	0.4719

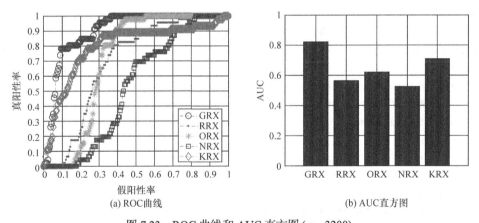

(a) ROC曲线　　　　　　　　(b) AUC直方图

图 7.23　ROC 曲线和 AUC 直方图 ($\sigma = 3200$)

实验数据适用性：当数据集选取为 Indian Pines 数据集时，算法的检测性能普遍表现一般，这是由于 Indian Pines 场景的数据集类型更加复杂多元化，覆盖更多的地物种类，是高光谱遥感图像中较大场景的一个数据集，经常用它来做针对大场景的高光谱遥感图像处理实验。此数据集在拍摄时涉及的场景有着更为复杂和多样的种类，所以在获取高光谱遥感数据时，每种物质的光谱信息数据量也会直线上升，导致后续异常目标检测处理过程中的检测性能会比之前的场景稍弱一些。但是，本小节提出的 GRX 算法在此高光谱真实图像数据上仍具有更好的检测效果，所以可以得出 GRX 算法在高光谱遥感图像数据中的大场景上仍然适用，并且检测性能要优于 RRX、ORX、NRX 和 KRX 算法，GRX 算法具有良好的检测性能，同时也拥有更好的普遍适用性，在高光谱遥感图像中的大场景上仍然具有良好的检测效果。

思　考　题

1. 简述高光谱图像的特点。
2. 简述高光谱图像处理技术的流程。
3. 说明高光谱图像的处理有哪几种方式。
4. 说明高光谱图像解混模型有哪两种。
5. 高光谱图像异常目标检测有什么特点？

参 考 文 献

[1] 方煜. 成像光谱仪光学系统设计与像质评价研究[D]. 西安：西安光学精密机械研究所, 2013.

[2] 王爽. 大孔径静态干涉光谱成像仪信噪比研究[D]. 西安：西安光学精密机械研究所, 2013.

[3] 袁艳. 成像光谱理论与技术研究[D]. 西安：西安光学精密机械研究所, 2005.

[4] 王丽霞, 王慧, 高军. 星载超光谱成像技术应用及现状分析[J]. 航天返回与遥感, 2000, 21(1): 40-47.

[5] 唐晓燕, 高昆, 倪国强. 高光谱图像非线性解混方法的研究进展[J]. 遥感技术与应用, 2013, 28(4):731-738.

[6] KESHAVA N, MUSTARD J F. Spectral unmixing[J]. IEEE Signal Processing Magazine, 2002, 19(3): 44-57.

[7] NASH D B, CONEL J E. Spectral reflectance systematics for mixtures of powdered hypersthene, labradorite, and ilmenite [J]. Journal of Geophysical Research, 1974, 79(11): 1615-1621.

[8] SINGER R B, MCCORD T B. Mars: Large scale mixing of bright and dark surface materials and implications for analysis of spectral reflectance[C]. In Proceedings of 10th Lunar and Planetary Science Conference, Houston, 1979: 1835-1848.

[9] 普晗晔. 高光谱遥感图像的解混理论和方法研究[D]. 上海：复旦大学, 2014.

[10] BOREL C C, GERSTL S A W. Nonlinear spectral mixing models for vegetative and soil surfaces[J]. Remote Sensing of Environment, 1994, 47(3): 403-416.

[11] ALTMANN Y, HALIMI A, DOBIGEON N, et al. Supervised nonlinear spectral unmixing using a postnonlinear mixing model for hyperspectral imagery[J]. IEEE Transactions on Image Processing, 2012, 21(6): 3017-3025.

[12] HAPKE B. Bidirectional reflectance spectroscopy: 1. Theory[J]. Journal of Geophysical Research. Solid Earth: JGR, 1981, 86(B4): 3039-3054.

[13] YAN B K, CHEN W T, WANG R S, et al. Variation law of mineral emissivity spectra with mineral granularity and emission angle based on Hapke model[J]. Earth Science - Journal of China University of Geosciences, 2009, 34(6): 946-954.

[14] 李小文, 王锦地. 植被光学遥感模型与植被结构参数化[M]. 北京：科学出版社, 1995.

[15] 展昕. 基于 SAIL 模型的光谱解混研究[D]. 武汉：华中科技大学, 2009.

[16] FAN W, HU B, MILLER J, et al. Comparative study between a new nonlinear model and common linear model for analysing laboratory simulated‐forest hyperspectral data[J]. International Journal of Remote Sensing, 2009, 30(11):

2951-2962.

[17] 张蒙蒙. 基于深度学习的高光谱图像融合分类技术研究[D]. 北京: 北京化工大学, 2019.

[18] JIANG K, XIE W, LI Y, et al. Semi-supervised spectral learning with generative adversarial network for hyperspectral anomaly detection[J]. IEEE Transactions on Geoscience and Remote Sensing, 2020, 58(7): 5224-5236.

[19] MATTEOLI S, DIANI M, CORSINI G. A tutorial overview of anomaly detection in hyperspectral images[J]. IEEE Aerospace and Electronic Systems Magazine, 2010, 25(7): 5-28.

[20] REED I S, YU X. Adaptive multiple-band CFAR detection of an optical pattern with unknown spectral distribution[J]. IEEE Transactions on Acoustics Speech and Signal Processing, 1990, 38(10): 1760-1770.

[21] MOLERO J M, GARZÓN E M, GARCÍA I, et al. Analysis and optimizations of global and local versions of the RX algorithm for anomaly detection in hyperspectral data[J]. IEEE Journal of Selected Topics in Applied Earth Observations and Remote Sensing, 2013, 6(2): 801-814.

[22] KWON H, NASRABADI N M. Kernel RX-algorithm: A nonlinear anomaly detector for hyperspectral imagery[J]. IEEE Transactions on Geoscience and Remote Sensing, 2005, 43(2): 388-397.

[23] 刘春桐, 马世欣, 王浩, 等. 基于空间密度聚类的改进 KRX 高光谱异常检测[J]. 光谱学与光谱分析, 2019, 39(6): 1878-1884.

[24] BANERJEE A, BURLINA P, DIEHL C. A support vector method for anomaly detection in hyperspectral imagery[J]. IEEE Transactions on Geoscience and Remote Sensing, 2006, 44(8): 2282-2291.

[25] GOLDBERG H, KWON H, NASRABADI N M. Kernel eigenspace separation transform for subspace anomaly detection in hyperspectral imagery[J]. IEEE Geoscience and Remote Sensing Letters, 2007, 4(4): 581-585.

[26] SAKLA W, CHAN A, JI J, et al. An SVDD-based algorithm for target detection in hyperspectral imagery[J]. IEEE Geoscience and Remote Sensing Letters, 2011, 8(2): 384-388.

[27] 江帆, 张晨洁. 利用 NSCT 和空间聚类的高光谱图像全局异常检测[J]. 国土资源遥感, 2017, 29(2): 53-59.

[28] 金升菊. 基于稀疏表示的语音感情计算研究[J]. 电脑知识与技术, 2018, 14(26): 171-172.

[29] LI W, DU Q, ZHANG F, et al. Collaborative-representation-based nearest neighbor classifier for hyperspectral imagery[J]. IEEE Geoscience and Remote Sensing Letters, 2014, 12(2): 389-393.

[30] WU Z, SU H, DU Q. Low-rank and collaborative representation for hyperspectral anomaly detection[C]. 2019 IEEE International Geoscience and Remote Sensing Symposium, Yokohama, 2019: 1394-1397.

[31] CHEN Y, NASRABADI N M, TRAN T D. Simultaneous joint sparsity model for target detection in hyperspectral imagery[J]. IEEE Geoscience and Remote Sensing Letters, 2011, 8(4): 676-680.

[32] YUAN Z, HAO S, JI K, et al. Local sparsity divergence for hyperspectral anomaly detection[J]. IEEE Geoscience and Remote Sensing Letters, 2014, 11(10):1697-1701.

[33] LI J, ZHANG H, ZHANG L, et al. Hyperspectral anomaly detection by the use of background joint sparse representation[J]. IEEE Journal of Selected Topics in Applied Earth Observations and Remote Sensing, 2015, 8(6): 2523-2533.

[34] ZHANG Y, DU B, ZHANG L, et al. A low-rank and sparse matrix decomposition-based Mahalanobis distance method for hyperspectral anomaly detection[J]. IEEE Transactions on Geoscience and Remote Sensing, 2015, 54(3): 1376-1389.

[35] CANDÈS E J, LI X, MA Y, et al. Robust principal component analysis[J]. Journal of the ACM, 2011, 58(3): 1-37.

[36] SUN W, LIU C, LI J, et al. Low-rank and sparse matrix decomposition-based anomaly detection for hyperspectral imagery[J]. Journal of Applied Remote Sensing, 2014, 8(1): 083641.

[37] KANG X, ZHANG X, LI S, et al. Hyperspectral anomaly detection with attribute and edge-preserving filters[J]. IEEE Transactions on Geoscience and Remote Sensing, 2017, 55(10): 5600-5611.

[38] XIE W, JIANG T, LI Y, et al. Structure tensor and guided filtering-based algorithm for hyperspectral anomaly detection[J]. IEEE Transactions on Geoscience and Remote Sensing, 2019, 57(7): 4218-4230.

[39] 赵春晖, 姚淅峰. 高光谱实时异常目标检测研究[J]. 黑龙江大学自然科学学报, 2018, 35(5): 605-612.

[40] ROSSI A, ACITO N, DIANI M, et al. RX architectures for real-time anomaly detection in hyperspectral images[J]. Journal of Real-Time Image Processing, 2014, 9(3): 503-517.

[41] LI W, WU G, DU Q. Transferred deep learning for anomaly detection in hyperspectral imagery[J]. IEEE Geoscience and Remote Sensing Letters, 2017, 14(5): 597-601.

[42] ZHAO C, ZHANG L. Spectral-spatial stacked autoencoders based on low-rank and sparse matrix decomposition for hyperspectral anomaly detection[J]. Infrared Physics and Technology, 2018, 92: 166-176.

[43] LIU Y, GARG S, NIE J, et al. Deep anomaly detection for time-series data in industrial IoT: A communication-efficient on-device federated learning approach[J]. IEEE Internet of Things Journal, 2020, 99: 1-10.

[44] LIU Y, LI Z, ZHOU C, et al. Generative adversarial active learning for unsupervised outlier detection[J]. IEEE Transactions on Knowledge and Data Engineering, 2019, 32(8): 1517-1528.

[45] SCHLEGL T, SEEBÖCK P, WALDSTEIN S M, et al. F-AnoGAN: Fast unsupervised anomaly detection with generative adversarial networks[J]. Medical Image Analysis, 2019, 54: 30-44.

[46] XIA Y, CAO X, WEN F, et al. Learning discriminative reconstructions for unsupervised outlier removal[C]. Proceedings of the IEEE International Conference on Computer Vision, Santiago, 2015: 1511-1519.

[47] LAROCHELLE H, ERHAN D, COURVILLE A, et al. An empirical evaluation of deep architectures on problems with many factors of variation[C]. Proceedings of the 24th International Conference on Machine Learning, Santiago, 2007: 473-480.

[48] HE G, ZHONG Z, LEI J, et al. Hyperspectral pansharpening based on spectral constrained adversarial autoencoder[J]. Remote Sensing, 2019, 11(22): 2691.

[49] MAJUMDAR A. Graph structured autoencoder[J]. Neural Networks, 2018, 106: 271-280.

[50] MA N, PENG Y, WANG S, et al. An unsupervised deep hyperspectral anomaly detector[J]. Sensors, 2018, 18(3): 693.

[51] GOODFELLOW I, POUGET-ABADIE J, MIRZA M, et al. Generative adversarial nets[J]. Advances in Neural Information Processing Systems, 2014, 27: 2672-2680.

[52] KIRAN B R, THOMAS D M, PARAKKAL R. An overview of deep learning based methods for unsupervised and semi-supervised anomaly detection in videos[J]. Journal of Imaging, 2018, 4(2): 36.

[53] LUO H, ZHU S, LIU Y, et al. 3-D auxiliary classifier GAN for hyperspectral anomaly detection via weakly supervised learning[J]. IEEE Geoscience and Remote Sensing Letters, 2022, 19: 1-5.

[54] ZHU L, CHEN Y, GHAMISI P, et al. Generative adversarial networks for hyperspectral image classification[J]. IEEE Transactions on Geoscience and Remote Sensing, 2018, 56(9): 5046-5063.

[55] ZHANG M, GONG M, MAO Y, et al. Unsupervised feature extraction in hyperspectral images based on wasserstein generative adversarial network[J]. IEEE Transactions on Geoscience and Remote Sensing, 2018, 57(5): 2669-2688.

[56] YU J, RUI Y, TANG Y Y, et al. High-order distance-based multiview stochastic learning in image classification[J]. IEEE Transactions on Cybernetics, 2014, 44(12): 2431.

[57] JIANG T, LI Y, XIE W, et al. Discriminative reconstruction constrained generative adversarial network for hyperspectral anomaly detection[J]. IEEE Transactions on Geoscience and Remote Sensing, 2020, 58(7): 4666-4679.

[58] 李二森. 高光谱遥感图像混合像元分解的理论与算法研究[D]. 郑州: 解放军信息工程大学, 2011.

[59] 李二森, 张保明, 杨娜, 等. 非负矩阵分解在高光谱图像解混中的应用探讨[J]. 测绘通报, 2011(3): 7-10.

[60] 李二森, 邹瑜, 战飞, 等. 稀疏约束的 MVC-NMF 算法[J]. 测绘科学技术学报, 2010, 27(6): 429-432.

[61] LEE D D, SEUNG H S. Learning the parts of objects by non-negative matrix factorization[J]. Nature, 1999, 401(6755): 788-791.

[62] MIAO L, QI H. Endmember extraction from highly mixed data using minimum volume constrained nonnegative matrix factorization[J]. IEEE Transactions on Geoscience and Remote Sensing, 2007, 45(3): 765-777.

[63] CAI D, HE X, HAN J, et al. Graph regularized nonnegative matrix factorization for data representation[J]. IEEE Transactions on Pattern Analysis and Machine Intelligence, 2011, 33(8): 1548-1560.

[64] RAJABI R, KHODADADZADEH M, GHASSEMIAN H. Graph regularized nonnegative matrix factorization for hyperspectral data unmixing[C]. Machine Vision and Image Processing, Iranian, 2011: 1-4.

[65] LU X, WU H, YUAN Y, et al. Manifold regularized sparse NMF for hyperspectral unmixing [J]. IEEE Transactions on Geoscience and Remote Sensing, 2013, 51(5): 2815-2826.

[66] RAJABI R, GHASSEMIAN H. Spectral unmixing of hyperspectral imagery using multilayer NMF[J]. IEEE Geoscience and Remote Sensing Letters, 2015, 12(1): 38-42.

[67] CICHOCKI A, ZDUNEK R, CHOI S, et al. Novel multi-layer non-negative tensor factorization with sparsity constraints[C]. International Conference on Adaptive and Natural Computing Algorithms, Berlin, 2007: 271-280.

[68] AVIRIS data[EB/OL]. (2015-4-15)[2023-02-09]. http://aviris.jpl.nasa.gov/data/free_data.html.

[69] CORTES C, VAPNIK V. Support-vector networks[J]. Machine Learning, 1995, 20(3): 273-297.

[70] RAHIMI A, RECHT B. Random features for large-scale kernel machines[C]. Proceedings of the 20th International Conference on Neural Information Processing Systems, Columbia, 2007: 1177-1184.

[71] YU F X, SURESH A T, CHOROMANSKI K M, et al. Orthogonal random features[J]. Advances in Neural Information Processing Systems, 2016, 29: 1975-1983.

[72] GAN Y, LI L, LIU Y, et al. Anomaly target detection for hyperspectral imagery based on orthogonal feature[J]. Journal of Applied Remote Sensing, 2021, 15(4): 046501.

[73] CHANG C I, CHIANG S S. Anomaly detection and classification for hyperspectral imagery[J]. IEEE Transactions on Geoscience and Remote Sensing, 2002, 40(6): 1314-1325.

[74] BJORCK A. Numerics of gram-schmidt orthogonalization[J]. Linear Algebra and Its Applications, 1994, 197: 297-316.

[75] 贾立丽. 基于多任务联合稀疏表示的高光谱图像分类算法研究[D]. 北京: 中国科学院大学(中国科学院国家空间科学中心), 2019.

第 8 章　高动态范围图像处理

8.1　引　言

大自然给人类视觉系统展示的场景具有极其广泛的颜色和强度范围，如何显示这些内容是一个非常具有挑战性的问题。在自然界中，光照强度的动态范围十分广阔，如图 8.1 所示。例如，夏季晴朗的夜空中光线的平均亮度值为 10^{-4}cd/m^2，光照最强烈的午间平均亮度能达 10^6cd/m^2。根据人体生理学的研究发现，人类视觉对亮度在 $1：10^4$ 动态区间内的光影变换最为敏感，最能够精确地捕捉实景细节。实际上，目前的成像设备，如数码单反照相机，其搭载的电荷耦合元件/互补金属氧化物半导体(charge coupled device/complementary metal oxide semiconductor, CCD/CMOS)感光镜头因为材料感光性上的局限，在单次曝光下难以完整捕获整个实景的动态范围。同时，普通成像设备生成的图像在存储时大部分采用 8bit 位存储方式，图像色位深度仅为 256 个灰度级。图像编码上的局限性导致图像中亮度动态范围偏小，与真实场景内的动态范围存在较大差异，从而导致自然场景中光线变化、景物远近、色彩层次无法细致显现。具体表现为拍摄环境中高于成像设备亮度范围的部分严重失真，形成一片亮白区域；低于成像设备亮度范围的部分严重丢失轮廓细节，呈现一片漆黑，轮廓细节无法显示。

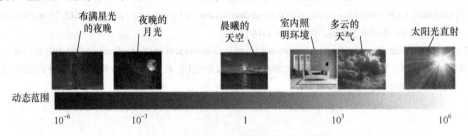

图 8.1　自然界中光照强度的动态范围

因此，在实际成像过程分类，通常将用普通数码相机直接拍摄并未经过专业的高动态范围(high dynamic range，HDR)成像增强处理所获得的图像，称为低动态范围(low dynamic range，LDR)图像。LDR 图像在成像过程中，容易产生图像过曝光或欠曝光现象，导致图像成像质量欠佳，图像内容难以和自然实景匹配。

如今，数字图像技术发展势头迅猛，已经渗透到人类生活中，在文化传媒、智慧交通、工业制造等许多领域应用广泛。与此同时，传统的低动态范围图像存在易丢失大量真实场景中细节信息的弊端逐渐突显，已经无法满足计算机视觉、智能工业检测、远程医疗诊断等重要领域的图像要求。因此，业界迫切需要数字成像技术的进一步发展。在业界需求的不断推动下，HDR 图像凭借其优秀的显示特性，获得了行业内的认可，逐渐成为主流显示手段。与低动态范围图像相比，高动态范围图像具备许多优点。高动态范围图像能够充分保留更多的图像信息，使图像画面层次分明，局部对比度显著提高，图像色泽更为细腻，更为真实地反映出目标场景的具体信息。

8.1.1　高动态范围概念

高动态范围成像，又称宽动态范围成像，是在非常强烈的对比下让摄像机看到影像的特色而运用的一种技术。当强光源(日光、灯具或反光等)照射下的高亮度区域及阴影、逆光等相对亮度较低的区域在图像中同时存在时，摄像机输出的图像中明亮区域因曝光过度成为白色，黑暗区域因曝光不足成为黑色，严重影响图像质量。

广义上的"动态范围"是指某一变化的事物可能改变的跨度，即其变化值的最低端极点到最高端极点之间的区域，此区域的描述一般为最高点与最低点之间的差值，这是一个应用非常广泛的概念。在谈及摄像机产品的拍摄图像指标时，一般的"动态范围"是指摄像机对拍摄场景中景物光照反射的适应能力，具体指亮度(反差)及色温(反差)的变化范围。

宽动态摄像机具有的动态范围比传统只具有 3∶1 动态范围的摄像机超出了几十倍。自然光线排列成从 120000lx 到星光夜里的 0.00035lx。当摄像机放置室内，向窗户外面拍摄时，室内照度为 100lx，而外面风景的照度可能是 10000lx，对比度是 10000/100=100∶1。人眼能很容易地看到这个对比，因为人眼能处理 1000∶1 的对比度。然而以传统的闭路监控摄像机处理会有很大的问题，传统摄像机只有 3∶1 的对比性能，它只能选择使用 1/60s 的电子快门来取得室内目标的正确曝光度，但是室外的影像会被清除掉(全白)；或者换种方法，摄像机选择 1/6000s 的电子快门取得室外影像完美的曝光度，但是室内的影像会被清除(全黑)。这是一个自摄像机被发明以来就一直存在的缺陷，如图 8.2 所示。

(a) 低动态范围图像　　　　　　　　(b) 高动态范围图像

图 8.2　不同动态范围的图像

HDR 可以令 3D 画面更逼真，就像人在游戏现场一样。在 HDR 的帮助下，可以使用超出普通范围的颜色值，因而能渲染出更加真实的 3D 场景。

8.1.2　高动态范围图像相关理论

1. 图像传感器动态范围

在介绍多曝光生成 HDR 图像的方法之前，有必要先了解现代数字成像的核心器件——图像传感器的相关概念。图像传感器作为感光器件，模仿人类视网膜感光细胞，是摄像系统的重要组成部分，可分为 CCD 和 CMOS 两大类。CCD 图像传感器采用特有工艺，通常具有低照度效果好、动态范围宽、灵敏度高、色彩还原能力强等优点。CMOS 图像传感器采用集成电路最常用的 CMOS 工艺，具有集成度高、功耗小、速度快、成本低等特点，最近几年在宽动态、低照度方面发展迅速，在市场上逐渐占据主流地位。CMOS 图像传感器通过感光像素阵列接收输入光的强度信息，通过时钟控制电路、模数转换器、噪声抑制电路、信号放大电路等，转换为数字图像信号输出。

高动态范围图像传感器的动态范围，可从两个方面进行描述，即光学动态范围和输出动态范围。图像传感器的光学动态范围是指像素所能检测到的光强度最大值和最小值的比值，实际上一般采用饱和曝光度和暗电流的比值来表示。图像传感器的输出动态范围是指饱和输出振幅和随机噪声的比值，一般与图像传感器——模数转换器(analog to digtial converter，ADC)量化的位数有关。以 8 位图像传感器为例，输出数据经线性映射，最终得到的像素亮度仅仅只有 2^8 个数量级的灰度值变化，因此对应的输出动态范围很小，仅能达到 1 到 2 个数量级。高端单反相机的图像传感器采用 12/14 位 ADC 量化，输出动态范围相应提高。但由于热噪声、闪烁噪声等的影响，仅仅提高 ADC 的位数，不能从根本上改善图像传感器动态范围的限制。

2. 高动态范围图像捕获技术

普通图像传感器的动态范围有限，不可能直接用于捕获动态范围较大的场景。为了突破这一限制，很多学者和研究机构都进行了多方面的探索，通常由下面的方式实现。

将分束器放在镜头和多个图像传感器之间，可以在每个图像传感器上产生同一场景的图像。每个图像传感器都可改变曝光时间，或者在系统中添加光衰减器改变每个图像传感器获得的曝光度。这样，通过对每个图像传感器上的图像进行合成，就可以实现高动态范围图像的实时生成。

Tocci 等[1]提出的多传感器结构(图 8.3)，采用两个分束器 beam splittler1、beam splittler2 和 3 个不同曝光度的图像传感器。光透过镜头，通过分束器 beam splittler1 和高曝光传感器被吸收 92%，其余 8%被反射到中等曝光传感器上。再经过分束器 beam splittler2，94%被中等曝光传感器吸收，6%被反射到低曝光传感器上，仅仅很少的光发射到镜头上或者其他区域。因此，每个图像传感器吸收曝光度不同，转换到图像的亮度值范围也不尽相同。图 8.3 中 Q 表示进入镜头的光强度。

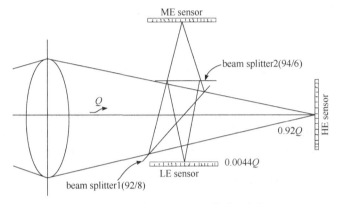

图 8.3　Tocci 等[1]提出的多传感器结构

ME sensor：中等曝光传感器；LE sensor：低曝光传感器；HE sensor：高曝光传感器；beam splitter：分束器

3. 图像传感器原始数据

在经过后续图像处理之前，图像传感器输出的是原始数据。通常每个像素的位宽为 8bit、10bit、12bit 或者更高位数。为了得到不同颜色光的强度信息，通常在图像传感器像素阵列上放置滤光片，即颜色滤波阵列，每个像素点只能透过特定波长的光。Bayer 型滤波模式是最为常见的滤波阵列，如图 8.4 所示。

G	R	G	R
B	G	B	G
G	R	G	R
B	G	B	G

图 8.4　Bayer 型滤波模式

Bayer 型滤波阵列每个单元包含 4 个像素，由于人眼对绿色最为敏感，所以每个单元中包括 2 个绿色像素、1 个红色像素和 1 个蓝色像素。为了得到完整的 RGB 色彩图像，需要在后续的图像处理中加入色彩滤波阵列(color filter array，CFA)插值模块。没有经过插值处理之前，图像传感器的输出是 Bayer 格式的 RAW 数据。

4. 高动态范围图像格式

经过合成算法得到的高动态范围图像，数据量过大，不能采用标准的 24 位 RGB(SRGB)格式进行编码，需要采用特定的格式进行处理。下面介绍三种常见的 HDR 图像的格式。

1) HDR 格式

HDR 格式又称为 radiance RGBE 格式，扩展名为.hdr 或者.pic。该格式最早于 1989 年被提出，至今依然广泛应用在图形学领域，特别是 HDR 图像编码领域。RGBE 文件包括 ASCII 码头、定义文件大小的字符串、采用游程编码的像素数据。像素数据用 4 个字节 RGBE 编码方式，R、G、B、E 各占 1 个字节。

2) TIFF 格式

TIFF 格式的扩展名为.tiff 或者.tif。采用 IEEE floating RGB、Logluv24、Logluv32 编码方式，每个像素 24 位或者 32 位。这种编码方式将亮度值和色度值通道分开，对亮度值通道单独应用对数压缩，达到人眼能够观察到的量级。

3) OPENEXR 格式

OPENEXR 格式的扩展名为.exr，是 Industrial Light and Magic 公司在 2002 年提出的。这种格式基于 16 位半浮点数类型，每个像素数据包括 R、G、B 三个通道，每个通道 16 位数据，也扩展支持每个通道 32 位、24 位浮点数类型。

8.1.3　高动态范围图像获取概述

HDR 图像的获取过程如图 8.5 所示。人们使用专业级 HDR 相机进行拍摄能够直接从自然界中获取到 HDR 图像。在使用 HDR 相机进行拍摄时，需要将许多影响成像的客观因素考虑在内，从而保证高质量成像。但是，专业级 HDR 相机的价格较为昂贵，很多中小型企业无法支撑其高额的整机价格和维护成本，因此传统的光学成像数码相机依旧是业界的主流首选。随着成像技术的发展，大多数 HDR 成像方法基于软件层面，将现存的 LDR 图像通过一定的重建规律来扩展图像动态范围来获得 HDR 图像。利用软件成像的方式能够避免许多客观因素的困扰，成像过程更为可控，图像获取成本更低廉，同时基于软件层面的图像处理可以进行实时更新，不断满足图像应用的进一步需求。软件成像技术使普通成像设备突破客观因素的限制，充分利用现存的 LDR 图像资源，避免造成重复。

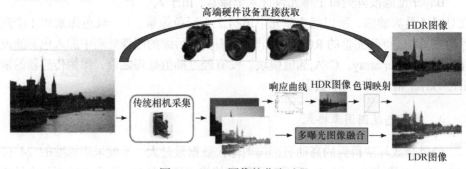

图 8.5　HDR 图像的获取过程

迄今为止，可以使用多种方法捕获和生成 HDR 数据，在实际应用过程中，研究者往往更青睐软件成像的方式，因为该方法获取 HDR 图像的成本最低，无须增加成像硬件设备。软件成像方法分为单图像成像和多图像成像两种方式。单图像生成 HDR 图像的方式在 2017 年被提出，发展时间较短，单图像 HDR 成像技术只能在特定的场景下使用。相比之下，多图像生成 HDR 图像已经取得较多成果，随着硬件性能不断提升，快速获取多幅图像的设备已经普及，发展较为成熟。对于多幅图像融合成像，在获取图像的过程中可能会存在抖动、光影变化、场景变化等客观情况，因此一般还需要伪影去除、图像校准等预处理技术进行辅助。

首先考虑 HDR 数据内容的生成问题。HDR 数据的捕获和生成基本都需要软件辅助。这些方法或由一组静态 LDR 图像序列生成 HDR 图像，或利用计算机图形学方法生成 HDR 图像，或将一幅单曝光 LDR 图像的动态范围扩展得到 HDR 图像。

高动态范围图像数据范围非常宽广，这也是 HDR 图像本身的特性之一。描绘一个相同的场景，HDR 图像数据要远多于相应 LDR 图像的数据。为了有效管理 HDR 数据，有必要研究高效的 HDR 存储方法。

HDR 技术的应用流程可进一步细分为五步：亮度响应曲线的确定、多曝光时间场景图像的获取、HDR 成像、刻度校准及图像分析。

(1) 亮度响应曲线的确定：由于不同型号相机对亮度的反应不同，并且同一型号相机所得图像中的像素亮度与实际亮度并不是线性对应关系，所以通过亮度响应曲线的确定可以恢复相机数字图像的像素亮度与场景中实际点亮度之间的对应关系。具体方法是拍摄一组曝光度变化范围较大的照片，将其导入 HDR Shop 或者 Photosphere 等软件得到"亮度响应曲线"。

(2) 多曝光时间场景图像的获取：通过数码相机调整不同的曝光度采集场景图像，尽量完整地反映待分析空间中的各个细节，这样得到的照片就是原始的 LDR 图像。

(3) HDR 成像：在 HDR Shop 或 Photosphere 等软件中导入 LDR 图像，并叠加亮度响应曲线生成 HDR 图像。目前，已经开发了很多种 HDR 的成像软件，其中部分软件可免费使用，如 MAC 的 Photosphere、PC 的 HDR Shop 软件。

(4) 刻度校准(photometric calibration，PC)：相机光孔是通过镜头里的光圈来调节大小的，光圈值通过光圈拨杆或触点传给机身，其构造只是有限次的完全重复，因此每次采集图像时实际光孔大小会有所不同而带来一定的误差。另外，相对相机上表示的快门速度与真实曝光时间也存在一定误差。例如，1/500s 的快门速度，在 Nikon F3 上为 1/531s。这些误差加在一起使得相机的曝光度并不完全准确。然而 HDR 技术所涉及的图像曝光度来自相机显示的参数，因此其像素亮度在叠加了亮度响应曲线之后仅是调整了相机感光装置在整体线性上的误差，而无法改变 HDR 图像单个像素亮度的准确性。这就要求采用实际的亮度测试仪进行同位置点校正，像素亮度与实际亮度的比值也被称为刻度校准系数。

(5) 图像分析：校正之后得到的 HDR 图像可以有 8.1.2 小节介绍的多种格式，这些数字图像能够在 HDR Shop、Photosphere 进行伪彩色图和等亮度曲线图等内容的分析。此外，也可以用 Radiance XYZE 格式在 Radiance 专业照明分析软件中进行分析，得到人视条件图像、亮度灰度图等。

8.2 多曝光图像生成 HDR 图像方法

数据的存储位数决定了可以显示的亮度级别。常规使用相机 RAW 文件中一般只能捕获和存储 8 位或者 12 位原始数据，不足以覆盖真实世界中大部分场景的全部动态范围。空间域合成 HDR 图像通常是对同一场景拍摄多张不同曝光度的图像，如图 8.6 所示，从左至右依次是低曝光图像、中等曝光图像、高曝光图像和合成图像，低曝光图像能够捕捉非常明亮处的细节，高曝光图像能够捕捉非常黑暗处的细节，最后将这些 LDR 图像合并生成一幅 HDR 图像，包含从暗至亮的全部细节。

图 8.6 不同曝光度的图像及合成图像

多曝光图像生成 HDR 图像方法对图像有如下前提和假设：多幅图像已经对齐，画面中没有移动物体，CCD 噪声对图像无影响。遗憾的是，在现实世界中采集图像时，这样的情况几乎不存在。为了解决这些问题，可以利用图像处理和机器视觉中经典的算法对图像进行伪影和噪声去除处理。

如果相机响应是线性的，将单幅曝光 LDR 图像在每个颜色通道的幅值，合并到 HDR 图像的幅值 $E(x)$，计算公式如下：

$$E(x) = \frac{\sum_{i=1}^{N} \frac{1}{t_i} w(I_i(x)) I_i(x)}{\sum_{i=1}^{N} w(I_i(x))} \tag{8.1}$$

式中，$I_i(x)$ 为第 i 幅曝光图像；t_i 为 $I_i(x)$ 对应的曝光时间；N 为多曝光图像的个数；$w(\cdot)$ 为加权函数，调整加权函数可以去除原始数据中的异常值。例如，在单曝光图像中，与较低的幅值相比，较高的幅值包含的噪声较少。但是，高幅值容易过度饱和，因此中间值的可信度较高。

实际应用中，由于相机轻微抖动或者拍摄物体位移，采集到的多张 LDR 图像中的某些景物存在相对位移，这些图像融合得到的 HDR 图像存在伪影 ghost 等现象。一种简便的解决方法是使用三脚架固定相机，同时选择没有明显运动的物体，这类场景称为静态场景，拍摄得到的 LDR 图像不用考虑这些影响。

2008 年 Debevec 等[2]提出的 HDR 图像重建方法，利用成像系统的物理特性，使用最小二乘法估计多幅不同曝光图像对应的相机响应函数(camera response function，CRF)，将图像转换到辐射域，之后线性化图像并去除存在的噪声，最后使用混合权重对图像进行融合得到 HDR 图像，这种方法得到的 HDR 图像是真实的辐射域图像，需要色调映射后才能在普通的显示设备上显示。

目前应用最多且研究最充分的方法是多曝光融合(multi exposure fusion，MEF)方法，首先获取同一静态场景的多幅不同曝光程度的 LDR 图像，每幅图像所记录的内容不同，对应真实场景中不同动态范围内的信息，其中低曝光图像记录了场景的高亮度区域信息，高曝光图像记录了场景的低亮度区域信息。利用一些算法确定每幅图像在融合时所占的权重后，通过对图像加权得到更高质量的 LDR 图像，这个图像可以看成色调映射后的 HDR 图像，可以直接在普通的显示设备上显示。

MEF 方法有逐块法和逐像素法。逐块法将输入图像分为不同的块，根据每个块的特征计算图像的权重。例如，2005 年 Goshtasby[3]采用梯度上升算法将输入图像分成不重叠的统一的小块，从每个图像中选取熵值最高的小块后，以小块为中心使用单调递减的函数确定图像的权重；2015 年 Ma 等[4]使用固定步长的滑窗处理输入图像，进行图像分块，然后将每个彩色图像块分解为信号强度、信号结构和平均强度三个分量，并根据块强度和曝光度分别处理每个分量进而确定权重。需要注意的是，逐块法得到的权重图中存在块与块间的人工效应，一般需要进行预处理或者后处理消除这些影响。

逐像素法通过计算每幅图像每个像素点的权重值来确定融合权重。2009 年 Mertens 等[5]提出对比度、饱和度及曝光度三个简单的度量指标计算每幅曝光图像对应的权重，使用拉普拉斯金字塔分解法对不同曝光的图像进行多尺度分解后，与进行了高斯分解的权重图对应相乘，最后采用拉普拉斯金字塔重构法得到最终的 HDR 图像，该方法是一个非常经典的多曝光融合方法，应用较多。

2014 年 Shen 等[6]提出增强的拉普拉斯金字塔融合算法，通过计算混合曝光权重指导金字塔的增强，进而得到更好的融合图像。

2018 年 Lee 等[7]定义了两种权重函数获得融合图像，一种权重反映像素值相对于整体亮度和相邻曝光图像的重要性，另一种权重反映具有相对较大全局梯度的像素值在所有曝光图像中的重要性，但该方法得到的融合图像细节不够清晰。

2020 年 Asadi 等[8]在 Lee 等所提权重的基础上加入了相位一致性梯度权重，该方法增强了图像的细节和纹理结构特征，但当场景存在强光时融合图像表现不自然。

单纯的加权融合方法存在细节不清晰、信息丢失等问题，为了进一步提高融合后的图像质量，有研究者提出了增强的多曝光融合方法。例如，Li 等 2012 年使用递归滤波[9]、2013 年使用引导滤波[10]的边缘保持滤波器对得到的权重图进行细化，改善融合图像时噪声的影响，但该方法会引入光晕伪影。

2020 年 Wang 等[11]设计了一种在 YUV 颜色空间实现多尺度曝光融合的细节增强算法，避免了采用边缘保持滤波器增强细节时产生的色彩失真问题，得到的融合图像细节更加清晰。

2021 年 Qu 等[12]引入色度评价函数，结合"良好曝光"度量指标设计权重函数，得到的融合图像增强细节信息的同时避免了光晕伪影现象，但该方法增加了算法的计算复杂度。

传统的多曝光融合方法多采用函数映射获取权值，通过融合得到 HDR 图像，存在物体位移时还需对齐操作，近些年深度学习的出现提供了新的解决思路，可以使用卷积神经网络实现端到端的多曝光融合过程，代替了传统方法中的各种复杂步骤，能够适应更多的情况。

2017 年 Kalantari 等[13]第一次提出基于学习的方法，从动态场景捕获的一组 LDR 图像重建 HDR 图像，为了训练多曝光图像重建 HDR 图像网络，他们拍摄并整理了一个数据集，使用光流法对齐每个场景包含的三张不同曝光度的图像后，利用卷积神经网络合并对齐后的多幅图像，得到最终的 HDR 图像。Ram 等[14]设计了一个无监督的 MEF 深度学习框架，该模型采用一种新颖的 CNN 结构，在不参考真实图像的情况下学习融合操作。该模型融合了从每幅图像中提取的一组常见的低水平特征，产生的融合图像感知效果较好。

2018 年 Li 等[15]提出了一种基于 CNN 特征的 MEF 算法，首先将输入的多曝光图像在其他任务的网络中预训练得到对应的 CNN 特征图，其次计算图像的局部可见性和一致性权重，最后通过加权融合得到 HDR 图像。

2020 年 Zhang 等[16]提出了一种基于卷积神经网络的通用图像融合框架，利用两个卷积层提取图像的显著特征，然后选择合适的融合规则对特征进行融合，最后通过两层卷积构建信息得到融合图像，适用于多曝光图像融合、多分辨率图像融合等多种图像的融合。

计算机视觉的发展促使 HDR 成像技术不断进步，从 20 世纪 90 年代开始，传统的 HDR 图像生成方法被提出并取得了一定的进展，之后 HDR 相关研究从未间断，并应用于实际生产活动，自 2017 年首次提出基于学习的 HDR 生成方法之后，利用神经网络的深度学习方法开始陆续被提出，相关的研究也越来越多。

8.2.1　空间域生成 HDR 图像

基于空间域合成 HDR 图像是目前应用最广的 HDR 图像重建方法之一。这类方法首先通过相机采集同一场景下的多张具有不同曝光度的 LDR 图像作为算法输入，然后通过融合算法对不同曝光度的 LDR 图像进行融合，重建生成该场景的 HDR 图像。尽管单张 LDR 图像的动态范围不足，但是不同曝光度的 LDR 图像包含的动态范围区域不同，因此融合多张 LDR 图像能够达到提升图像动态范围的效果。

一幅灰度图像可以看成是关于空间坐标的二维函数，是一个二维矩阵，每个像素点的灰度值与该矩阵中的元素成一一对应关系。彩色 RGB 图像则是由三个二维矩阵组成的，每个矩阵代表 R、G、B 三个颜色通道中的一个分量。因此，空间域的图像处理就是对一个(或者三个)二维矩阵进行处理，通过对矩阵中每个像素点的数值进行一系列的运算，达到所需的效果，因此空间域图像处理也称为像素域图像处理。

空间域合成 HDR 图像的算法，也称为像素域合成 HDR 图像算法，主要是对多曝光图像序列，基于一定的融合算子、融合策略，生成 HDR 图像，生成的图像能捕捉到实际场景中更高动态范围内物体的细节，假设多曝光图像序列为静止场景，其算法流程如图 8.7 所示。

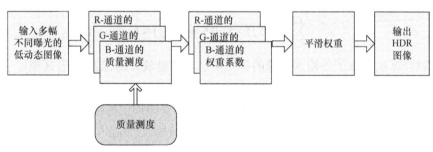

图 8.7　多曝光图像合成 HDR 图像的算法流程

融合策略根据融合级别的不同分为像素级(pixel-level)、特征级(feature-level)和决策级(decision-level)融合。其中，像素级融合是基础的图像合成算法，算法简单但是合成效果较好。因为基于像素的融合是在图像的时域进行，而人的视觉评判图像质量好坏也是依赖于图像的时域表现，因此像素级融合是最直观、最容易评判融合效果的方法之一。

1. 基本模型

由于真实场景的动态范围与相机的动态范围不匹配，调整相机不同的曝光参数导致有些图像中暗处场景较清晰，有些图像中亮处场景较清晰。不同曝光图像融合的输入图像是同一场景曝光度不同的一组图像序列。这组图像中有曝光度多的图像，能够保留场景中暗处的信息；有曝光度不足的图像，能够保留场景中亮处的信息。从视觉角度来分析，图像越清晰，它所包含的细节特征就越多。空间域合成 HDR 图像算法，首先输入一组不同曝光的低动态范围图像，其次通过一定的质量评价指标评价每幅图像的每一个像素，该评价指标可以提取出每幅图像中的优质细节信息，进而设计每幅图像的像素对应的权重，并归一化权重值，最后融合生成一幅质量较好的 HDR 图像。

设不同曝光的图像序列表示为

$$Y_{l,c}(i,j) = X_{l,c}(i,j) + N_{l,c}(i,j), \quad l = 1,2,\cdots,p; c = \mathrm{R,G,B} \tag{8.2}$$

式中，$Y_{l,c}(i,j)$ 为观测到的第 l 幅多曝光图像；c 为彩色图像的通道；$X_{l,c}(i,j)$ 为原始图像，即不含噪声的理想干净图像；$N_{l,c}(i,j)$ 为在成像过程中形成的光电噪声和量化噪声等，通常认为是独立同分布的高斯白噪声，假设噪声的均值为 0，方差 $\sigma > 0$；p 为不同曝光图像的个数。

那么，融合后的图像表示为

$$\hat{Y}_c(i,j) = \sum_{l=1}^{p} w_{l,c}(i,j) * Y_{l,c}(i,j) \tag{8.3}$$

式中，$*$ 表示乘积；权重系数满足：

$$\sum_{l=1}^{p} w_{l,c}(i,j) = 1, \ 0 \leqslant w_{l,c}(i,j) \leqslant 1 \tag{8.4}$$

融合算法提取了各输入图像的优质信息。质量较好的像素(或者区域)，则权重系数大；反之，权重系数小。

根据式(8.3)，设计合适的权重系数，能够将各图像中清晰的像素或者区域提取到融合图像中。例如，若 $w_{1,c}(i,j) = 1$，$w_{2,c}(i,j) = \cdots = w_{p,c}(i,j) = 0$，那么融合图像在该位置处的像素完全来源于第一幅图像，而其他图像的像素没有被提取。

在上述融合算法中，希望将不同图像中的清晰部分提取到一幅图像中，舍弃原来图像中的过曝光或者欠曝光部分，获得整体较清晰的图像，同时展现较宽动态范围的场景，即通过合成方式获取高动态范围图像。该算法的关键问题有两个，一是如何表征图像的细节特征，即图像的质量测度；二是如何确定权重系数，下面分别介绍。

2. 质量测度提取

图像的细节特征丰富，说明图像的灰度变化明显，含有的信息量较丰富，因此选用方差、均值作为描述细节特征的量[17]。为了避免分块融合中的边界效应，采取基于像素的融合方式，而某像素的细节特征是以该像素为中心的区域特征。当区域特征较大时，图像含有较多的细节信息，该像素作为优质资源被提取到最终的融合图像中；否则，认为是劣质资源，被舍弃。

像素 (i, j) 的质量测度 $Q(i, j)$ 定义为，以该像素为中心的一个 $(2k+1) \times (2k+1)$ 的正方形窗的质量测度，其方差测度、均值测度、梯度测度、熵测度、对比度测度分别定义如下：

$$Q_{\text{var},l,c}(i, j) = \frac{1}{d} \sum_{m=i-k}^{i+k} \sum_{n=j-k}^{j+k} [Y_{l,c}(m, n) - \overline{Y}_{l,c}]^2 \tag{8.5}$$

$$Q_{\text{mean},l,c}(i, j) = \frac{1}{d} \sum_{m=i-k}^{i+k} \sum_{n=j-k}^{j+k} \left| Y_{l,c}(m, n) - \overline{Y}_{l,c} \right| \tag{8.6}$$

$$Q_{\text{grad},l,c}(i, j) = \frac{1}{d} \sum_{m=i-k}^{i+k-1} \sum_{n=j-k}^{j+k-1} \left[\left| Y_{l,c}(m+1, n+1) - Y_{l,c}(m, n) \right| + \left| Y_{l,c}(m, n+1) - Y_{l,c}(m+1, n) \right| \right]$$

$$\tag{8.7}$$

$$Q_{\text{entr},l,c}(i, j) = \sum_{m=i-k}^{i+k} \sum_{n=j-k}^{j+k} -p\left[Y_{l,c}(m, n) \right] \log_2 p\left[Y_{l,c}(m, n) \right] \tag{8.8}$$

$$\begin{cases} Q_{\text{contrast},l,c}(i, j) = \left| \sum_{k_1=1}^{3} \sum_{k_2=1}^{3} \left[Y_{l,\text{gray}}(k_1, k_2) \cdot h(i-k_1, j-k_2)^2 \right] \right| \\ Y_{l,\text{gray}}(i, j) = 0.30 Y_{l,\text{R}}(i, j) + 0.59 Y_{l,\text{G}}(i, j) + 0.11 Y_{l,\text{B}}(i, j) \\ h = \begin{bmatrix} 0 & 1 & 0 \\ 1 & -4 & 1 \\ 0 & 1 & 0 \end{bmatrix} \\ c = \text{R}, \text{G}, \text{B} \end{cases} \tag{8.9}$$

式中，$d = (2k+1) \times (2k+1)$，为像素 (i, j) 周围区域像素的个数；$Y_{l,c}(m, n)$ 为第 l 幅低动态图像 c 通道中像素 (i, j) 的亮度值；$\overline{Y}_{l,c}$ 为区域窗内的平均亮度值，定义如下：

$$\overline{Y}_{l,c} = \frac{1}{d} \sum_{m=i-k}^{i+k} \sum_{n=j-k}^{j+k} Y_{l,c}(m, n) \tag{8.10}$$

从式(8.5)和式(8.6)来看，方差和均值反映了区域内各像素与该区域像素平均值的差异程度，差异程度越大，即方差和均值越大，图像细节越丰富，图像的质量越好。

式(8.7)所示梯度定义式刻画的是某像素与相邻像素的差异，反映图像的边界信息，梯度值越大，边界表现得越明显。

根据信息论，"熵"从统计学的角度刻画了信息包含的程度，某像素发生的概率越小，它的信息量越大，又因为概率是小于 1 的正数，根据式(8.8)，求和式中的每一项都是概率的递减函数，因此"熵"是关于概率的递减函数，即概率越小，信息量越大，熵越大，而概率小的像素多表现为细节信息。

图像的联合质量测度用 $Q_{l,c}(i,j)$ 表示，定义如下：

$$Q_{l,c}(i,j) = Q^{\alpha}{}_{\text{var},l,c}(i,j) \times Q^{\beta}{}_{\text{mean},l,c}(i,j) \times Q^{\gamma}{}_{\text{grad},l,c}(i,j)$$
$$\times Q^{\delta}{}_{\text{entr},l,c}(i,j) \times Q^{\zeta}{}_{\text{contrast},l,c}(i,j) \tag{8.11}$$

式中，α、β、γ、δ、ζ 取 0 或者 1，从而决定 $Q_{l,c}(i,j)$ 是由方差、均值、梯度、熵、对比度中的一种或者几种构成的。

另外，图像质量评价测度还可以采用图像的颜色饱和度、最佳曝光度[10]等，它们的定义分别如下所述。

颜色饱和度：在一幅图像中，R、G、B 分别表示图像的三个颜色通道的灰度值，首先求取这三个灰度值的平均值，然后根据平均值求得它们的标准差，即饱和度 S。计算公式如下：

$$S = \sqrt{\frac{1}{3}[(R-\mu)^2 + (G-\mu)^2 + (B-\mu)^2]} \tag{8.12}$$

$$\mu = (R + G + B)/3 \tag{8.13}$$

最佳曝光度：将同一像素点三个颜色通道灰度值的高斯曲线相乘，得到最佳曝光度 E。计算公式如下：

$$E = e^{-\frac{(R-0.5)^2}{2\sigma^2}} \times e^{-\frac{(G-0.5)^2}{2\sigma^2}} \times e^{-\frac{(B-0.5)^2}{2\sigma^2}} \tag{8.14}$$

式中，σ 表示高斯函数的方差，是可调参数。

3. 权重系数

令 $[Q_{1,c}(i,j), Q_{2,c}(i,j), \cdots, Q_{p,c}(i,j)]$ 表示 p 幅 LDR 图像各通道的质量测度矩阵，那么，由质量测度设计的第 l 幅图像的权重系数定义为

$$w_{l,c}(i,j) = \frac{Q_{l,c}(i,j)}{\xi + \sum_{l=1}^{p} Q_{l,c}(i,j)}, \quad l = 1,2,\cdots,p \tag{8.15}$$

式中，ξ 是一个远小于 1 的正数，其作用是避免分母为零，本书选择 $\xi = 10^{-7}$。那么，$\sum_{l=1}^{p} w_{l,c}(i,j) = 1$，$0 \leqslant w_{l,c}(i,j) \leqslant 1$，而且权重系数正比于质量测度。

根据式(8.15)，在不同 LDR 图像中同一坐标位置的像素赋予了不同的权重，这些权重因质量测度的不同而不同。质量"较好"的像素赋予了较大的权重，质量"较差"的像素赋予了较小的权重。因此，在最终的融合图像中，质量较好的

像素对融合图像的贡献就大，反之，质量较差的就被保留很少的比例或者丢弃。例如，一些欠曝光或者过曝光的像素，其区域方差为零，就被丢弃，从而达到提高图像质量的目的。

最后，通过式(8.16)得到可视化的高动态图像：

$$\hat{Y}_c(i,j) = \sum_{l=1}^{p} \left[w_{l,c}(i,j) \times Y_{l,c}(i,j) \right] \tag{8.16}$$

4. 实验结果分析

选取一组不同曝光的 LDR 图像，为佳能 EOS 700D 相机拍摄。4 幅 LDR 图像的曝光时间分别为 1/2500s、1/400s、1/200s、1/1000s，相机的感光度 ISO 均为 100。

如图 8.8 所示，初步合成的高动态图像是经过式(8.16)，但是没有经过平滑处理的合成图像。图像中出现了很多"斑块"人工效应，视觉效果较差，而经过平滑处理后的最终融合图像，其视觉效果明显比原始图像好很多，较暗处的门也能较清晰，并且图像细节清晰，内容清楚。

(a) 原始图像1

(b) 原始图像2

(c) 原始图像3

(d) 原始图像4

(e) 初步融合图像

(f) 最终融合图像

图 8.8　不同曝光的 LDR 图像及融合图像

8.2.2　变换域生成 HDR 图像

20 世纪 80 年代中期，小波变换开始应用于图像融合领域，它有优良的频域局域性和空域局域性，是图像处理的一项重要技术。小波变换是多分辨率理论的基础，它对图像进行多分辨分析，能够得到不同分辨率下图像的特征，从而对图像进行分析，很适合图像融合。

接下来介绍一种基于小波变换的图像融合算法，充分考虑了小波变换的特点，其融合原理如图 8.9 所示。

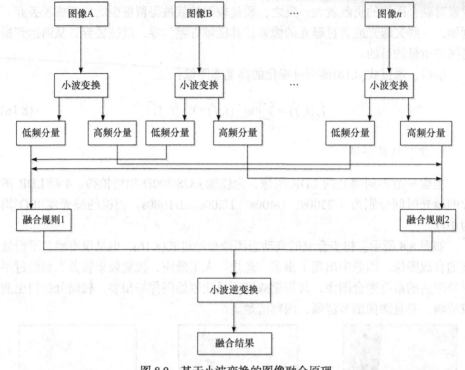

图 8.9　基于小波变换的图像融合原理

融合步骤如下：

(1) 精确配准待融合的每幅 LDR 图像，若图像在采集时已配准可忽略这一步骤；

(2) 对参与融合的每幅 LDR 图像进行小波变换；

(3) 图像经小波分解后分为低频分量和高频分量，对它们分别采取相应的融合规则进行融合处理，形成小波多分辨率图像；

(4) 对第(3)步得到的小波多分辨率图像进行小波逆变换，即得到 HDR 图像。

基于小波变换的图像融合算法是利用小波的多分辨优势，在小波域更好地表现图像的细节特征和近似特征，设计与小波域特征有关的权重系数，从而更好地提取不同曝光源图像的优质特征，最终获得一幅质量较高的图像。

融合规则的选取如下所述。

图像不同，则图像特征也不同，因此，对于不同类型的图像，利用小波变换对图像进行分解得到低频分量和高频分量时，所采用的融合规则也不相同。在基于小波变换的多分辨率分析的图像融合过程中，融合规则起着关键性作用。不管是 Curvelet 变换、Contourlet 变换，还是小波变换，如何选择融合规则会直接影响融合结果图像的质量[18-19]，它是多幅图像在融合过程中的关键。

从图 8.9 可看出，图像经小波分解后得到低频分量和高频分量，由于低频分量和高频分量的特点不同，所以融合规则分为低频分量的融合规则和高频分量的融合规则，而低频分量的融合规则较简单，高频分量的融合规则较复杂，下面分别介绍。

1) 低频分量的融合规则

图像在小波域的低频分量在一定尺度下近似于原始图像，它主要是图像的平滑信息。因此，可采用平均法得到融合图像的低频分量。假设有 p 幅多曝光图像，则融合后的低频分量为

$$G(i,j) = \sum_{k=1}^{p} w_k G_k(i,j) \tag{8.17}$$

式中，$\sum_{k=1}^{p} w_k = 1$，$w_1 = w_2 = \cdots = w_p = 1/p$；$G_k(i,j)$ 为参与融合的源图像在小波域的低频分量；$G(i,j)$ 为融合后的低频分量；w_k 为权重系数。

2) 高频分量的融合规则

一幅图像经小波分解后得到的高频分量对应于图像的细节信息，如边缘特征。因此，为了保留图像边缘，如何选择合成三个方向上的高频系数[18]也是本算法的关键。下面主要讨论基于区域均方差最大的高频融合规则。

第一步：计算高频分量各像素的均方差。

假设待融合的源图像在小波域的高频分量为 $D(i,j)$，首先用式(8.18)计算 $D(i,j)$ 中以像素点 (i,j) 为中心 $(2k+1) \times (2k+1)$ 邻域内的像素平均值 $\overline{M}(i,j)$，然后用式(8.19)计算区域内的均方差 $C(i,j)$。

$$\overline{M}(i,j) = \frac{1}{d} \sum_{m=i-k}^{i+k} \sum_{m=j-k}^{j+k} D(m,n) \tag{8.18}$$

$$C(i,j) = \sqrt{\frac{\sum_{m=i-k}^{i+k} \sum_{m=j-k}^{j+k} \left[D(m,n) - \overline{M}(i,j) \right]^2}{d-1}} \tag{8.19}$$

式中，d 为 $(2k+1) \times (2k+1)$ 邻域内像素点个数；$D(m,n)$ 为 (m,n) 点所对应高频分量的值。

假设有 p 幅图像参与融合，那么高频分量的区域均方差为 $\left[C_1(i,j), C_2(i,j), \cdots, C_p(i,j) \right]$。

第二步：确定融合图像的高频分量。

比较 $\left[C_1(i,j), C_2(i,j), \cdots, C_p(i,j) \right]$ 中参与融合的源图像的高频分量所对应权

重系数的大小，最大的权重系数对应的高频分量即为最终融合后的高频分量 $d(i,j)$。也就是说，如果

$$C_k(i,j) = \max\left[C_1(i,j), C_2(i,j), \cdots, C_p(i,j)\right] \tag{8.20}$$

则

$$d(i,j) = D_k(i,j) \tag{8.21}$$

3）实验结果及分析

输入的不同曝光图像均用三脚架固定相机拍摄，并且场景内无运动目标，即假定各组不同曝光的图像是严格配准的。根据图 8.9，下面通过三组实验图像序列，验证小波变换在图像融合中的重要意义。

第一组实验对基于区域均方差和基于区域均方差最大的高频融合规则进行验证，结果如下：图 8.10(a)是用 Canon 相机拍摄的不同曝光时间的书房，它的曝光时间分别为 1/250s、1/4s、1s、4s，分辨率为 1024×683。图 8.10(b)所示融合图像保留了更多原始图像信息，信息更丰富。因此，基于区域均方差最大的高频融合规则更适合于各类图像的融合。

(a) 输入的多曝光图像序列

(b) 基于区域均方差的融合图像

图 8.10　第一组实验结果

第二组实验是本节算法与文献[17]所提算法的对比验证。

图 8.11(a)是用 NIKON D7000 相机拍摄的某建筑，它的曝光时间分别为 1/250s、1/60s、1/20s、1/2s，分辨率为 4928×3264。图 8.11(b)是基于小波变换合成的图像，图 8.11(c)是基于文献[17]算法合成的图像。

文献[17]提出的算法是在时域中得到融合图像，从图 8.11 中可以看出，虽然文献[17]算法合成的图像的视觉效果比本节算法得到的图像的视觉效果稍好，且保留了天空的细节，但是图 8.11(c)中墙壁及树已失真，而本节算法得到的图像能更好地还原该建筑的真实场景，保留了原始图像的更多细节。

(a) 输入的多曝光图像序列

(b) 本节算法合成图像　　　　　　(c) 文献[17]算法合成图像

图 8.11　第二组实验结果

8.2.3　基于深度学习的多曝光图像生成 HDR 图像

为了解决多曝光 HDR 成像任务中的对齐和融合问题，一些深度学习模型被相继提出。Kalantari 等[13]探索了三个神经网络框架，如图 8.12 所示，分别如下：①直接使用 CNN 进行多帧输入图像的融合，输出估计的 HDR 图像；②利用 CNN

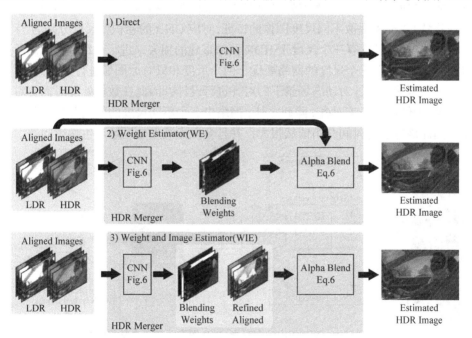

图 8.12　Kalantari 等[13]提出的网络结构

Aligned Images: 对齐图像；Direct：直接进行卷积操作；HDR Merger：HDR 融合；Weight Estimator：权重估计；Weight and Image Estimator：权重估计与图像估计；Blending Weights：混合权重；Refined Aligned：图像对齐；Alpha Blend：通道混合；Estimated HDR Image：生成的 HDR 图像

预测多帧输入图像的融合权重，然后根据预测的权重对原图像进行加权融合，获得预测的 HDR 图像；③前两个框架都是基于光流能够完美对齐多帧输入的假设，Kalantari 等[13]在第三个框架设计上抛弃了前两个框架所基于的假设条件，而是在②的基础上让网络额外输出精细对齐图像，对网络输出的对齐图像进行融合，输出预测 HDR 图像。这三个框架都需要首先用光流模型对输入 LDR 图像进行对齐，光流在前景运动物体有遮挡或者运动幅度较大时对齐效果会变差，甚至失效。

　　为了解决使用光流对齐带来的问题，Wu 等[20]提出了第一个不使用光流对齐的多曝光 HDR 图像重建深度学习模型。该模型将该任务看成是从 LDR 图像到 HDR 图像的图像翻译(image translation，IT)问题。该模型主要由编码器模块、融合模块和解码器模块组成，如图 8.13 所示。不同曝光的 LDR 图像首先通过不同的编码器进行特征编码，其次将这些编码的特征拼接起来送进融合模块进行融合，最后由解码器对融合后的特征进行解码，输出预测的 HDR 图像。文献作者探索了 UNet 和 ResNet 两种结构，在每个结构中都使用了全局的跳跃连接。这种模型不需要使用光流对齐，而是通过端到端的训练输出估计的 HDR 图像，因此极大地缩短了算法的运行时间，同时 HDR 图像重建结果更好。有研究提出一个多尺度稠密连接网络，文献作者首先将原图像下采样两倍和四倍，然后分别用一个稠密连接的 UNet 来提取不同尺度图像的特征，对应 UNet 的卷积核尺度分别为 7×7、5×5 和 3×3，通过计算三个尺度下 HDR 图像重建的损失来进行训练。文献作者通过实验证明，使用三个尺度的网络要优于两个尺度和只对原图像进行处理的网络。但是，该网络没有针对动态场景下的对齐进行设计，因此在数据处理时需要对多帧 LDR 图像进行光流对齐。除此之外，网络中三个不同尺度的分支并没有共享权重，因此该方法的时间开销依然很大，并且会在光流失效区域产生伪影问题。

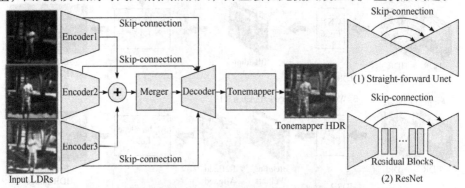

图 8.13　Wu 等[20]提出的多曝光 HDR 图像重建深度学习模型

Input LDRs：输入 LDR 图像；Encoder：编码器；Skip-connection：跳跃连接；Merger：融合；Decoder：解码器；Tonemapper：色调映射；Tonemapper HDR：经过色调映射后的 HDR 图像；Straight-forward Unet：前馈 Unet 网络；Residual Blocks：残差块；ResNet：残差网络

　　为了更好地解决因对齐而导致的伪影问题，Yan 等[21]提出了不需要使用显式的光流或者 Homography 对齐的多曝光 HDR 图像重建模型 AHDRNet。文献作者对模型进行了更为精细的设计，将模型分为对齐和融合两个模块，如图 8.14 所示，在对齐模块中，文献作者提出使用注意力机制来进行隐式对齐。对需要对齐的两帧 LDR 图像，在特征层面通过注意力模块输出注意力图，然后根据注意力图进行逐元素的相乘，获对齐后的特征；在融合模块，提出了空间残差密集块(dilated residual dense block，DRDB)，使用 Dilated Convolution 和 Residual Block 来进行对齐后特征的融合。类似地，作者也使用了全局的跳跃连接。得益于更为细化的网络设计和更为有效的模块使用，该方法表现出了比 Kalantari 等和 Wu 等所提方法更好的性能，同时模型的开销更低。

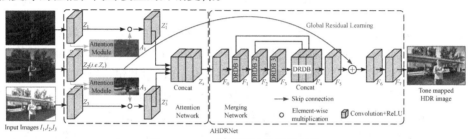

图 8.14　Yan 等[21]提出的网络结构

Input Images：输入图像；Attention Module：注意力单元；Concat：连接；Merging Network：融合网络；Skip connection：跳跃连接；Element-wise multiplication：基于像素(点乘)的运算；Convolution：卷积；Global Residual Learning：全局残差学习；Tone mapped HDR image：色调映射的高动态图像；DRDB：空间残差密集块；Convolution+ReLU：卷积和 ReLU 操作；Attention Network：注意力网络

　　从上述分析可以得出，目前在 HDR 图像处理领域中，深度学习方法取得了较为优异的表现，同时模型设计也在向着实用性、精细化和端到端的设计方向发展。针对该任务中的对齐问题，显式的光流和 Homography 等对齐方法由于效果不佳暂时还难以使用，而通过网络进行隐式对齐成为一个可以深入探究的方向。

8.3　单曝光图像生成 HDR 图像方法

　　基于单曝光 LDR 图像的 HDR 图像生成方法，简单来说，就是通过某种特定方式拉伸 LDR 图像的亮度范围，增强过曝光与欠曝光区域的细节信息。显然，单幅图像的 HDR 重建不会受到重影现象的影响，但是，由于在图像的过曝光和欠曝光区域存在大量的信息缺失，其比基于多曝光 LDR 图像的 HDR 图像重建任务更具挑战性。

8.3.1　传统算法

1. 基于逆相机响应函数的 HDR 图像生成算法

　　首先通过输入图像来估计相应的逆相机响应函数(inverse camera response

function，iCRF)曲线，然后使用 iCRF 对 LDR 域的图像进行映射得到对应的 HDR 图像，但 iCRF 曲线的获取方法都较复杂且泛化性并不强，而且在用于 RGB 颜色空间处理时很容易出现颜色失真。

2. 基于逆色调映射的 HDR 图像生成算法

对于单曝光 HDR 图像的扩展算子(expansion operator，EO)，又被称为逆色调映射算子(inverse tone mapping operator，ITMO)，在实际应用中对 LDR 图像的操作，可由式(8.22)表示：

$$g\left(I^{w \times h \times c}\right) = D_i^{w \times h \times c} \to D_0^{w \times h \times c} \tag{8.22}$$

式中，w、h 和 c 分别表示图像 I 的宽度、高度和色彩通道数；D_i 表示线性域；D_0 表示非线性域；$g(\cdot)$ 表示逆色调映射算子操作，同样可以被解释为让图像从 LDR 域到 HDR 域的一个域转换操作。一般来说，EO 总共包括以下五个步骤。

(1) 线性化：由于一般的 LDR 图像在经过相机图像信号处理(image signal processing，ISP)后会被一个非线性映射函数破坏原有像素值与真实环境光照的线性关系，这就需要首先将 LDR 图像大致做一个逆变换来恢复原有的像素值部分，多数时候无法得知 ISP 中的非线性函数形式，这时常用系数为 2 的指数变换代替。除此之外，也有方法通过相机响应函数的估计，来对整个成像过程中的非线性映射进行建模，以恢复出更精确的线性结果。

(2) 过/欠曝光区域修复：通过特定的方法对成像质量较差的过/欠曝光区域进行信息修复，通常包括高光抑制、纹理增强等操作。

(3) 像素值扩展：对图像使用设计好的逆色调映射算子进行动态范围的扩展，一般情况下，根据人类视觉响应规律，数值较低的像素通常会被压缩，中等范围亮度的像素会继续保持其亮度，而数值较高的像素则会被拉伸。

(4) 去噪：图像压缩量化或欠曝光区域本身的噪声，会在像素值扩展后变得相当明显，这时候就需要对它们进行抑制或去除。

(5) 颜色修正：在对原图像进行一系列操作后，图像的颜色可能会被去饱和而在整体上与原 LDR 图像有较大偏差，这时可以通过一些简单函数进行全局调整，或是通过直方图对其进行修正。

从对图像的操作方式上来看，传统的逆色调映射(inverse tone mapping，ITM)方法主要包括线性模型、全局模型、分类模型、扩展映射模型与基于用户模型五种，下面对每种模型做简单介绍。

1) 线性模型

图像的线性化对后续的众多图像处理方法效果有着相当重要的影响，在未知的图像空间中，是无法对像素被处理后的显示效果进行准确预测的，而在标准的线性空间中，能够明确分析使用的数学工具可能会对图像带来的影响。

Lin 等[22]通过图像中的边缘信息来对相机响应函数进行估计，他们认为在图像的边缘区域 W 两侧存在着两种区别较大的像素值 I_1 和 I_2，在这两种像素值之间的值，是通过插值得到的，对于未经过非线性处理的图像，把这三种像素值放在 RGB 颜色空间中，就组成了一条直线，当应用相机响应函数到这些像素点上时，可以得到：

$$M = f(I) \tag{8.23}$$

相机响应函数的存在使得原本在同一条线上的像素点间的关系被破坏了，当想要得到逆相机响应函数 $g = f^{-1}$ 时，对于处于边缘那部分被认为通过插值得到的像素 $M(x)$，就需要建立像素 $M(x)$ 到直线的模型，这条直线经过两点 $g(M_1)$ 和 $g(M_2)$，可以通过最小化 $g(M(x))$ 到直线 $g(M_1)g(M_2)$ 的距离 $D(g, \Omega)$ 来得到 g，$D(g, \Omega)$ 可由下式得到：

$$D(g, \Omega) = \sum_{x \in \Omega} \frac{\left| \left(g(M_1) - g(M_2) \right) \times \left(g(M(x)) - g(M_2) \right) \right|}{\left| g(M_1) - g(M_2) \right|} \tag{8.24}$$

式中，$\times$ 表示两个向量进行叉乘来计算外积。另外，图像边缘区域的准确计算对最后的 HDR 输出成像结果存在重要的影响，错误的边缘区域容易造成伪影的出现。一般地，图像边缘可通过 Canny 等算子进行提取。

2) 全局模型

反色调映射中的全局模型与色调变换中的类似，相对而言，此类模型在实际应用中较为简单直接，即对 LDR 图像的所有像素使用相同的映射函数或者同一套处理流程来完成动态范围的扩展。Landis[23]首先提出了一种基于全局模型的动态范围拓展方法，他们借鉴功率函数的形式对图像建立数字三维模型，获得了一个反色调映射函数：

$$L_{\mathrm{w}}(x) = \begin{cases} (1-k)L_{\mathrm{d}}(x) + kL_{\mathrm{w,max}}L_{\mathrm{d}}(x), & L_{\mathrm{d}}(x) \geqslant R \\ L_{\mathrm{d}}(x), & \text{其他} \end{cases} \tag{8.25}$$

式中，R 是判断图像像素亮度水平的阈值，用于避免对低亮度区域做不必要的处理，实际应用时需要对输入图像 $L_{\mathrm{d}}(x)$ 先进行归一化，这样就能保证图像的像素值在固定区间内，一般地，R 默认取值为 0.5；$L_{\mathrm{w,max}}$ 是图像的最大亮度；k 可由下式得到：

$$k = \left(\frac{I_{\mathrm{d}}(x) - R}{1 - R} \right)^{\alpha} \tag{8.26}$$

式中，α 是控制映射曲线扩展的衰减指数。

通过式(8.25)和式(8.26)即完成了基于全局模型的反色调映射。

3) 分类模型

Meylan 等[24, 25]通过将图像的不同区域进行分类，从而合理应用不同的动态范围扩展方法来进行处理。他们通过设定阈值的方式计算出图像中的过曝光区域，并通过分类器将提取到的过曝光区域分为散射部分与镜面反射部分，之后针对这两部分的图像特性，设计出不同的线性函数进行动态范围扩展，其扩展函数为

$$L_{\mathrm{w}}(x)=f\left(L_{\mathrm{d}}(x)\right)=\begin{cases}s_1 L_{\mathrm{d}}(x), & L_{\mathrm{d}}(x)\leqslant w\\ s_1 w+s_2\left(L_{\mathrm{d}}(x)-w\right), & \text{其他}\end{cases} \tag{8.27}$$

式中，$s_1=\rho/w$，$s_2=(1-\rho)/(L_{\mathrm{d,max}}-w)$，参数 ρ 用来调整高动态范围显示设备的亮度表达水平，实际应用时图像需要进行归一化操作，此时 $L_{\mathrm{d,max}}=1$，w 是人为设定的阈值，被用于分割出图像中的镜面反射部分和散射部分。值得注意的是，当函数 $f(\cdot)$ 中的参数设置使得拉伸强度较高时，会使得原本不易察觉的噪声边缘得到增强，因此可以通过拉伸前对高光区域使用双边滤波等方式进行噪声抑制。

4) 扩展映射模型

Banterle 等[26, 27]将 Reinhard 等提出的色调映射方法中使用的全局算子的逆算子作为逆色调映射使用的函数，该函数可以由式(8.28)表示：

$$L_{\mathrm{w}}(x)=\frac{1}{2}L_{\mathrm{w,max}}L_{\mathrm{white}}\left\{L_{\mathrm{d}}(x)-1+\sqrt{\left[1-L_{\mathrm{d}}(x)\right]^2+\frac{4}{L_{\mathrm{white}}^2}L_{\mathrm{d}}(x)}\right\} \tag{8.28}$$

式中，$L_{\mathrm{w,max}}$ 用于对输出图像进行最后的线性拉伸，决定了其最大像素值，可以默认设置为 1；$L_{\mathrm{white}}\in(1,+\infty)$ 是图像白色像素所在的值，很大程度上影响扩展曲线的形状，且与最终的输出图像对比度成正比。一般情况下，令 $L_{\mathrm{white}}\approx L_{\mathrm{w,max}}$ 可以在限制伪影带出现的情况下保证输出图像拥有较高的对比度。

5) 基于用户模型

一般的逆色调映射方法很难有效恢复出 LDR 图像本身丢失的细节，为此，Wang 等[17]提出了一种基于用户的方法，能够重建高亮度区域由于像素饱和损失的信息，并对曝光不足低亮度区域进行光线增强，让被噪声干扰的纹理与色彩信息能够得到修复，并提高最后输出图像的对比度。他们首先通过 $g=2.2$ 的反伽马函数对输入图像进行线性化处理($g=2.2$ 是 DVD 和电视格式的标准值[28])，并对被转化到 HDR 域的图像 I 进行高强度的双边滤波处理，能够在保持图像中强边缘信息的同时，抑制可能在成像过程中造成干扰的噪声，获得平滑的亮度图像 I_{f}，再以此计算出纹理细节图像 $I_{\mathrm{d}}=I/I_{\mathrm{f}}$。之后，可以通过设置合适的参数以椭圆高斯核的线性插值方式计算出 I_{f}。首先通过式(8.29)计算每个像素的权重值 $w(x)$：

$$w(x) = \begin{cases} \dfrac{C_{ue} - Y(x)}{C_{ue}} \\ \dfrac{Y(x) - C_{oe}}{1 - C_{oe}} \end{cases} \tag{8.29}$$

式中，$Y(x) = R_s(x) + 2G_s(x) + B_s(x)$，由像素点 RGB 三个通道的值线性加权得到；$C_{ue}$ 和 C_{oe} 分别是用于判断欠曝光区域与过曝光区域的阈值，根据实验统计得出 $C_{ue} = 0.05$ 和 $C_{oe} = 0.85$ 时效果相对较优。之后，通过设定好的阈值对图像进行分割，得到过曝光区域的掩模图，在此基础上应用椭圆高斯滤波瓣的方法对边缘估计做拟合计算，其中该椭圆高斯滤波瓣的轴方差可以通过被处理区域像素值的统计方差值估计得到，并且可以由不正常曝光区域边缘的普通像素分布情况来对该区域轮廓做进一步优化。紧接着，根据之前计算的 $w(x)$ 做线性加权便可以得到混合亮度 $O(x)$：

$$O(x) = w(x) \cdot G(x) + [1 - w(x)] \cdot \lg Y(x) \tag{8.30}$$

最后，用户可以根据图像的特点调整高斯滤波瓣的特性，以决定最后的成像效果，算法将基于混合纹理细节图与先前计算得到的大尺度亮度图重新构建出最终的 HDR 图像。为了避免不正常曝光区域与正常曝光区域之间产生不自然的缝隙，这里采用泊松图像编辑的方法来完成最终的融合任务。

8.3.2　基于深度学习的单曝光图像生成 HDR 图像

在日常生活中，人类大脑会经由视觉系统接收到大量的图像数据，这些数据信息会刺激不同的神经元逐级产生反应，并最终在一步一步的抽象中建立起所观察到事物的正确认知。大脑对外界输入的分析速率与得到结果的准确性相当之高，为此人们对大脑皮层的认知机制做了深入的研究。深度学习方法通过模拟人脑对接收到信息的处理过程，试图通过计算机方法建立起类似于人脑一样的学习机制，现有大量的优秀研究成果表明，基于深度学习的方法在各个领域的应用上具有十足的潜力与广阔的发展空间。深度学习在图像处理中的应用而为图像问题提供了数据驱动的解决方案，绕过了对人类专业知识的依赖。网络允许直接从数据中获得抽象的表示，而不是简单的像素化处理，因此，人们提出了几种基于深度学习的方法来学习 LDR 图像到 HDR 图像的直接映射。

1. 自编码-解码网络

Eilertsen 等[29]首先提出了一个用于处理单曝光 HDR 任务的网络，其网络结构相当朴素，为类似 UNet 的自编码-解码结构网络，他们工作的亮点如下所述。

(1) 设计了一种"虚拟相机"的方法从收集到的 HDR 图像制作 LDR 图像作为训练数据。

(2) 提出了以掩码的方式让网络特别针对过曝光区域进行修复。

(3) 巧妙地让解码器部分结构在对数域中进行计算，保证了输出图像的高动态范围。

(4) 将传统方法中本征分解的方法应用于 loss 计算，将 loss 分为照射层与反射层，通过权重参数让网络的输出特性人为可控，且提升了输出颜色的准确性。所使用的网络结构如图 8.15 所示。

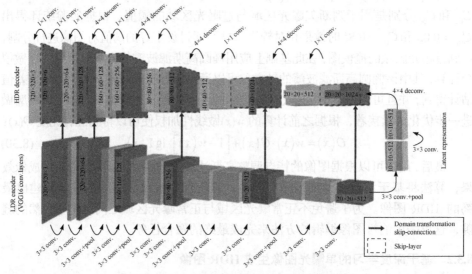

图 8.15　Eilertsen 等[29]提出的自编码–解码网络

encoder：编码器；conv：卷积层；pool：池化层；Latent representation：隐层表示；Domain transformation skip-connection：域变换跳跃连接；Skip-layer：跳跃层；deconv：解卷积；decoder：解码器

2. 多分支网络

Marnerides 等[30]借鉴了被广泛应用在超分辨任务上的多尺度网络结构，对网络结构进行了创新，如图 8.16 所示。从图中可以看出，该网络模型包含三个分支，分别为全局分支、半局部(膨胀)分支与局部分支，顾名思义，其作用分别在于把握图像整体的亮度分布、学习图像强关联区域的亮度分布与增强图像局部细节的亮度信息。由 ExpandNet 获得的结果往往拥有较清晰的细节，且能够对图像噪声有一定的平滑效果，具有较好的表现。使用全局分支来代替 UNet 中的上采样卷积，有效地避免了棋盘伪影的出现，但仍存在一定的色彩失真。

3. 反色调映射网络

Ning 等[31]提出了一种基于生成对抗网络的反色调映射网络，如图 8.17 所示。首先训练一个基于 UNet 的 HDR 图像生成器，它将 LDR 图像转换为 HDR 图像，在每次迭代中加入鉴别器网络，在对抗学习中使得生成的 HDR 图像无限接近于真实 HDR 图像，得到了更真实的结果。

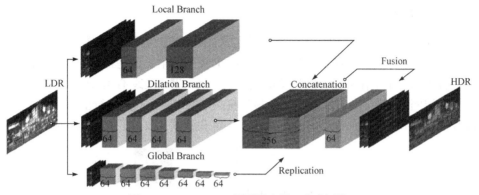

图 8.16　Marnerides 等[30]提出的三分支网络

Local Branch：局部分支；Dilation Branch：膨胀分支；Global Branch：全局分支；Concatenation：通道拼接；
Fusion：融合；Replication：复制

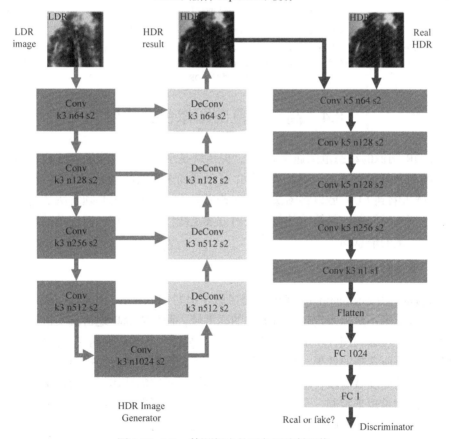

图 8.17　Ning 等[31]提出的反色调映射网络

Conv k3 n64 s2：大小为 3，卷积核数量为 64，步长为 2 的卷积层；Flatten：特征展平；FC：全连接层；DeConv k3
n64 s2：大小为 3，卷积核数量为 64，步长为 2 的反卷积层；LDR image：低动态范围图像；HDR result：高动态范
围图像结果；Real HDR：真实的 HDR 图像；HDR Image Generator：HDR 图像生成器；Discriminator：判别器

4. 分阶段生成网络

2020 年 Liu 等[32]提出了一个分阶段生成 HDR 图像的网络，如图 8.18 所示。不再使用通用网络学习直接从 LDR 图像到 HDR 图像映射，而是将单图像 HDR 重构问题分解为三个子任务，分别为反量化、线性化、生成最终 HDR 图像，并开发了三个深层网络来专门完成每个任务。最后将三个网络联合起来进行微调，以进一步减少误差，并建立了一个公开数据集用于训练和测试，取得了优异的生成结果。

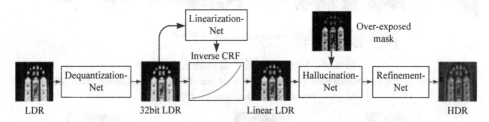

图 8.18　Liu 等[32]提出的分阶段生成 HDR 图像的网络

DequantizationNet：反量化网络；LinearizationNet：线性化网络；Over-exposed mask：过曝光掩模；
HallucinationNet：HDR 图像生成网络；RefinementNet：细化网络；Inverse CRF：反相机响应曲线；Linear
LDR：线性 LDR

8.4　高动态范围图像色调映射

HDR 图像的动态范围通常为 2^{16}，但传统显示器最多只能显示 8 位，即最多显示的动态范围为 2^8。于是，在 HDR 显示器尚未普及的情况下，如何将图像从 HDR 域压缩到 LDR 域以将图像显示在普通显示设备上成为必须解决的问题，被称为色调映射问题。最简单的色调映射方案是线性缩放数据，但简单的线性缩放会导致大量的信息损失。

8.4.1　色调映射基础

色调映射(tone mapping，TM)原是摄影学中的一个术语，因为打印照片所能表现的亮度范围不足以表现现实世界中的亮度域，而如果简单地将真实世界的整个亮度域线性压缩到照片所能表现的亮度域内，则会在明暗两端同时丢失很多细节，这显然不是所希望的效果，色调映射就是为了克服这一情况而提出的，既然照片所能呈现的亮度域有限，那么可以根据所拍摄场景内的整体亮度通过调整光圈与曝光时间的长短来控制一个合适的亮度域，这样既可以保证细节不丢失，也可以使照片不失真。人的眼睛也是同样的原理，这就是为什么人从一个明亮的环境突然到一个黑暗的环境时，可以从什么都看不见到慢慢可以适应周围的亮度，不同的是人眼是通过瞳孔来调节亮度域的。这个问题同样存在于计算机图形上，为了让图像更真实地显示在显示器上，同样需要色调映射来辅助。整个色调映射过程首先要根据当前的场景推算出场景的平均亮度，然后根据平均亮度选取合适的亮度域，将整个场景映射到该亮度域得到正确的结果。

其中有几个重要参数。例如，middle grey：整个场景的平均灰度，关系到场景所应处在亮度域；Key：决定整个场景的亮度倾向，倾向偏亮或者偏暗。首先需要做的是计算出整个场景的平均亮度，有很多种计算平均亮度的方法，目前常用的是使用 log-average 亮度作为场景的平均亮度，通过下面的公式可以计算得到：

$$\overline{L}_w = \frac{1}{N}\left\{\sum_{x,y}\log\left[\delta + L_w(x,y)\right]\right\} \tag{8.31}$$

式中，$L_w(x,y)$ 是像素点 (x,y) 的亮度；N 是场景内的像素数；δ 是一个很小的数，用来应对像素点纯黑的情况。

使用式(8.32)将图像映射到亮度域。

$$L(x,y) = \frac{\alpha}{\overline{L}_w}L_w(x,y) \tag{8.32}$$

式中，α 为前面所讲的 Key 值，用来控制场景的亮度倾向，一般会选取几个特定的值。

图 8.19 展示了不同 Key 值对应的效果图。

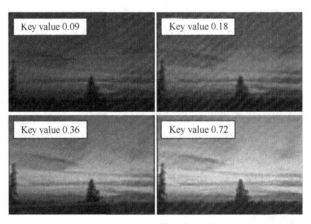

图 8.19 不同 Key 值对应的效果图[33]

Key value：关键值

从图 8.19 中可以看到，0.18 是一个适中的 Key，0.36 或者 0.72 相对偏亮，0.09 则是偏暗。完成映射的场景为了满足计算机能显示的范围还需将亮度范围再映射到[0, 1]区间，可以通过式(8.33)得到[0, 1]区间的亮度，$L_d(x,y)$ 即为所需的映射后像素点 (x,y) 的亮度值。

$$L_d(x,y) = \frac{L(x,y)}{1 + L(x,y)} \tag{8.33}$$

8.4.2 经典色调映射算法

当前有两种色调映射方案：全局色调映射和局部色调映射。若使用全局色调映射，那么图像中的每个像素都会根据其全局特征进行映射，忽略了像素在图像不同明暗处的位置信息，无法映射出一个层次丰富的图像。使用局部色调映射会注意到像素在图像亮区或暗区中的位置，可以将像素根据其空间特征进行计算处理。

近年来，HDR 图像的色调映射方法不断被提出，常用的色调映射算法包括 Reinhard 等提出的局部映射算法，其根据区域差异使用对应映射方式；Durand 等基于快速双边滤波提出的映射算法，该算法先将图像分为包含高频信息层(边缘、轮廓)和包含低频信息层(颜色、细节)，对低频信息层进行映射，保留高频信息；Drago 等提出的自适应对数映射算法，该算法对亮处采用较大底数的对数曲线映射以压缩对比度，对暗处采用较小底数的对数曲线映射以保持对比度；Mantiuk 等提出的基于感知的局部映射算法，该算法需要在视觉感知响应系统内对图像的梯度场进行调节以平衡对比度。

1. 全局色调映射

使用全局色调映射算法，就意味着对整幅图像的所有像素点采用一个相同的映射函数来进行处理。这样做的好处是，对所有的像素点进行相同的操作可以保留整幅图像的全局对比度。映射函数有时可能会对输入的图像先做一次处理来计算得到一些重要的全局信息，然后使用计算得到的全局信息来进行色调映射。色调映射算法中常用的全局信息包括最大亮度、最小亮度、对数平均值和算数平均值等。为了增强算法的鲁棒性并减少结果中的异常值，这些全局信息一般使用百分数计算，尤其是最大亮度和最小亮度信息。在时域上应用全局映射算法也是十分直观的，在多数情况下需要暂时过滤计算完成的图像数据，因为这可以避免因为序列中的结构不连续而导致的闪烁问题。全局映射算法的主要缺陷在于，因为操作过程中使用的是图像的全局信息，所以无法获得图像的全局对比度及原始 HDR 图像中良好的细节。

全局色调映射算法的设计通常遵循两种不同的思路：第一种是从传统的数字图像处理的算法出发，通过计算得到图像的某些全局信息，来对像素点进行操作；第二种是从人类视觉感知系统的某些特性出发，通过人类视觉感知系统的某些结论，来设计色调映射算法。数字图像处理方法是最先应用到色调映射算法当中的，随着人类对视觉的研究越来越深入，基于人类视觉感知系统的色调映射算法才逐渐进入人们的视野。通常情况下，基于人类视觉感知系统的色调映射算法得到的结果更加优秀。

本小节中，将首先介绍两类基于数字图像处理的算法[23]：简单映射算法和直方图校准算法。

1) 简单映射算法

全局色调映射技术是将 HDR 图像的每一个像素点通过同一个映射因子映射到 SDR 图像的范围内。因此，本质上来说，色调映射就是两个图像空间的映射，而最简单、最直观的映射方式就是使用一些基本初等函数进行映射。基于基本初等函数的色调映射算法就被称为简单映射算法。

简单映射算法中使用的基本初等函数通常为线性函数、对数函数和指数函数。尽管这些基本初等函数可以简单而快速地实现整个映射过程，但它们却无法将图像的动态范围准确压缩。线性曝光是显示 HDR 图像的一种非常直接的方法，初始图像 $L_w(x)$ 乘以一个因子 e 得到映射后的图像 $L_d(x)$，和数码相机处理曝光度的方法一样：

$$L_d(x)=eL_w(x) \tag{8.34}$$

使用者可以根据关注的信息来选择 e 的取值，当 $e=1/L_{w,max}$ 时，其中 $L_{w,max}$ 表示原始 HDR 图像的最大值，式(8.34)被称为标准化形式，此时得到的图像会变得很暗。当 e 的取值能使图像中有最多的曝光良好的像素点时，式(8.34)被称为自动曝光形式。但是，一个简单的线性变换无法很好地完成动态范围的压缩任务，因为线性变换只能良好地显示其中一小部分的信息。

对数映射则是利用对数函数对 HDR 图像进行映射操作，对数映射将会以 HDR 图像中的最大值为标准，将整幅图像非线性地映射到[0,1]区间，其映射函数可以写为

$$L_d(x)=\frac{\lg\left(1+qL_w(x)\right)}{\lg\left(1+kL_{w,max}\right)} \tag{8.35}$$

式中，$q,k \in [1,+\infty)$是由使用者定义的参数，这两个参数可以决定映射算法的具体表现。

指数映射是利用指数函数对 HDR 图像进行映射操作，指数映射将图像各像素点的值通过由指数函数构成的函数映射到[0,1]区间，具体的映射函数定义为

$$L_d(x)=1-e^{-\frac{qL_w(x)}{k\bar{L}_w}} \tag{8.36}$$

式中，q 和 k 是使用者需要调节的参数。使用上述几种算法得到的效果如图 8.20 所示。

对数映射和指数映射在处理出于中段动态范围的内容时，都可以获得很好的效果。但是，这两种方法在计算整幅 HDR 图像时却效果欠佳，这将导致图像过于

明亮或过于阴暗，全局对比度也会有失真并且图像细节不够自然。

(a) 标准化形式　　　(b) 自动曝光形式　　(c) 对数映射(q=0.01,k=1)　(d) 指数映射(q=0.1,k=1)

图 8.20　简单映射算法的结果图示例[23]

2) 直方图校准算法

在直方图校准算法中，也加入了一些人类视觉感知系统的理论应用。Larson 将传统的直方图均衡技术进行了修改和调整，使它能够用于色调映射技术上，Larson 同时也在其映射算法中模拟了人类视觉系统的一些特性。首先，这种算法要计算输入图像的灰度直方图 I，并在对数域内使用二进制数 n_{bin} 表示。Larson 通过实验证明，最多需要 100 个二进制数就足够准确地表示结果，此时累积直方图 $P(x)$ 表示如下：

$$P(x) = \sum_{i=1}^{x} \frac{I(i)}{T}, \quad T = \sum_{i=1}^{n_{bin}} I(i) \tag{8.37}$$

式中，x 是二进制数，这里需要注意的是，累积直方图是一个积分形式，而灰度直方图是它在适宜尺度下的导数：

$$\frac{\partial P(x)}{\partial x} = \frac{I(x)}{T\Delta x}, \quad \Delta x = \frac{\ln(L_{w,max}/L_{w,min})}{n_{bin}} \tag{8.38}$$

随后，灰度直方图需要均衡化，传统的均衡化对比度方法如下：

$$\ln(L_d(x)) = \ln(L_{d,min}) + P(\lg L_w(x))\lg(L_{d,max}/L_{d,min}) \tag{8.39}$$

式中，$L_{d,min}$ 表示映射后 LDR 图像的最小值；$L_{d,max}$ 表示映射后 LDR 的最大值。

这种操作因为只利用了很少的点进行区域内的色度域压缩并用最中间的点进行拓展，所以会引起图像中一大片区域的对比度失真，因此 Larson 使用了一种直接的方法：

$$\frac{\partial L_d}{\partial L_w} \leqslant \frac{L_d}{L_w} \tag{8.40}$$

综合式(8.38)～式(8.40)，可以得到：

$$f(x) \leqslant c, \quad c = \frac{T\Delta x}{\ln(L_{d,max}/L_{d,min})} \tag{8.41}$$

因此，当式(8.41)的条件无法满足时，对比度的失真就产生了，解决方法就是截断 $f(x)$，不过这种操作需要迭代进行，以避免改变 T 和 c。这种算法引入了一些模拟人类视觉系统的机制，如对比度、锐度和颜色敏感度等，这些都受启发于 Ferwerda 的工作。

总的来说，这种色调映射算法提供了一种改进 HDR 图像的直方图均衡方法，可以实现效果更好的动态范围压缩及良好的整体对比度。

2. 局部色调映射

相比于全局色调映射因子，局部色调映射因子更能提高色调映射图像的质量，因为局部色调映射因子不仅着眼于全局的对比度构建，而且着眼于局部的对比度构建。映射因子 f 通过将正在映射的像素点，以及这个像素点周围的像素点的强度值同时纳入计算，来得到映射后图像的像素值。尽管局部色调映射算法在理论上产生的图像效果要好于全局色调映射因子，但是在局部色调映射算法的实际应用中通常会出现一个问题，进而影响图像的质量，这个问题就是光晕现象。

在局部色调映射算法的设计过程中，如果周围像素点的选择不够好，映射方法的设计不够好，就有可能在图像某些区域的边缘出现明显的光晕。尽管在一些时候使用者希望产生光晕，因为这可以提醒人们注意某一特定区域，但是，由于光晕的产生无法被控制，并且通常情况下会给图像效果带来不良影响，因此在实际算法设计过程中，通常需要考虑如何避免光晕的产生。

局部色调映射算法的理论基础较为复杂。大多数局部色调映射算法综合了很多人类视觉感知系统的结论或是基于相关研究而得出的。

1) 空间不均匀缩放

Chiu 最先提出了一种保持局部对比度的方法。这种方法中色调映射因子通过一个像素点周围的其他像素点的均值来衡量这个像素点的亮度。定义如下：

$$L_{\mathrm{d}}(x)=s(x)L_{\mathrm{w}}(x) \tag{8.42}$$

式中，$s(\cdot)$ 是用来衡量周围像素点局部平均值的测量函数。定义如下：

$$s(x)=\left(k\left(L_{\mathrm{w}}\otimes G_{\sigma}\right)(x)\right)^{-1} \tag{8.43}$$

式中，G_{σ} 是一个高斯滤波器；k 是用来衡量最终结果的常数。这种色调映射算法存在的一个问题是，如果 σ 过小，那么产生的图像的对比度就会很低，效果不好；如果 σ 过大，那么产生的图像中会出现光晕。光晕通常会出现在明亮区域与阴暗区域的交界处，这意味着 $s(x)>L_{\mathrm{w}}(x)^{-1}$。

为了减轻这种情况带来的影响，在 $s(x)>L_{\mathrm{w}}(x)^{-1}$ 时，把 $s(x)$ 的值固定为 $L_{\mathrm{w}}(x)^{-1}$。在 $s(x)>L_{\mathrm{w}}(x)^{-1}$ 的点上，仍然会有些人为操作的痕迹在里面，主要的表现形式是

会有陡坡出现。一个解决方法是使用一个 3×3 的高斯滤波器来迭代地平滑 $s(x)$。最后，该算法使用一个低通滤波器来掩盖那些引人注意的人为产生的光晕。

2) 摄影学色调重现

Reinhard 提出了一种基于摄影原理的局部色调映射因子，这种算法模拟了摄影技术中使用了超过一个世纪的 burning 和 dodge 效应，这种算法的设计灵感来源于 Adams 提出的 Zonal 系统。这种算法的全局分量主要对高亮度的部分进行压缩：

$$L_d(x) = \frac{L_m(x)}{1 + L_m(x)} \tag{8.44}$$

式中，$L_m(x)$ 是对 $\alpha L_{w,h}^{-1}$ 进行缩放的原始亮度，α 是选定的曝光度，$L_{w,h}$ 是场景关键值的对数平均数估计值。关键值主观地认定该场景是明亮的、正常的还是暗的，并且会被用在区域系统中来预测一个场景亮度是如何映射到打印区域中的。注意到，式(8.44)说明，高亮度被压缩，而其他亮度则是被线性缩放的。但是，式(8.44)说明明亮的区域并不会变得更亮，但在摄影中，摄影师很可能会为了强调某些场景而加大曝光，加大对比度。因此，式(8.44)可以被修改成下面这种形式：

$$L_d(x) = \frac{L_m(x)\left[1 + L_{white}^{-2} L_m(x)\right]}{1 + L_m(x)} \tag{8.45}$$

式中，L_{white} 表示会被映射到白色的最小亮度值，默认情况下它与 $L_{m,max}$ 相等，L_{white} 作为截断值，会将超过该值的像素点值截断为 L_{white}。

通过之前的叙述可以定义一个局部色调映射算法，具体的操作方式是找到一个最大的没有明显边界的局部区域，这样可以避免产生光晕效应。比较不同尺度的高斯滤波之后的图像 L_m，如果其差别很小甚至趋近于零，那就说明没有明显边界，否则有明显边界，判别方程如下：

$$\left| \frac{L_{\sigma(x)} - L_{\sigma+1}(x)}{2^\Phi a\sigma^{-2} + L_\sigma(x)} \right| \leqslant \xi \tag{8.46}$$

当所有像素点的最大值都满足式(8.46)，也就是都没有明显边界时，全局操作因子就会被更改为局部操作因子，具体如下：

$$L_d(x) = \frac{L_m(x)}{1 + L_{\sigma_{max}}(x)} \tag{8.47}$$

式中，$L_{\sigma_{max}}(x)$ 是图像像素周围最大区域 σ_{max} 的平均亮度值。摄影学色调重现是一种保留了边界效应，并且避免了光晕效应的局部色调映射算法，除此之外，它还有个优势：不需要输入校正后的图像。

3. 一般适用方法

上述色调映射方法一般都不可微，一种更简单的色调映射方法是使用 μ 律对 HDR 图像进行压缩，该方法定义为

$$T = \frac{\lg(1+\mu H)}{\lg(1+\mu)} \tag{8.48}$$

式中，H 表示被归一化到[0,1]范围的 HDR 图像；T 表示色调映射后的图像；μ 一般设置为 500。μ 律本身是用于压缩音频信号动态范围的算法，由于其良好的扩展特性及可微性，在深度学习中计算 loss 前常使用 μ 律对生成结果进行映射。

思　考　题

1. 什么是高动态范围？
2. 高动态范围图像的格式有哪些，扩展名分别是什么？数据格式是什么？
3. 高动态范围图像处理主要有哪些研究方向？
4. 基于空间域的多曝光图像生成 HDR 图像的算法流程是什么？
5. 基于变换域的多曝光图像生成 HDR 图像的算法流程是什么？
6. 基于逆相机响应函数的单曝光图像生成 HDR 图像的算法流程是什么？
7. 举例说明在 HDR 图像处理领域的一种基于深度学习的算法流程。
8. 什么是高动态范围图像的色调映射？举例说明一种传统算法的流程。

参 考 文 献

[1] TOCCI M D, KISER C, TOCCI N, et al. A versatile HDR video production system[J]. ACM Transactions on Graphics, 2011, 30(4):41.

[2] DEBEVEC P E, MALIK J. Recovering high dynamic range radiance maps from photographs[C]. Proceedings of the 24th Annual Conference on Computer Graphics and Interactive Techniques, Los Angeles, 1997: 369-378.

[3] GOSHTASBY A A. Fusion of multi-exposure images[J]. Image and Vision Computing, 2005, 23(6): 611-618.

[4] MA K, WANG Z. Multi-exposure image fusion: A patch-wise approach[C]. Proceedings of IEEE International Conference on Image Processing, Canada, 2015: 1717-1721.

[5] MERTENS T, KAUTZ J, VAN R F. Exposure fusion: A simple and practical alternative to high dynamic range photography[J]. Computer Graphics Forum, 2009, 28(1): 161-171.

[6] SHEN J, ZHAO Y, YAN S, et al. Exposure fusion using boosting laplacian pyramid[J]. IEEE Transactions on Cybernetics, 2014, 44(9): 1579-1590.

[7] LEE S, PARK J S, CHO N I. A multi-exposure image fusion based on the adaptive weights reflecting the relative pixel intensity and global gradient[C]. Proceedings of 25th IEEE International Conference on Image Processing, Athens, 2018: 1737-1741.

[8] ASADI A, EZOJI M. Multi-exposure image fusion via a pyramidal integration of the phase congruency of input images with the intensity-based maps[J]. IET Image Processing, 2020, 14(13): 3127-3133.

[9] LI S, KANG X. Fast multi-exposure image fusion with median filter and recursive filter[J]. IEEE Transactions on Consumer Electronics, 2012, 58(2): 626-632.

[10] LI S, KANG X, HU J. Image fusion with guided filtering[J]. IEEE Transactions on Image Processing, 2013, 22(7): 2864-2875.

[11] WANG Q, CHEN W, WU X, et al. Detail-enhanced multi-scale exposure fusion in YUV color space[J]. IEEE Transactions on Circuits and Systems for Video Technology, 2020, 30(8): 2418-2429.

[12] QU Z, HUANG X, LIU L. An improved algorithm of multi-exposure image fusion by detail enhancement[J]. Multimedia Systems, 2021, 27(1): 33-44.

[13] KALANTARI N K, RAMAMOORTHI R. Deep high dynamic range imaging of dynamic scenes[J]. ACM Transactions on Graphics, 2017, 36(4CD): 144. 1-144. 12.

[14] RAM P K, SAI S V, VENKATESH B R. Deepfuse: A deep unsupervised approach for exposure fusion with extreme exposure image pairs[C]. Proceedings of the IEEE International Conference on Computer Vision, Venice, 2017: 4714-4722.

[15] LI H, ZHANG L. Multi-exposure fusion with CNN features[C]. Proceedings of 25th IEEE International Conference on Image Processing, Athens, 2018: 1723-1727.

[16] ZHANG Y, LIU Y, SUN P, et al. IFCNN: A general image fusion framework based on convolutional neural network[J]. Information Fusion, 2020, 54: 99-118.

[17] WANG L, WEI L, ZHOU K, et al. High dynamic range image hallucination [C]. Proceedings of the 18th Eurographics Conference on Rendering Techniques, Grenoble, 2007: 321-326.

[18] LIU W, WU S, LIU Y, et al. An improved HDRI acquisition algorithm based on quality measurement[C]. Proceedings of 10th IEEE International Conference on Industrial Electronics and Applications, Auckland, 2015: 614-619.

[19] KALANTARI N K, BAKO S, SEN P. A machine learning approach for filtering Monte Carlo noise[J]. ACM Transactions on Graphics, 2015, 34(4): 1-12.

[20] WU S Z, XU J R, TAI Y W, et al. Deep high dynamic range imaging with large foreground motions[J]. ArXiv e-prints, 2017, arXiv: 1711.08937.

[21] YAN Q, GONG D. Attention-guided network for ghost-free high dynamic range imaging[C]. Proceedings of IEEE Conference on Computer Vision and Pattern Recognition, Seattle, 2020: 3674-3683.

[22] LIN S, GU J, YAMAZAKI S. Radiometric calibration from a single image[C]. Proceedings of IEEE Conference on Computer Vision and Pattern Recognition, Cambridge, 2004: 938-945.

[23] LANDIS H. Production-ready global illumination[C]. Proceedings of SIGGRAPH Course Notes 16, San Antonio, 2002: 87-101.

[24] MEYLAN L, DALY S, SUSSTRUNK S. The reproduction of specular highlights on high dynamic range displays[C]. Proceedings of IST/SID 14th Color Imaging Conference, Scottsdale, 2006, 333-338.

[25] MEYLAN L, DALY S, SUSSTRUNK S. Tone mapping for high dynamic range displays[J]. Human Vision and Electronic Imaging XII, 2007, 6492(1): 847-850.

[26] BANTERLE F, LEDDA P, DEBATTISTA K, et al. Inverse tone mapping[C]. Proceedings of Conference on Computer Graphics and Interactive Techniques in Australasia and Southeast Asia, Sydney, 2006: 349-356.

[27] BANTERLE F, LEDDA P, DEBATTISTA K, et al. A framework for inverse tone mapping[J]. The Visual Computer, 2007, 23(7): 467-478.

[28] BT ITU-R. Basic parameter values for the HDTV standard for the studio and for international programme exchange[S].

American: ITU-R, 1990.

[29] EILERTSEN G, KRONANDER J, DENES G, et al. HDR image reconstruction from a single exposure using deep CNNs[J]. ACM transactions on Graphics, 2017, 36(6): 1-15.

[30] MARNERIDES D, BASHFORD-ROGERS T, HATCHETT J, et al. ExpandNet: A deep convolutional neural network for high dynamic range expansion from low dynamic range content[J]. Computer Graphics Forum, 2018, 37(2): 37-49.

[31] NING S Y, XU H T, SONG L, et al. Learning an inverse tone mapping network with a generative adversarial regularizer[C]. IEEE International Conference on Acoustics, Speech and Signal Processing, Calgary, 2018: 1383-1387.

[32] LIU Y L, LAI W S, CHEN Y S, et al. Single-image hdr reconstruction by learning to reverse the camera pipeline[C]. Proceedings of the IEEE/CVF Conference on Computer Vision and Pattern Recognition, Seattle, 2020: 1651-1660.

[33] FRANCESCO B. 高动态范围成像高级教程: 理论与实践[M]. 芦碧波, 郑艳梅, 等译. 北京: 清华大学出版社, 2018.

第 9 章　视频编码与码率控制

9.1　视　频　编　码

9.1.1　基本原理

在"平安中国""平安城市"等相关政策的大力推进下，以公共安全视频监控建设联网应用(雪亮工程)、国家城市安全风险综合监测预警平台等为代表的大型公共安全基础设施被大力建设，并被有效地应用于预警防控、刑事侦查、防恐反恐等领域，为我国社会和经济的长期稳定、向好发展提供了坚实有力的安全保障。

在视频监控系统中，需要传输多种信号，如视频、音频、报警信号、控制信号等，而视频是其中非常重要的一种。监控摄像头对周围场景进行视频采集。采集的原始监控视频依次经过编码、传输、存储、解码、显示操作后供控制中心及授权用户查看。监控摄像头采集的原始监控视频的数据量是非常庞大的，一个普通的监控摄像头一天采集的原始监控视频数据量就可以达到约 6TB。一些城市现有的监控摄像头数量已经达到百万、千万级别，且监控视频需要被连续存储几天，甚至在刑侦、司法等一些特殊应用场景中需要被存储几个月或长期存储，所以原始监控视频的数据量是非常庞大的。受当前视频监控系统网络传输能力和硬件存储能力的限制，采集后的原始监控视频数据必须要经过编码，将视频信息几十倍甚至上百倍的压缩后才能对监控视频数据进行有效的传输与存储，视频编码技术[1, 2]应运而生。

压缩视频数据量是视频编码技术的根本目的。视频编码技术用二进制 01 比特视频码流重新表达原始视频中包含的信息，在不损失视频质量(无损编码)或者稍微损失视频质量(有损编码)的前提下，显著降低表征视频内容的数据量。原始视频是能够被有效压缩的，其根本原因是原始视频像素间和图像间具有很强的相关性，即包含大量的冗余信息。视频编码技术通过采用预测、变换、量化、熵编码等技术可以有效消除像素间和图像间的相关性，减少冗余信息，有效降低表达视频信息的数据量，达到压缩的目的。当前视频编码技术可以有效消除原始视频中的冗余信息，包括空域冗余、时域冗余、视觉冗余、信息熵冗余。

由于当前绝大部分运行的视频通信系统，如视频监控系统、视频会议系统、广播电视系统等都是数字视频通信系统，所以如无特殊说明，本章所讲的视频图像均指的是数字视频图像。数字视频可以认为是时域上一幅一幅静止图像的集合，由于视觉暂留效应[3]的作用，相邻图像按照帧率依次播放即可产生视频内容平滑运动的感知。图像又可以看成是由像素组成的二维矩阵，矩阵的宽高对应着图像的空间分辨率。原始视频中的空域冗余可以直观理解为图像中相近空间位置像素点取值的相关性，像素点取值越接近，其相关性越大，图像中包含的空域冗余越多。相应地，时域冗余可以直观理解为视频中相邻图像像素点取值的相关性，像素点取值越接近，其相关性越大，视频中包含的时域冗余越多。

人类视觉系统是一个近似低通或带通的系统，其对于视频质量的感知是不敏感的，相比于原始待编码的视频，只有当编码重建后视频的质量出现较大差别时人眼才能够感知到[3-6]。人类视觉系统的感知不敏感性决定了原始视频中包含大量的视觉冗余。在编码原始视频时稍微降低视频质量，人眼也很难察觉到。另外，现实生活中存在很多视频通信应用，如广播电视、流媒体等，相比于视频的质量，消费者更加关注视频中的情节，在不影响感知视频内容情节的前提下，视频质量差一些通常也是可以接受的。综合以上两方面原因，考虑视觉冗余因素，在广播电视、流媒体等大多数消费类视频通信系统中通常使用中等码率来压缩视频，以降低一定的视频质量为代价换取更高的压缩比，即用更低的数据量表征视频的内容。

香农信息熵理论指出，待编码信号中信源符号分布的不均匀性导致了其包含很多信息熵冗余。图 9.1 所示为高效视频编码(high efficiency video coding，H.265/HEVC)标准的混合编码框架。混合编码框架是当前主流视频编码标准都采用的编

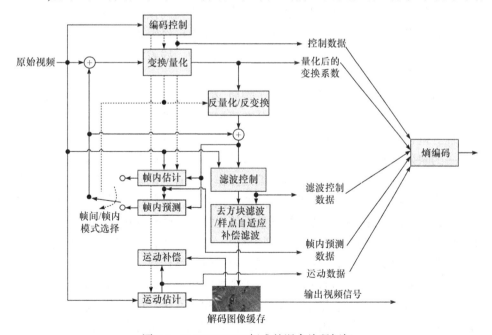

图 9.1 H.265/HEVC 标准的混合编码框架

码框架，从技术模块角度看，其主要包括帧内帧间预测模块、变换模块、量化模块、熵编码模块等。量化后的变换系数是熵编码的输入，其近似服从位置参数为0，尺度参数取值很小的拉普拉斯分布，即取值接近于0的系数占比很高，而其他取值系数的占比很低。因此，量化后变换系数中包含大量的熵冗余，通过熵编码方法即能有效地消除熵冗余，显著压缩数据量。

如前所述，当前流行的所有视频编码标准，如 H.26X/MPEG 系列国际视频编码标准[1, 2]、音视频编码标准(audio video coding standard, AVS)系列国家视频编码标准[7-10]等都采用基于预测、变换/量化、熵编码的混合编码框架。其基本编码过程及对应原理描述如下：首先将原始视频分割成像素块进行编码，像素块是视频编码的基本单元。例如，先进视频编码(advanced video coding, H.264/AVC)标准[11-13]定义的像素块称为宏块(macro block, MB)，MB 是边长为 16 的正方形像素块。H.265/HEVC[14-18]及最新的通用视频编码(versatile video coding, H.266/VVC)标准[19-23]定义的像素块称为编码树状单元(coding tree unit, CTU)，在 H.265/HEVC 中 CTU 的边长最大为 64，而在 H.266/VVC 中为了适应更大空间分辨率视频的编码，CTU 的边长增大为 128。然后像素块经过预测编码模块。预测编码模块考虑原始视频像素间广泛存在的空时域相关性，分别利用帧内及帧间预测技术有效消除像素中包含的空域及时域冗余信息。根据参考像素的来源，将预测编码技术分为帧内预测技术与帧间预测技术。在帧内预测技术中，参考像素只能是与当前编码像素块位于同一幅图像的邻近的已编码像素。在帧间预测技术中，参考像素除帧内预测技术可以包含的像素外，还可以包含相邻已经编码的其他图像像素。通过预测技术，可以得到与当前像素块对应的残差块，残差块是后续变换与量化的输入。

变换技术将信号从空间域变换到子带域，在进一步消除信号空域冗余的同时，显著集中了信号能量，信号中信源的分布更加陡峭。然后变换系数经过进一步量化处理。量化是整个视频编码产生失真的根源，其主要完成输入信号到输出信号多对一的映射。通过量化步长等参数的调节，量化也可以有效地消除部分视觉冗余。量化后的变换系数进一步经过熵编码操作，在有效消除熵冗余的同时得到视频码流中的纹理比特部分。除了量化后的变换系数，视频编码过程中产生的控制数据、帧内帧间预测数据、滤波控制数据等也需要传输给解码端。这些数据经过熵编码处理后得到视频码流中的头比特部分。最终头比特及纹理比特依据视频编码标准规定的语法语义封装成完整的视频码流供网络传输。

综上，视频编码技术可以看成是若干个数字信号处理子技术的集合，其通过有效消除原始视频中的空域冗余、时域冗余、视觉冗余、信息熵冗余，最终达到用更少的比特表征原始视频内容的目的，视频的数据量被显著地压缩。

9.1.2 视频编码标准发展历程

从 20 世纪 80 年代开始，随着数字视频的诞生及普及，如何有效地压缩视频数据量被学术界及产业界所关注，相应的视频编码标准应运而生。图 9.2 所示是国际上几个影响力比较大的视频编码标准的发展历程。目前国际上做视频编码标准的几个主要国际组织是国际电信联盟电信标准化部门(International Telecommunication Union-Telecommunication Standardization Sector， ITU-T) 与国际标准化组织(International Organization for Standardization，ISO)/国际电工委员会(International Electrotechnical Commission，IEC)。ITU-T 做的标准称为 H 系列，ISO/IEC 做的标准称为 MPEG 系列。最初 ITU-T 与 ISO/IEC 分开做标准，如早期的 H.261、H.263、MPEG-1、MPEG-4 标准。但从 H.262/MPEG-2 标准开始，ITU-T 与 ISO/IEC 开始联合制定标准，包括 2003 年发布的 H.264/AVC 标准、2013 年发布的 H.265/HEVC 标准，以及 2020 年发布的新一代通用视频编码标准 H.266/VVC。

当前由 ITU-T 与 ISO/IEC 联合制定的标准在产业界占主要地位，H.264/AVC 标准是迄今为止最成功的视频编码标准，被广泛应用于视频监控、视频会议、视频存储等场景中。随着多媒体技术、硬件技术、通信技术等的飞速发展，高清晰化已经成为网络视频监控系统发展的一个大趋势。相应地，2013 年由 ITU-T 与 ISO/IEC 联合制定的面向高清晰视频的 H.265/HEVC[14, 15]标准应运而生。目前，H.265/HEVC 已经成为监控视频领域一个主流的编码标准，海康威视、大华、360、海思半导体等国内各大厂商也先后推出了基于 H.265/HEVC 标准的视频监控设备。近几年，视频内容持续向多样化发展，除了传统的自然内容视频，也出现了一些新兴的视频内容，如屏幕内容视频、360°视频、高动态/宽色域视频等。相比自然内容视频，这些新兴的视频无论是在内容特征上还是在应用场景需求上都出现了显著变化，如何有效地压缩这些新兴的视频成为产业界及学术界关注的重点。相应地，2020 年 ITU-T 与 ISO/IEC 联合发布了面向多种类型视频压缩的通用视频编码标准 H.266/VVC。H.266/VVC 的"通用"特点主要表现在其可以有效压缩多种类型的视频，其压缩效率大约是上一代 H.265/HEVC 的两倍，即在获得同等主观感知质量的编码重建视频的前提下，编码码率可以节省约 50%。凭借优异的编码性能，H.266/VVC 标准具有广泛的应用前景。

除了 H.26X 及 MPEG 系列标准，由我国数字音视频编解码技术标准工作组(Audio Video Coding Standard Workgroup of China)[24]制定的具有自主知识产权的 AVS 系列标准也在国内相关部门被广泛应用。AVS 系列标准也是采用经典的混合编码框架，输入的原始视频依次经过帧内帧间预测技术、变换技术、量化技术、熵编码技术等处理后得到压缩后的视频码流。其已经经过三代发展，最新一代是由鹏城实验室、北京大学、华为技术有限公司等百余家国内外单位共同参与制定的 AVS3 标准。

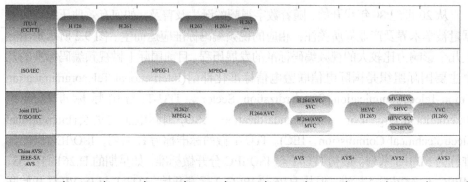

图 9.2　视频编码标准的发展历程

9.1.3　视频编码与码率控制的关系

一方面，视频编码标准只规定视频码流的语法语义，这样既可以有效刺激相关企业和技术团体开发更加高效的编码技术和设备，也可以保证技术与设备的互通性，所以码率控制技术并不属于视频编码标准中规定的内容。另一方面，当前的视频通信系统网络传输带宽都是时变的，码率控制技术是保障在时变系统中高效稳定地传输视频码流数据的关键技术，所以码率控制是视频编码器实用化的关键技术。

如前所述，在当前视频监控、视频会议、流媒体等视频通信系统应用中，受网络、硬件等技术的限制，原始视频信号必须经过编码，将视频码流压缩到一定大小才可以有效地传输。但是，一方面，当前通信网络的可用带宽是有限的且时变的，如宽带有线网络的接入数量随着时间及视频内容的变化会有显著变化，如 20：00 至 22：00 的热门赛事直播节目的观众数量就比较多，而凌晨普通节目的观众人数则显著减少；另一方面，采集视频的内容特性也会显著影响压缩后码流的大小，如相比于包含运动缓慢内容的视频，包含剧烈运动内容视频压缩后的码率通常是较大的。在编码器实际工作中，怎样做到在让编码出的码率实时匹配当前网络带宽的前提下，尽可能提高视频的质量是一个关键问题，这个也是码率控制技术的关键。下面章节将详细讲解码率控制技术。

9.2　码率控制的目的

如前所述，受监控视频系统网络传输速率和硬件存储空间等限制，采集的原始监控视频数据必须经过编码将数据量压缩后才可以有效地传输、存储、显示和分析。通常网络的可用带宽是有限的且时变的，并且采集的视频内容也有可能会出现剧烈变化。这些都极易导致没有足够的比特编码视频，使编码视频的图像质量严重下降，视频中的重要信息因图像模糊而损失甚至丢失，最终影响对异常事件的快速准确判断与处置，为了解决这些问题，码率控制技术应运而生。

图 9.3 所示为网络传输带宽突然变小时视频图像质量的变化。将监控视频"入口(entrance)"采用 H.265/HEVC [14, 15]标准推荐的参考软件 HM16.0 及基于 λ 域的码率控制算法[25-29]编码。开始时网络传输带宽被设定为 1Mbps。随后在视频编码到近一半时将带宽降为 2Kbps。图 9.3(a)所示为信道带宽变化前后相邻近的原始图像。图 9.3(b)为与原始图像对应的编码重建图像。由图 9.3(b)可以看出，在网络带宽为 1Mbps 时，视频图像编码质量较高(图 9.3(b)左图)，但当网络带宽降为 2Kbps时，视频图像的质量出现明显下降(图 9.3(b)右图)。例如，图 9.3 中最右侧男人的头部区域，在原始图像中可以看清这个人头部轮廓，但在网络带宽为 2Kbps 对应的重建图像中，这个人的头部已经很模糊，很难提取到有效的信息。

为了在网络带宽时变的情况下仍持续稳定地传输监控视频中的重要信息，保证网络视频监控系统的有效运行，需要在编码过程中对监控视频进行有效的码率控制。码率控制就是综合考虑视频内容特性、编码技术原理、当前网络传输带宽与缓存状态的影响，通过给编码单元选择合适的量化参数(quantization parameter, QP)，使得视频编码后的码率在满足信道带宽限制的同时尽可能提高编码视频的质量[15]，从而保证视频码率能够在时变的视频监控系统中高效稳定的传输。

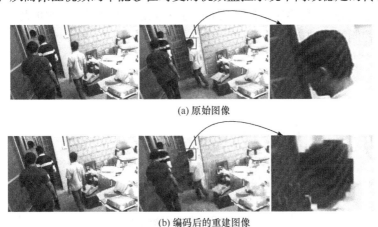

(a) 原始图像

(b) 编码后的重建图像

图 9.3 网络传输带宽突然变小时视频图像质量的变化

9.3 码率控制技术原理与发展

9.3.1 基本原理

图 9.4 为码率控制基本原理。码率控制的原理与水流控制原理类似。编码器

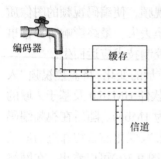

图9.4 码率控制基本原理

的作用就如同水管，实时地产生压缩码流，压缩码流可以看成是由 0 和 1 组成的比特流。比特流的大小是时变的，与当前编码视频的内容特性及编码器的参数设置相关。编码产生的码流被临时存放于发送端的缓存中，并根据当前信道带宽条件将缓存中的数据发送传输到接收端。通常受硬件能力的限制，发送端缓存的存储能力相对较小，所以要求编码器的输出码流大小和信道带宽尽可能地接近，以尽可能地将编码器的码流完整地传输给接收端。另外，视频监控系统属于对信号传输实时性要求较高的视频通信系统，这进一步要求编码器的输出码流大小和信道带宽尽可能地接近，以保证监控视频数据能够快速地到达接收端。

图 9.5[15]所示为码率控制一般步骤。当前在视频监控系统中被普遍应用的 H.264/AVC 标准和 H.265/HEVC 标准推荐的码率控制算法都采用这个步骤。码率控制算法的重点是确定与码率密切相关的编码 QP，其通常包含以下两个步骤：①综合考虑传输网络带宽、编码端缓冲区状态、编码视频内容特性和格式信息等条件为编码单元分配合理的目标比特。码率控制中的基本单元由大到小通常有两个类别，即图像和像素块。②综合考虑编码原理与视频内容特性建立码率与 QP 的关系模型，并将前一步分配的目标比特作为因变量，根据模型为每个基本单元计算合适的 QP，最终使用计算的 QP 编码单元完成目标比特实现及实际编码，达到码率控制的目的。

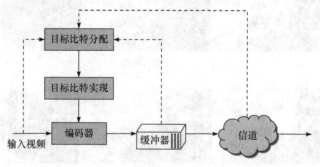

图9.5 码率控制一般步骤

9.3.2 发展历程

目前，高清晰化已经成为视频监控系统发展的一个大趋势。相应地，H.265/HEVC 已经成为监控视频领域一个主流的编码标准。因此，本章主要以 H.265/HEVC 标准为例讲述码率控制技术。码率控制是保障视频编码器高效稳定运行的关键技术，因此各种视频编码标准均有相关的推荐的码率控制算法。在

H.265/HEVC 标准制定过程中，曾先后提出了基于二次模型、基于 ρ 域模型、基于 λ 域模型的码率控制算法。

在 H.265/HEVC 标准制定早期，文献[30]提出的基于二次模型的码率控制算法被采用，并被集成于 H.265/HEVC 参考软件 HM6.0[31]中。基于二次模型的码率控制算法是由文献[32]首次提出的，其凭借优异的性能被 H.264/AVC 标准的测试模型 JM 推荐与集成。文献[30]提出的算法可以认为是综合考虑高清视频内容特性和 H.265/HEVC 新编码技术框架的影响在文献[32]算法基础上的改进与扩展。文献[30]提出的模型存在两个问题：①视频码流分为头比特和纹理比特两部分，头比特对应着视频格式信息和视频编码信息，纹理比特对应着视频内容场景。在混合编码框架中，量化模块输出的量化系数对应产生纹理比特，所以 QP 取值与纹理比特数据量具有紧密的关系。二次模型直接建立的是码率和 QP 的关系，所以其能够比较准确地反映纹理比特的变化，但很难准确反映头比特的变化。这个问题在 H.264/AVC 标准中不明显，因为在 H.264/AVC 编码的视频码流中通常纹理比特占更大比例；这个问题在 H.265/HEVC 标准中非常明显，因为 H.265/HEVC 采用了大量的新编码技术[15]，使得头比特占总比特的比例大幅上升。因此，基于二次模型的码率控制算法已经难以满足 H.265/HEVC 标准的需求。②文献[30]提出的码率控制算法步骤包含一个基于 QP 的率失真优化过程和一个计算 QP 的过程，这导致了公认的"蛋鸡悖论"[33]矛盾问题，即码率控制算法的最终目的是寻找合适的 QP，而码率控制算法的率失真优化过程中还需要 QP。

在 H.265/HEVC 标准技术发展过程中，基于 ρ 域模型的码率控制算法也被提出。ρ 表示量化后变换系数中取值为 0 的系数所占百分比。文献[34]首先创建了码率 ρ-QP 的关系模型，并进一步提出了基于 ρ 域模型的码率控制算法。文献[35]提出了面向 H.265/HEVC 标准基于 ρ 域模型的图像组(group of picture，GOP)层码率控制算法。从码率控制性能上看，基于 ρ 域模型的码率控制算法比基于二次模型的码率控制算法更加优异。但是，在实际应用时基于 ρ 域模型的码率控制算法还有很多问题需要解决，如需要根据不同的图像类型和树形编码单元(coding tree unit，CTU)信息建立不同的匹配的 ρ 域模型等。

从 H.265/HEVC 标准的测试模型 HM10.0[36]开始，标准参考软件采用了基于 λ 域模型的码率控制算法[25, 26]。该算法以拉格朗日因子 λ 为纽带，首先由码率得到 λ，再由 λ 得到 QP。实验证明，相比于基于二次模型和基于 ρ 域模型的码率控制算法，基于 λ 域模型的码率控制算法性能更加优异。随后，一些研究者针对文献[25]、[26]算法中的一些问题做了进一步的改进。面向帧内图像的码率控制应用，文献[27]提出考虑图像复杂度的目标比特分配方法，并采用绝对变换差值和(sum of absolute transformed differences，SATD)表征图像的复杂度，获得了更加准确的目标比特分配结果。文献[28]针对目标比特分配中编码单元权重计算问题，提出了一种同时考虑时间级及视频内容特性影响的自适应目标比特分配权重计算方法。在文献[28]提出的算法中，模型参数随着视频编码过程自适应更新，以适应视频内容的变化。文献[29]提出了更加准确反映码率与λ的对数关系模型，并基于此模型提出了一个新的目标比特分配框架。实验证明，文献[27]～[29]的算法有效地提高了文献[25]、[26]算法的性能。截至目前，针对H.265/HEVC标准，文献[27]～[29]提出的基于λ域模型的算法是综合性能最好的码率控制算法，已经被H.265/HEVC标准最新的测试模型HM所采用。在后续内容中，文献[25]～[29]提出的算法将被简称为基于λ域模型的算法。

9.4　先进的基于λ域的码率控制技术

按照基本处理单元大小通常可以将H.265/HEVC标准测试模型HM集成推荐的码率控制算法分为两个层级，即以图像为基本处理单元的帧层码率控制算法和以最大编码单元(largest coding unit，LCU)为基本处理单元的LCU层码率控制算法。考虑帧层码率控制算法与LCU层码率控制算法使用的关键模型原理相通且算法步骤类似，本节只介绍帧层码率控制算法步骤，LCU层码率控制算法细节参见文献[37]。另外，虽然目前HM采用的码率控制算法主要是以文献[25]～[29]中相关算法为基础发展起来的，但在H.265/HEVC标准制定过程中算法的一些细节也发生了变化。因此，本节下面描述的帧层码率控制算法以HM14.0[37]测试模型中实际使用的方法为准。

9.4.1　初始QP选择

时域上视频可以看成是一幅幅图像/帧的集合，相比于其他图像，第一幅图像在编码时没有时域参考信息，同时第一幅图像又是后续其他图像的参考图像显著影响后续图像的编码性能，因此第一幅图像对应的QP，即初始QP的选择非常重要。

HM14.0中有两种初始QP的选择方法：①由编码者在配置文件中直接设定，具体方式是设置参数InitialQP的取值；②当InitialQP被设定为0时，将第一幅图像看成是普通帧内编码帧，即I帧，然后分别按照9.4.2小节和9.4.3小节描述的目标比特分配和目标比特实现两个步骤计算初始QP。下面通过实验分析第②种初始QP选择方法在选择QP时受哪些因素的影响。

表9.1为本次编码实验的主要编码参数取值。配置文件是encoder_lowdelay_P_main.cfg，即采用低时延编码结构编码视频，档次为主档次(Profile=main)，目标码率(Target Bitrate)被分别设定为10000bps、100000bps、1000000bps、

2000000bps，采用帧层码率控制算法进行码率控制。表 9.1 以外的编码参数按照 HM14.0 encoder_lowdelay_P_main.cfg 文件中的默认值进行设定。采用国际标准组织推荐的四个视频"强尼(Johnny)""拥挤人群(Crowdrun)""中国速度(ChinaSpeed)""篮球传球(BasketballPass)"作为测试视频，四个视频的空间分辨率分别为 1280×720、1280×720、1024×768、416×240。视频都是采用 YUV4:2:0 颜色空间，比特深度为 8。

表 9.1　主要编码参数取值

编码参数	取值
配置文件	encoder_lowdelay_P_main.cfg
Profile	main
RateControl	1
TargetBitrate (bps)	10000、100000、1000000、2000000
KeepHierarchicalBit	2
LCULevelRateControl	0
InitialQP	0

图 9.6 为四个测试视频对应的初始 QP 选择结果。每个图中横坐标表示目标码率，单位是 Kbps，纵坐标表示选择的初始 QP 值。视频的纹理复杂度采用亮度信息的标准差衡量，标准差的基本计算单元是 4×4 像素块。对比图 9.6(a)与图 9.6(b)，分析得到以下结论："强尼"测试视频与"拥挤人群"测试视频的空间分辨率相同，都是 720P 视频，但"拥挤人群"测试视频对应的标准差显著大于"强尼"测试视频对应的标准差，即"拥挤人群"测试视频包含的视频内容更加复杂。在相同的目标码率下，"拥挤人群"测试视频对应的初始 QP 取值显著大于"强尼"测试视频对应的初始 QP 取值。对比图 9.6(c)与图 9.6(d)，分析得到以下结论："中国速度"测试视频与"篮球传球"测试视频对应的标准差相差不大，即它们包含的视频内容复杂度近似。但相比于"篮球传球"测试视频，"中国速度"测试视频对应的空间分辨率更大。在相同的目标码率下，"中国速度"测试视频对应的初始 QP 取值显著大于"篮球传球"测试视频对应的初始 QP 取值。综上，HM14.0 采用的基于 λ 域模型的码率控制算法在选择初始 QP 时受视频纹理复杂度、空间分辨率及目标码率的影响显著，通常纹理复杂度越大，空间分辨率越大，目标码率越小，则对应选择的初始 QP 越大。

9.4.2　目标比特分配

在对视频的第一幅图像进行初始 QP 选择后，需要经过目标比特分配及目标比特实现两个步骤确定视频后续每幅图像的 QP。图像在编码时根据其是否参考

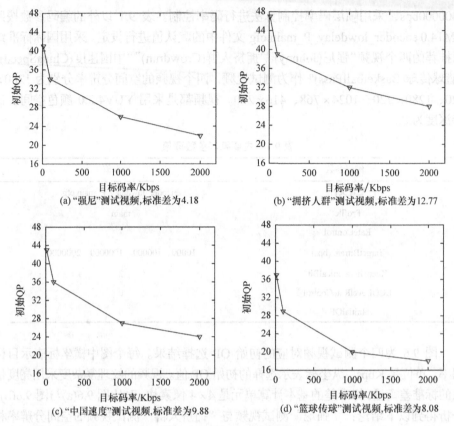

(a) "强尼"测试视频,标准差为4.18　　　　(b) "拥挤人群"测试视频,标准差为12.77

(c) "中国速度"测试视频,标准差为9.88　　　(d) "篮球传球"测试视频,标准差为8.08

图 9.6　初始 QP 选择结果

其他图像信息分为帧内图像(I 帧)和帧间图像(帧间预测帧, 通常为 P 帧或 B 帧)。
这里特别说明, HM14.0 采用的码率控制算法使用以下两种方式确定除第一帧外
其他 I 帧的 QP: ①设定编码配置文件中的参数 RCForceIntraQP 为 1, 则视频中
所有 I 帧的 QP 被设置为与初始 QP 相等; ②设定参数 RCForceIntraQP 为 0, 则
需要通过目标比特分配及目标比特实现两个步骤来计算 I 帧的 QP。本小节将按
照 I 帧和帧间预测帧的顺序说明目标比特分配过程, 目标比特实现过程参见 9.4.3
小节。

1) I 帧目标比特分配

I 帧按照式(9.1)进行目标比特分配:

$$B_{c,I} = a_1 \left(4S_f \, / \, B_{r,f} \right)^{b_1} B_{r,f} \tag{9.1}$$

式中, S_f 为原始图像进行哈达玛变换后的绝对误差和, 表征一幅图像的复杂度,
通常图像包含的内容越复杂, S_f 的取值越大; $B_{r,f}$ 为视频中平均每帧剩余的比特
数, 按照式(9.2)计算:

$$B_{\mathrm{r,f}} = B_{\mathrm{r,v}} / N_{\mathrm{r,v}} \tag{9.2}$$

式中，$B_{\mathrm{r,v}}$ 为视频剩余的总比特数；$N_{\mathrm{r,v}}$ 为视频剩余的未编码帧数。

a_1 和 b_1 为模型参数，在 HM14.0 中 b_1 取固定值 0.5582。a_1 按照式(9.3)计算：

$$a_1 = \begin{cases} 0.25, & 40B_{\mathrm{r,f}} < N_1 N_2 \\ 0.30, & 40B_{\mathrm{r,f}} \geqslant N_1 N_2 \end{cases} \tag{9.3}$$

式中，N_1 和 N_2 分别为图像的高度和宽度。

2) 帧间预测帧目标比特分配

在说明帧间预测帧的目标比特分配过程前需要先说明编码结构。视频在编码时都要根据实际的视频应用场景需求选择对应的编码结构。H.265/HEVC 标准主要支持三种编码结构，即全帧内结构、低时延结构和随机接入结构。这些结构各有特点被应用于不同的视频应用场景。在以上三种编码结构中，随机接入结构的编码率失真性能最高。

随机接入结构采用了分级预测的编码技术，即将所有帧根据其处于 GOP 中的位置分到不同的时间层。例如，一个 GOP 等于 16 的随机接入结构就包含时间 0 层到时间 5 层共 6 个时间层的帧。图像序列号(picture order count, POC)表示帧在视频中的显示顺序，编码顺序(coding order, CO)表示帧在视频编码中的顺序，相对图像序列(relative picture order count, RPOC)表示图像在 GOP 中的顺序。在随机接入结构中，时间 0 层的帧也是帧内编码帧，时间 1 层的帧是通常的 P 或者 B(general P or B，GPB)帧，最高时间层的帧是非参考 B(non-reference B，NRB)帧，其他时间层的帧是参考 B(reference B，RB)帧。RB 帧和 NRB 帧都采用了双向预测技术，即其包含的编码单元在做预测时可以分别从其前向及后向已编码的帧中各选择一个帧作参考帧。双向预测技术可以更加有效地消除视频中的时域冗余信息，显著提高了随机接入结构的编码率失真性能。另外，通过周期性插入帧内编码帧的方式随机接入结构具有了"随机接入"的功能，HM14.0 中推荐的帧内编码帧插入周期近似为 1s。随机接入功能一方面可以有效减轻编码失真漂移及通信丢包等对解码视频质量的影响，另一方面可以有效实现"点播"的视频播放功能。下面以随机接入结构为例，讲述其中的帧间编码帧的目标比特分配过程。

针对帧间预测帧，HM14.0 集成了三种目标比特分配方法，分别被命名为平等比特分配(equal bit allocation)方法、固定比率比特分配(fixed ratio bit allocation)方法和自适应比率比特分配(adaptive ratio bit allocation)方法。这三种方法的主要区别在于帧目标比特分配权重的计算，这也是影响码率控制算法性能的关键技术之一，而三种方法根据获得的帧目标比特分配权重给每帧计算实际分配的目标比特的过程是相同的。平等比特分配方法在计算帧的目标比特分配权重时只考虑了帧类型的影响。具体地，平等比特分配方法将随机接入结构中的帧分成两类，即 NRB

帧与 RB 帧。NRB 帧在编码时不会作为其他帧的参考帧，而 RB 帧在编码时会作为其他帧的参考帧。因此，相比于 NRB 帧，RB 帧具有更重要的编码级别。相应地，平等比特分配方法将 NRB 帧和 RB 帧对应的目标比特分配权重分别设置为 2 和 9。固定比率比特分配方法在计算帧的目标比特分配权重时考虑的是帧所处的时间层信息。根据随机接入结构时间层的划分规则，时间层信息其实包含了 NRB 帧和 RB 帧的类型信息。因此，可以简单理解为固定比率比特分配方法是在平等比特分配方法基础上考虑了更多信息的进一步优化方法。表 9.2 给出了固定比率比特分配方法给每个时间层帧的目标比特分配权重值。表中，ω_t 为第 t 个时间层帧对应的目标比特分配权重，b_p 为比特每像素[26]，其是视频编码领域常用的衡量码率大小的指标，由式(9.4)定义：

$$b_p = B_c / (F_r N_1 N_2) \tag{9.4}$$

式中，B_c 为目标带宽；F_r 为帧率。

表 9.2　固定比率比特分配方法给每个时间层帧的目标比特分配权重值 ω_t

b_p 取值	$t = 1$	$t = 2$	$t = 3$	$t = 4$
$b_p > 0.2$	15	5	4	1
$0.1 < b_p \leqslant 0.2$	20	6	4	1
$0.05 < b_p \leqslant 0.1$	25	7	4	1
$b_p \leqslant 0.05$	30	8	4	1

相比于前两种目标比特分配方法，自适应比率比特分配方法中帧目标比特分配权重的计算过程更加复杂，考虑的影响因素也更多。除考虑帧所处的时间层信息外，自适应比率比特分配方法在计算帧的目标比特分配权重时还考虑了视频的时域相关性，即其计算的目标比特分配权重会随着视频编码过程以 GOP 为单位不断更新。对于编码视频第一个 GOP 中的帧，自适应比率比特分配方法也是采用表 9.2 所示的方法设定每一帧的目标比特分配权重。从第二个 GOP 开始按照下面过程更新计算帧的目标比特分配权重。

使用自适应比率比特分配方法时处于第 t 个时间层的帧的目标比特分配权重 ω_t 按照式(9.5)计算：

$$\omega_t = A_t \left(\lambda_b^{B_t} \right) N_1 N_2 \tag{9.5}$$

式中，A_t、B_t 为与时间层相关的模型参数；λ_b 为拉格朗日因子，其需要通过迭代过程更新计算。上述参数的计算过程如下所述。

分别根据式(9.6)、式(9.7)计算 A_t、B_t：

$$A_t = \left(1/\alpha_1\right)^{1/\beta_1}\left(\omega_{\lambda,t}\right)^{1/\beta_1} \tag{9.6}$$

$$B_t = 1/\beta_1 \tag{9.7}$$

式中，α_1、β_1 为反映码率和拉格朗日因子 λ 关系的模型参数，其在编码过程中实时更新，更新过程参见文献[37]；$\omega_{\lambda,t}$ 为与时间层相关的模型参数，其按照式(9.8)、式(9.9)计算：

$$\omega_{\lambda,t} = \begin{cases} 1, & t = 1 \\ 0.725\ln\lambda_{G,1} + 0.7963, & t = 2 \\ 1.3\omega_{\lambda,1}, & t = 3 \\ 3.25\omega_{\lambda,1}, & t = 4 \end{cases} \tag{9.8}$$

$$\omega_{\lambda,t} = \begin{cases} 1, & t = 1 \\ 4, & t = 2 \\ 5, & t = 3 \\ 12.3, & t = 4 \end{cases} \tag{9.9}$$

假如当前编码 GOP 的上一个 GOP 中处于时间 1 层帧的拉格朗日因子 $\lambda_{G,1}$ 小于 90，则按照式(9.8)计算 $\omega_{\lambda,t}$，否则按照式(9.9)计算 $\omega_{\lambda,t}$。

通过迭代过程更新计算式(9.5)中的 λ_b，且在迭代过程中需要 A_t、B_t 及 $B_{c,b}$ 的值，其中 $B_{c,b}$ 是迭代过程中与 GOP 分配目标比特及图像分辨率相关的参数。A_t、B_t 已经通过式(9.6)、式(9.7)获得。$B_{c,b}$ 按照式(9.10)计算：

$$B_{c,b} = B_{c,G}/\left(N_1 N_2\right) \tag{9.10}$$

式中，$B_{c,G}$ 为 GOP 分配的目标比特，并按照式(9.11)、式(9.12)确定取值。

$$B_{c,f,a} = B_c/F_r \tag{9.11}$$

式中，$B_{c,f,a}$ 为视频编码前平均每帧应该分配的目标比特。

$$B_{c,G} = \frac{N_G\left\{B_{r,v} - B_{c,f,a}\left[N_{r,v} - \min\left(S_w, N_{r,v}\right)\right]\right\}}{\min\left(S_w, N_{r,v}\right)} \tag{9.12}$$

式中，N_G 为 GOP 包含的帧数；S_w 为滑动窗口大小，在 HM14.0 中其取固定值 40。

在获得 A_t、B_t 及 $B_{c,b}$ 后，通过下面迭代过程获得 λ_b。设定 λ_b 的迭代初始值 $\lambda_{b,o}$ 为 100，设定 λ_b 的迭代最小值的初始值 $\lambda_{b,n}$ 为 0.1，设定 λ_b 的迭代最大值的初始值 $\lambda_{b,x}$ 为 10000，设定迭代次数上限为 20。

(1) 定义 $\lambda_{b,s}$ 表示第 s 次迭代时 λ_b 的值。如果 $\left|\left(\sum\limits_{i=1}^{N_G} A_i\left(\lambda_{b,s}\right)^{B_i}\right) - B_{c,b}\right| < 0.000001$，

则认为不等式左端的减数项与被减数项的数值近似，停止迭代过程，λ_b 最终的值被设定为 $\lambda_{b,s}$。否则按照下述条件继续判断：

(2) 如果 $\sum\limits_{i=1}^{N_G} A_i\left(\lambda_{b,s}\right)^{B_i} > B_{c,b}$，首先将 $\lambda_{b,x,s} = \lambda_{b,s}$，然后 $\lambda_{b,s+1} = \left(\lambda_{b,s} + \lambda_{b,x,s}\right)/2$；

(3) 如果 $\sum\limits_{i=1}^{N_G} A_i\left(\left(\lambda_{b,s}\right)^{B_i}\right) < B_{c,b}$，首先将 $\lambda_{b,n,s} = \lambda_{b,s}$，然后 $\lambda_{b,s+1} = \left(\lambda_{b,s} + \lambda_{b,n,s}\right)/2$；

(4) 如果达到迭代次数上限 20，则停止迭代并获得迭代值，然后将迭代值进一步限制在 0.1～10000，最终获得 λ_b 值。

上面描述了平等比特分配方法、固定比率比特分配方法和自适应比率比特分配方法计算 GOP 中帧目标比特分配权重的过程。下面介绍根据每帧分配的目标比特分配权重计算每帧分配的目标比特的过程，上述三种目标比特分配方法的帧目标比特分配过程是相同的。

首先按照式(9.11)、式(9.12)计算给当前 GOP 分配的目标比特 $B_{c,G}$。然后根据式(9.13)在当前 GOP 编码前对其中包含的帧进行第一次目标比特分配，定义这次目标比特分配为 GOP 层的帧目标比特分配：

$$B_{c,i_G} = B_{c,G} \frac{\omega_{b,i}}{\sum\limits_{i\in I_G} \omega_{b,i}} \tag{9.13}$$

式中，B_{c,i_G} 为 GOP 编码前对其中第 i 帧分配的目标比特；$\omega_{b,i}$ 为第 i 帧的比特权重；I_G 为当前 GOP 帧的集合，$I_G = \left\{I_{G,1}, I_{G,2}, \cdots, I_{G,N_{I_G}}\right\}$，$N_{I_G}$ 为集合 I_G 中的总帧数。

在 GOP 编码过程中第 i 帧编码前根据式(9.14)对其进行第二次目标比特分配，定义这次目标比特分配为帧层的目标比特分配：

$$B_{c,i_p} = B_{r,G} \frac{\omega_{b,i}}{\sum\limits_{i\in I_{r,G}} \omega_{b,i}} \tag{9.14}$$

式中，B_{c,i_p} 为 GOP 编码过程中第 i 帧编码前对第 i 帧分配的目标比特；$B_{r,G}$ 为当前 GOP 剩余的目标比特；$I_{r,G}$ 为当前 GOP 剩余的还未编码的帧的集合，$I_{r,G} = \left\{I_{r,G,1}, I_{r,G,2}, \cdots, I_{r,G,N_{I_{r,G}}}\right\}$，$N_{I_{r,G}}$ 为集合 $I_{r,G}$ 中的总帧数。

最终按照式(9.15)给当前第 i 帧分配目标比特：

$$B_{c,i} = \omega_1 B_{c,i_G} + \omega_2 B_{c,i_p} \tag{9.15}$$

式中，ω_1、ω_2 为模型参数。

如果当前编码帧是整个视频编码顺序的最后 16 帧，即满足 $N_{r,v} \leqslant 16$，则 ω_1、

ω_2 取值分别为 0、1；如果不是，即满足 $N_{r,v} > 16$，则 ω_1、ω_2 取值分别为 0.9、0.1。

9.4.3　目标比特实现

本小节介绍码率控制的第 2 个关键步骤，即目标比特实现过程。目标比特实现的目的是根据已经得到的每一帧分配的目标比特，给每一帧选择合适的 QP，从而让每帧实际编码的比特尽量接近于每帧分配的目标比特。

1) λ 获得

首先根据 R-λ 模型，依据帧分配的目标比特计算得到相应的 λ。在 HM14.0 中 I 帧按照式(9.16)计算 λ：

$$\lambda = \left(\alpha_1 / 256\right)\left(s_p^{1.2517} / b_p\right)^{\beta_1} \tag{9.16}$$

式中，α_1、β_1 为与式(9.6)、式(9.7)中相同的模型参数；s_p 为衡量帧空域复杂度的参数。s_p、b_p 分别按照式(9.17)、式(9.4)计算。

$$s_p = S_f / \left(N_1 N_2\right) \tag{9.17}$$

对于帧间预测帧按照式(9.18)计算 λ：

$$\lambda = \alpha_1 b_p^{\beta_1} \tag{9.18}$$

为了保证算法鲁棒性，在获得 λ 后需要对其值进行范围限定。在范围限定时，HM14.0 考虑了当前帧的前一个编码帧的 λ($\lambda_{l,p}$) 和与当前帧处于同一时间层的前一个编码帧的 λ($\lambda_{s,t}$) 的影响。具体过程参见式(9.19)、式(9.20)：

$$\lambda = \text{clip3}\left(2^{-10/3}\lambda_{l,p}, 2^{10/3}\lambda_{l,p}, \lambda\right) \tag{9.19}$$

式中，$\text{clip3}(a,b,c)$ 为取中值函数，即将 c 限定在 $[a,b]$。

$$\lambda = \text{clip3}\left(2^{-1}\lambda_{s,t}, 2\lambda_{s,t}, \lambda\right) \tag{9.20}$$

2) QP 获得

获得 λ 后，对于 I 帧及帧间预测帧都按照式(9.21)计算 QP：

$$Q = 4.2005\ln\lambda + 13.7122 \tag{9.21}$$

式中，Q 为 QP。

同理，为了保证算法鲁棒性，在获得 QP 后也需要对其值进行范围限定。在范围限定时，HM14.0 考虑了当前帧的前一个编码帧的 QP($Q_{l,p}$) 和与当前帧处于同一时间层的前一个编码帧的 QP($Q_{s,t}$) 的影响。限定过程如式(9.22)、式(9.23)所示。获得 QP 后，使用其对当前帧进行编码。

$$Q = \text{clip3}\left(Q_{l,p} - 10, Q_{l,p} + 10, Q\right) \tag{9.22}$$

$$Q = \text{clip}3\left(Q_{s,t} - 3, Q_{s,t} + 3, Q\right) \tag{9.23}$$

9.4.4 参数更新

视频作为一系列帧的集合，相邻 GOP 之间和相邻帧之间都具有很强的内容相关性，所以已经编码 GOP 或帧的信息对于待编码 GOP 或帧具有较强的参考价值。基于以上事实，HM14.0 码率控制算法设计了相应参数的更新过程，利用已经编码 GOP 或帧的编码参数更新获得当前编码 GOP 或帧的参数，从而提高码率控制的性能。在 GOP 层级需要更新的参数为自适应比率比特分配方法中的 $\omega_{b,t}$，在帧层级需要更新的参数为式(9.6)、式(9.7)、式(9.16)、式(9.18)中的 α_1、β_1，式(9.14)中的 $B_{r,G}$、$I_{r,G}$ 等参数。具体参数更新过程参见文献[37]。

9.5 应 用 示 例

9.5.1 示例目的

(1) 熟练掌握 HM14.0 码率控制算法对应的编码参数及编码命令编写，按照要求完成码率控制操作。

(2) 熟练掌握码率控制数据分析过程，理解相应测度的计算及物理含义。

(3) 进一步结合目的(1)和(2)理解码率控制技术的工作原理及必要性。

9.5.2 示例内容

(1) 学习 HM14.0 编码器的使用说明文档[37]，理解码率控制对应的编码参数含义，并编写执行码率控制的命令，完成实际编码操作。

HM14.0 编码器使用文档为 software-manual.pdf，其首页如图 9.7 所示，通过学习此文档的相关内容即可理解码率控制对应的编码参数的物理含义，并且学会如何编写码率控制对应的编码命令。低时延(low delay，LD)配置文件中与码率控制相关的参数如图 9.8 所示。使用编码器 TAppEncoder.exe 执行码率控制操作。一个可供参考的码率控制编码命令如图 9.9 所示，码率控制编码命令文件为 bat 文件。

执行一次码率控制需要四个文件：码率控制编码命令文件(bat 文件)、编码器(TAppEncoder.exe)、原始 YUV 视频(yuv 文件)和编码配置文件(cfg 文件)。双击 bat文件，开始执行码率控制操作，码率控制运行窗口如图 9.10 所示，该窗口消失后即完成了码率控制操作。编码生成三个文件：重建视频(yuv 文件)、码流文件(bin文件)、码率控制信息记录文件(txt 文件)。

Joint Collaborative Team on Video Coding (JCT-VC)
of ITU-T SG16 WP3 and ISO/IEC JTC1SC29/WG11　　　　　　　Document: JCTVC-Software Manual

Title:	HM Software Manual
Status:	Software AHG working document
Purpose:	Information
Author(s):	Frank Bossen
	David Flynn
	Karsten Sühring
Source:	AHG chairs

frank@bossentech.com
dflynn@blackberry.com
karsten.suehring@hhi.fraunhofer.de

Abstract

This document is a user manual describing usage of refererce software for the HEVC project. It applies
to version 14.0 of the software.

Contents

图 9.7　HM14.0 编码器使用文档首页

```
encoder_lowdelay_P_main.cfg - 记事本                                    —   □   ×
文件(F)  编辑(E)  格式(O)  查看(V)  帮助(H)
                                  # 0:not across, 1: across

#=========== WaveFront ===============
WaveFrontSynchro          : 0         # 0: No WaveFront synchronisation (WaveFrontSubstreams must
                                      # >0: WaveFront synchronises with the LCU above and to the right by this n

#=========== Quantization Matrix ==================
ScalingList               : 0         # ScalingList 0 : off, 1 : default, 2 : file read
ScalingListFile           : scaling_list.txt  # Scaling List file name. If file is not exist, use Default Matrix.

#=========== Lossless ================
TransquantBypassEnable    : 0         # Value of PPS flag.
CUTransquantBypassFlagForce: 0        # Force transquant bypass mode, when transquant_bypass_e

#=========== Rate Control ====================
RateControl               : 0         # Rate control: enable rate control
TargetBitrate             : 1000000   # Rate control: target bitrate, in bps
KeepHierarchicalBit       : 2         # Rate control: 0: equal bit allocation; 1: fixed ratio bit allocation; 2:
LCULevelRateControl       : 1         # Rate control: 1: LCU level RC; 0: picture level RC
RCLCUSeparateModel        : 1         # Rate control: use LCU level separate R-lambda model
InitialQP                 : 0         # Rate control: initial QP
RCForceIntraQP            : 0         # Rate control: force intra QP to be equal to initial QP
```

图 9.8　LD 配置文件中与码率控制相关的参数

TAppEncoder.exe -c encoder_lowdelay_P_main.cfg --InputFile=hall_cif_300.yuv --FrameRate=30 --
SourceWidth=352 --SourceHeight=288 --RateControl=1 --TargetBitrate=600000 --FramesToBeEncoded=90
--Level=2.1 --QP=22 --ReconFile=hall_LD_600000.yuv --
BitstreamFile=hall_LD_600000.bin>=hall_LD_600000.txt

图 9.9　码率控制编码命令示例

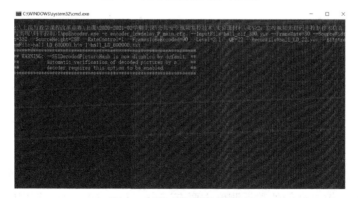

图 9.10　码率控制运行窗口

码率控制信息记录文件各部分信息摘要如图 9.11 所示。其包含三部分数据：第一部分是本次码率控制对应的编码参数取值；第二部分是每一帧图像的编码数据，包括 QP、失真、码率等；第三部分是整个视频的码率控制数据。

(a) 本次码率控制对应的编码参数取值

(b) 每一帧图像的编码数据

(c) 整个视频的码率控制数据

图 9.11　码率控制信息记录文件各部分信息摘要

(2) 熟练掌握码率控制数据分析过程，理解相应测度的计算及物理含义。

衡量码率控制性能的数据测度主要有三个：B_E、BD-rate、编码时间。B_E 按照式(9.24)计算：

$$B_E = \frac{|R_a - R_c|}{R_c} \times 100\% \qquad (9.24)$$

式中，R_c 为在配置文件中设置的目标码率；R_a 为码率控制算法实际得到的编码码率。明显地，B_E 值越小表明码率控制算法的码率控制越准确。

BD-rate 衡量的是码率控制算法的率失真性能。假如 BD-rate 为负值，则表明与目标码率控制算法相比，比较的码率控制算法可以在获得同等感知质量重建视频的前提下用更少的码率编码视频，即比较的码率控制算法的率失真性能更优。BD-rate 的计算过程参见文献[38]。

采用编码时间衡量算法的复杂度。具体地，可以采用式(9.25)所示的 ΔT 衡量码率控制算法的复杂度。

$$\Delta T = \frac{T_p - T_o}{T_o} \times 100\% \qquad (9.25)$$

式中，T_o 表示目标码率控制算法对应的运行时间；T_p 表示比较的码率控制算法对应的运行时间。明显地，ΔT 为正值时，说明相比于目标码率控制算法，比较的码率控制算法复杂度更高；反之，ΔT 为负值时，说明相比于目标码率控制算法，比较的码率控制算法复杂度更低。

思　考　题

1. 结合生活中视频通信系统实际应用，阐述视频编码的作用及重要意义。
2. 结合生活中视频通信系统实际应用，阐述码率控制的作用及重要意义。
3. 概要说明 HM14.0 采用的码率控制算法的基本步骤。
4. HM14.0 采用的基于 λ 域模型的码率控制算法在选择初始 QP 时主要受哪些因素影响，它们的关系是什么？思考为什么是这样的关系。
5. 分析给随机接入结构每个时间层帧分配不同目标比特权重值的依据。
6. 使用 HM14.0 编码器编码 hall 视频。视频为 CIF 格式，YUV4：2：0 颜色空间，比特深度为 8，编码配置为 encoder_lowdelay_P_main.cfg，编码 60 帧，QP 为 32，目标码率为 300000bps。
   (1) 请按照图 9.9 所示格式给出编码命令；
   (2) 请按照图 9.11 所示格式给出码率控制信息记录文件的部分信息；
   (3) 请根据式(9.24)计算本次码率控制的 B_E 值。

参 考 文 献

[1] SULLIVAN G J, WIEGAND T. Video compression-from concepts to the H.264/AVC standard[J]. Proceedings of the

IEEE, 2005, 93(1): 18-31.

[2] OHM J R, SULLIVAN G J, SCHWARZ H, et al. Comparison of the coding efficiency of video coding standards—including high efficiency video coding (HEVC)[J]. IEEE Transactions on Circuits and Systems for Video Technology, 2012, 22(12): 1669-1684.

[3] WU H R, REIBMAN A R, LIN W, et al. Perceptual visual signal compression and transmission[J]. Proceedings of the IEEE, 2013, 101(9): 2025-2043.

[4] WU H R, LIN W, NGAN K N. Rate-perceptual-distortion optimization (RpDO) based picture coding-issues and challenges[C]. Proceedings of International Conference on Digital Signal Processing, Hongkong, 2014: 777-782.

[5] WU J J, LI L D, DONG W S, et al. Enhanced just noticeable difference model for images with pattern complexity[J]. IEEE Transactions on Image Processing, 2017, 26(6): 2682-2693.

[6] WAN W B, WANG J, LI J, et al. Hybrid JND model-guided watermarking method for screen content images[J]. Multimedia Tools and Applications, 2020, 79(7): 4907-4930.

[7] FAN L, MA S W, WU F. Overview of AVS video standard[C]. Proceedings of IEEE International Conference on Multimedia and Expo, Taipei, 2004: 423-426.

[8] LU Y, CHEN S, WANG J. Overview of AVS-video coding standards[J]. Signal Processing: Image Communication, 2009, 4(24): 247-262.

[9] ZHANG L, WANG Q, ZHANG N, et al. Context-based entropy coding in AVS video coding standard[J]. Signal Processing Image Communication, 2009, 24(4): 263-276.

[10] WU Z, HE Y. Combined adaptive-fixed interpolation with multi-directional filters[J]. Signal Processing: Image Communication, 2009, 24(4): 277-286.

[11] WIEGAND T, SULLIVAN G J, BIONTEGAARD G, et al. Overview of the H.264/AVC video coding standard[J]. IEEE Transactions on Circuits and Systems for Video Technology, 2003, 7(13): 560-576.

[12] WENGER S. H.264/AVC over IP[J]. IEEE Transactions on Circuits and Systems for Video Technology, 2003, 13(7): 645-656.

[13] OSTERMANN J, BORMANS J, LIST P, et al. Video coding with H.264/AVC: Tools, performance, and complexity[J]. IEEE Circuits and Systems Magazine, 2004, 4(1): 7-28.

[14] SULLIVAN G J, OHM J, HAN W, et al. Overview of the high efficiency video coding (HEVC) standard[J]. IEEE Transactions on Circuits and Systems for Video Technology, 2012, 22(12): 1649-1668.

[15] 万帅, 杨付正. 新一代高效视频编码 H.265/HEVC：原理、标准与实现[M]. 北京: 电子工业出版社, 2014.

[16] BOSSEN F, BROSS B, SUHRING K, et al. HEVC complexity and implementation analysis[J]. IEEE Transactions on Circuits and Systems for Video Technology, 2012, 22(12): 1685-1696.

[17] POURAZAD M T. HEVC: The new gold standard for video compression: How does HEVC compare with H.264/AVC[J]. IEEE Consumer Electronics Magazine, 2012, 1(3): 36-46.

[18] LIM K. The new trend in video coding[J]. Journal of Xi'an University of Posts and Telecommunications, 2013, 18(3):1-6.

[19] YANG H, SHEN L, DONG X, et al. Low-complexity CTU partition structure decision and fast intra mode decision for versatile video coding[J]. IEEE Transactions on Circuits and Systems for Video Technology, 2020, 30(5): 1668-1682.

[20] BROSS B, ANDERSSON K, BLSER M, et al. General video coding technology in responses to the joint call for proposals on video compression with capability beyond HEVC[J]. IEEE Transactions on Circuits and Systems for Video Technology, 2020, 30(5): 1226-1240.

[21] XIU X, HANHART P, HE Y, et al. A unified video codec for SDR, HDR, and 360 video applications[J]. IEEE

Transactions on Circuits and Systems for Video Technology, 2020, 30(5): 1296-1310.

[22] FRANOIS E, SEGALL C A, TOURAPIS A M, et al. High dynamic range video coding technology in responses to the joint call for proposals on video compression with capability beyond HEVC[J]. IEEE Transactions on Circuits and Systems for Video Technology, 2020, 30(5): 1253-1266.

[23] CHEN J, KARCZEWICZ M, HUANG Y W, et al. The joint exploration model (JEM) for video compression with capability beyond HEVC[J]. IEEE Transactions on Circuits and Systems for Video Technology, 2020, 30(5): 1208-1225.

[24] 数字音视频编解码技术标准工作组. AVS working group[EB/OL]. (2023-02-04)[2023-02-04]. http://www.avs.org.cn/.

[25] LI B, LI H, LI L, et al. λ Domain rate control algorithm for high efficiency video coding[J]. IEEE Transactions on Image Processing, 2014, 9(23): 3841-3854.

[26] LI B, LI H, LI L, et al. Rate control by R-lambda model for HEVC: JCTVC-K0103[S]. Shanghai: ITU-T, ISO/IEC, 2012.

[27] MARTA K, WANG X. Intra frame rate control based on SATD: JCTVC-M0257[S]. Incheon: ITU-T, ISO/IEC, 2013.

[28] LI B, LI H, LI L. Adaptive bit allocation for R-lambda model rate control in HM: JCTVC-M0036[S]. Incheon: ITU-T, ISO/IEC, 2013.

[29] LI L, LI B, LI H, et al. λ Domain optimal bit allocation algorithm for high efficiency video coding[J]. IEEE Transactions on Circuits and Systems for Video Technology, 2018, 28(1):130-142.

[30] CHOI H, NAM J, YOO J, et al. Rate control based on unified RQ model for HEVC: JCTVC -H0213[S]. San José: ISO/IEC, 2012.

[31] MCCANN K, BROSS B, KIM I, et al. HM6: High efficiency video coding (HEVC) test model 6 encoder description: JCTVC-H1002[S]. San José: ITU-T, ISO/IEC, 2012.

[32] MA S W, LI Z G, WU F. Proposed draft of adaptive rate control: JVT-H017[S]. Geneva: ITU-T, ISO/IEC, 2003.

[33] JING X, CHAU L P, SIU W C. Frame complexity-based rate-quantization model for H.264/AVC intraframe rate control[J]. IEEE Signal Processing Letters, 2008: 373-376.

[34] HE Z, YONG K K, MITRA S K. Low-delay rate control for DCT video coding via ρ-domain source modeling[J]. IEEE Transactions on Circuits and Systems for Video Technology, 2001, 11(8):928-940.

[35] WANG S, MA S, WANG S, et al. Rate-GOP based rate control for high efficiency video coding [J]. IEEE Journal of Selected Topics in Signal Processing, 2013, 7(6):1101-1111.

[36] KIM I K, MCCANN K, SUGIMOTO K, et al. High efficiency video coding (HEVC) test model 10 (HM10) encoder description: JCTVC-L1002[S]. Geneva: ITU-T, ISO/IEC, 2013.

[37] Fraunhofer Heinrich Hertz Institute. ITU-T/ISO/IEC. HEVC reference software[EB/OL]. (2023-02-04)[2023-02-04]. https://hevc.hhi.fraunhofer.de/svn/svn_HEVCSoftware/branches/.

[38] PATEUX S, JUNG J. An excel add-in for computing bjontegaard metric and its evolution: VCEG-AE07[S]. Marrakech: ITU-T, 2007.

第 10 章　视频目标检测与跟踪

　　基于机器视觉的视频自动分析系统，通过对视频序列中用户感兴趣的目标进行自动检测、跟踪和识别，来进一步理解和描述目标的行为，并对异常行为及异常事件进行预警，减少意外伤害的发生。该系统包括三个主要部分：用于发现感兴趣对象的检测器，在后续视频序列中生成检测对象轨迹的跟踪器，以及用于身份识别、行为识别或系统控制的高层模块。其中，目标检测与跟踪是理解视频内容、分析并识别目标属性的关键技术。目前图像检测与跟踪技术已被广泛应用于智能交通、视频监控、无人机侦察作战、无人驾驶、医学辅助诊断等领域。本章将重点介绍目标检测与跟踪的基本理论与最新进展。

10.1　视频目标检测

10.1.1　基本概念

　　运动目标检测的主要目的是从视频图像中提取出运动目标，并获得运动目标的特征信息，如颜色、形状、轮廓等。提取运动目标的过程实际上就是一个图像分割的过程，而运动物体只有在连续的图像序列中才能体现出来。运动目标提取过程就是在连续的图像序列中寻找差异，并把由于物体运动而表现出来的差异提取出来。运动目标检测常用的方法包括帧间差分法、背景消减法和光流法等。

1. 数据集

　　为了评价不同运动目标检测算法的性能，需要采用相同的数据集进行测试。目前，目标检测常用的公开数据集包括以下两种。

　　(1) 变化检测数据集(change detection，CDNET)[1,2]。该数据集包括 Dataset 2012 和 Dataset 2014 两个子数据集，均来自实际的监控视频，包括室内和室外场景。Dataset 2012 包含 6 类视频，每一类视频又包含 4~6 个视频序列，主要包括动态背景、相机抖动、间歇性物体运动、影子等干扰因素。在 Dataset 2012 的基础上，Dataset 2014 增加了恶劣天气、低帧速率、夜间采集、全方位旋转变焦(PTZ)相机采集等相关视频，一共包含 11 类视频，每一类视频包含 4~6 个视频序列，进一步加大了运动目标检测的难度。

　　(2) 背景建模挑战赛(background model challenge，BMC)数据集[3]：为亚洲计

算机视觉会议(Asian conference on computer vision，ACCV)第一届背景建模大赛提供的数据集，分为学习阶段与评测阶段两种应用，学习阶段的场景不会发生变化，评测阶段会出现场景变化(如起雾、太阳升起等)，其余则基本相同。该数据集一共包含 Street 和 Rotary 两种场景，每种场景模拟了五类与现实监控相似的动态变化，如多云天气(cloudy，C)、多云天气加相机噪声(cloudy and noise，CN)、太阳升起加相机噪声(sunny and noise，SN)、起雾加相机噪声(foggy and noise，FN)和刮风加相机噪声(windy and noise，WN)，分别用于学习和评测。除此以外，该数据集还提供了 9 段真实的监控视频，包括较强噪声、树叶晃动、光线变化等干扰。

2. 评价标准

评价运动目标检测算法性能时，通常采用以下指标[2]。

1) 准确率

准确率(Precision)反映了前景正确检测点数占所有被检测为前景点数的比例。计算方法如下：

$$Precision = \frac{TP}{TP + FP} \tag{10.1}$$

式中，TP 表示前景正确检测点数；FP 表示背景误检为前景点数。

2) 查全率

查全率(Recall)反映了前景正确检测点数占所有前景点数的比例。计算方法如下：

$$Recall = \frac{TP}{TP + FN} \tag{10.2}$$

式中，FN 为前景误检为背景点数。

3) F-评价值

F-评价值(F-measure)综合了准确率和查全率两个指标，对算法性能反映较为全面。计算方法如下：

$$F\text{-measure} = 2 \times \frac{Recall \times Precision}{Recall + Precision} \tag{10.3}$$

10.1.2 基本方法原理

1. 帧间差分法

帧间差分法是一种通过对视频图像序列中相邻帧(常用的是相邻两帧、相邻三帧)做差分运算，来检测运动目标的方法。当监控场景中出现运动目标时，帧与帧之间通常会出现较为明显的差别，通过相邻帧图像相减，得到其亮度差的绝对值，进一步判断它是否大于设定的阈值，据此分析视频图像序列的运动特性，从而确定其中是否存在运动目标。

下面以相邻两帧图像做差分为例，说明帧间差法原理。用 $V(x,y,t)$ 表示视频第 t 帧中位于第 x 行、第 y 列的像素灰度值，那么相邻两帧中同一位置的像素灰度差的绝对值表示如下：

$$\text{Diff}(x,y,t) = \left| V(x,y,t) - V(x,y,t-1) \right| \tag{10.4}$$

通常，把 Diff 视为差分图像。

设定阈值 T，通过判断 $\text{Diff}(x,y,t)$ 与 T 的大小关系，可以进一步确定前景图像 FG：

$$\text{FG}(x,y,t) = \begin{cases} 1, & \text{Diff}(x,y,t) \geqslant T \\ 0, & \text{Diff}(x,y,t) < T \end{cases} \tag{10.5}$$

当 $\text{Diff}(x,y,t) \geqslant T$ 时，认为当前像素的灰度值变化较大，属于前景；否则，认为其灰度值变化较小，属于背景，从而得到一幅二值图像，其中为 1 的像素对应了目标，为 0 的像素对应了背景。

基于帧间差分法的运动目标检测流程如图 10.1 所示。首先从视频序列中，读取相邻两帧图像，并按式(10.4)计算差分图像 Diff，然后按式(10.5)进行二值化处理，最后得到前景图像 FG，其中运动目标用 1 表示，背景用 0 表示。

帧间差分法的优点：算法实现简单，程序设计复杂度低；对光线等场景变化不太敏感，能够适应各种动态环境；稳定性较好，适用于存在多个运动目标和摄像机移动的情况。其缺点：不能提取出对象的完整区域，只能提取出边界；依赖于选择的帧间时间间隔。对快速运动的目标，需要选择较小的时间间隔，若时间间隔过大，目标会因为在前后两帧中没有重叠，而被检测为两个分开的目标；对运动较慢的目标，应该选择较大的时间间隔，否则，当目标在前后两帧中几乎完全重叠时，检测不到目标。

图 10.1　帧间差分法检测流程

图 10.2 所示为帧间差分法的实验结果。其中，图 10.2(a)～(c)表示原图，图 10.2(d)和(e)分别表示相邻两帧和三帧做差分后的二值化结果，其中白色的部分表示目标，黑色表示背景。由于该视频序列中的运动目标运动较慢，相邻三帧差分法较相邻两帧差分法，不仅能检测出运动目标的轮廓，而且目标区域更加饱满。

2. 背景消减法

背景消减法是利用当前帧与建立的背景图像进行相减操作，从而得到差分图

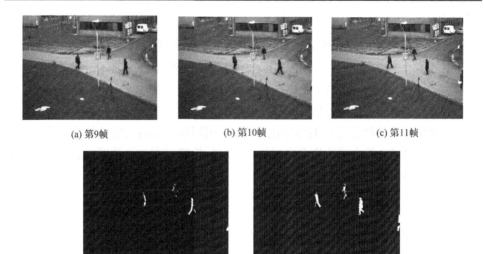

(a) 第9帧　　　　　　　　(b) 第10帧　　　　　　　　(c) 第11帧

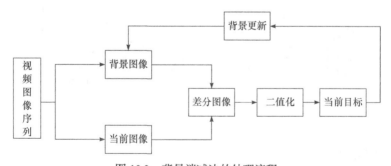

(d) 相邻两帧差分法　　　　　　　　(e) 相邻三帧差分法

图 10.2　帧间差分法的实验结果

像，然后利用设定的阈值 T 来进行判别，当差值的绝对值小于 T 时，则认为是背景；反之，则认为是前景。

尽管不同方法建立背景和更新背景的原理不同，但背景消减法的处理流程相同，主要包括获取背景图像、读取当前图像、求得差分图像、二值化处理、背景更新等步骤，如图 10.3 所示。

图 10.3　背景消减法的处理流程

具体过程：首先根据选定的背景建模方法得到背景图像，记为 BG，然后将当前帧的图像 V 与背景图像 BG 做减法并取绝对值，得到图像 E：

$$E(x,y,t) = \left| V(x,y,t) - BG(x,y,t) \right| \tag{10.6}$$

设定阈值 T，通过判断 $E(x,y,t)$ 与 T 的大小关系，进一步确定前景图像 FG：

$$FG(x,y,t) = \begin{cases} 1, & E(x,y,t) \geqslant T \\ 0, & E(x,y,t) < T \end{cases} \tag{10.7}$$

在现实中，背景不是一成不变的。因此，需要对背景进行实时更新以应对其变化。常采用当前背景与前景加权更新的方式，如式(10.8)所示：

$$\text{BG}(x,y,t+1) = \begin{cases} (1-\alpha)\text{BG}(x,y,t) + \alpha V(x,y,t), & V(x,y,t)\text{属于背景} \\ (1-\beta)\text{BG}(x,y,t) + \beta V(x,y,t), & V(x,y,t)\text{属于前景} \end{cases} \tag{10.8}$$

式中，α、β 表示背景更新速率，$0 \leqslant \alpha, \beta \leqslant 1$。

背景消减法的优点是检测结果比较准确，可以提取出较为完整的目标信息。但是，背景图像建立的准确程度会直接影响到目标检测结果是否精确。常见的背景建模方法包括多帧平均法、统计中值法、统计直方图法、单高斯背景建模法及高斯混合背景建模法等。

1) 多帧平均法

多帧平均法是对连续的若干帧图像中位于同一位置的像素点的灰度值先求和，然后取平均值，并将其作为对应像素点的背景灰度值。其表达式为

$$\text{BG}(x,y) = \frac{1}{n} \sum_{k=1}^{n} V(x,y,k) \tag{10.9}$$

式中，BG 为背景图像；n 为用于背景估计的总帧数。

图 10.4 所示为多帧平均法建立背景的实验结果。实验中，对前 100 帧求平均，建立的背景图像如图 10.4(b)所示。其中出现了伪影，原因是前 100 帧内该区域一直都有目标活动，在求平均时目标信息也被平均到背景图像中。

(a) 实验场景　　　　　　　　　　(b) 建立的背景

图 10.4　多帧平均法建立背景的实验结果

2) 统计中值法

统计中值法假设时间序列上的连续多帧图像中背景的灰度值占主要部分，并且其灰度值在一段时间内变化较缓慢，因此，统计单个像素点在连续多帧图像中的灰度值，然后将其按由小到大的顺序排列，取中值作为对应像素点的背景灰度值，如式(10.10)所示：

$$\text{BG}(x,y) = \underset{k \in \{1,2,\cdots,m\}}{\text{median}} [V(x,y,k)] \tag{10.10}$$

式中，m 表示用于背景估计的总帧数；median 表示取中值操作。

图 10.5 所示为统计中值法建立背景的实验结果。实验中，对前 100 帧求中

值,建立的背景图像如图 10.5(b)所示。统计中值法建立的背景比多帧平均法干净,但是由于取中值时恰好取到目标的灰度值,因此背景中仍然有目标。

(a) 实验场景   (b) 建立的背景

图 10.5 统计中值法建立背景的实验结果

3) 统计直方图法

统计直方图法是通过统计像素灰度变化来建立背景模型。其基本思想:统计 L 帧图像中每个像素在不同灰度出现的次数,然后将该像素出现次数最多的灰度值作为背景值,从而得到背景图像。

令 $p_m(x,y)$ 表示位于 (x,y) 位置的灰度值 m 在连续 L 帧中出现的次数,则该像素对应的背景值 $\mathrm{BG}(x,y)$ 可表示为

$$\mathrm{BG}(x,y) = \max p_m(x,y) \tag{10.11}$$

式中,灰度值 $m = 0,1,\cdots,255$。

图 10.6 所示为统计直方图法建立背景的实验结果。实验中,对前 100 帧统计其直方图,建立的背景图像如图 10.6(b)所示。由于统计直方图法将 100 帧中出现次数最多的灰度作为背景,所以背景中仍然存在目标的干扰。

(a) 实验场景   (b) 建立的背景

图 10.6 统计直方图法建立背景的实验结果

4) 单高斯背景建模法

最常用的描述背景像素灰度值的概率密度函数是高斯分布,高斯背景建模法是一种简单有效的建模方法。单高斯背景模型认为:对背景图像,像素灰度值的分布满足高斯分布,那么可以对图像中每一个像素建立单高斯模型,假设其服从均值为 μ 和标准差为 σ 的高斯分布,并且每一点的高斯分布是相互独立的,那么有

$$p(I) = \frac{1}{\sqrt{2\pi}\sigma} e^{\frac{(I-u)^2}{2\sigma^2}} \tag{10.12}$$

统计一段时间内视频序列中每个像素的均值 μ 和标准差 σ 作为背景模型。对视频帧 V，计算每个像素点 (x,y) 为背景的概率，如果满足：

$$\frac{1}{\sqrt{2\pi}\sigma(x,y,t-1)} e^{\frac{[V(x,y,t)-u(x,y,t-1)]^2}{2\sigma(x,y,t-1)^2}} \geqslant T \tag{10.13}$$

则认为该像素点是背景点，否则为前景点。

为了适应背景中的光照变化等，需要对背景进行更新，常用的方法是按照下式对均值 μ 和标准差 σ 分别进行更新：

$$\mu(x,y,t) = (1-\alpha) \times \mu(x,y,t-1) + \alpha \times V(x,y,t) \tag{10.14}$$

$$\sigma^2(x,y,t) = (1-\alpha) \times \sigma^2(x,y,t-1) + \alpha \times [V(x,y,t)-\mu(x,y,t)]^2 \tag{10.15}$$

式中，α 代表更新速率，$0 < \alpha < 1$。α 取值越大，说明参数更新越快；反之，参数更新越慢。

由于单高斯背景模型算法简单，因此能够高效地处理有关单峰分布的场景。然而当场景比较复杂，目标运动没有规律，背景像素值呈多峰分布时，单高斯背景模型难以准确描述背景。

图 10.7 所示为基于单高斯背景建模的运动目标检测实验结果。图 10.7(a)为当前帧图像，图 10.7(b)为当前帧图像与单高斯背景建模法建立的背景做差分后，进行二值化后的图像。由于背景建模不够准确，目标出现了重影。

(a) 当前帧图像　　　　　　　　(b) 检测出的运动目标

图 10.7　基于单高斯背景建模的运动目标检测实验结果

5) 高斯混合背景建模法

自然界中，水面上的波纹、树叶的摆动等会使得特定位置的像素值不断发生改变，表现出非单峰分布的特点。这时，采用单高斯建模法往往难以准确地描述背景的变化，那么可以采用多个高斯分布模型来描述。

高斯混合模型(Gaussian mixture model，GMM)对单高斯模型进行了简单的扩展，GMM 使用多个高斯分布的组合来刻画数据分布。高斯混合模型能够用于背景建模的原因在于：它能够根据像素点的颜色值的统计信息，对各个高斯分布的权重、均值、协方差等参数进行训练，使得背景像素值分布收敛于某几个高斯分布，对于偏离高斯分布均值较远的像素点判别为前景点，否则为背景点，从而实现对背景的建模。

令随机变量 X 的观测数据集为 $(x_1, x_2, \cdots, x_n)$，其中 x_t 表示 t 时刻像素的观测样本，它服从混合高斯分布，其概率密度函数为

$$p(x_t) = \sum_{i=1}^{o} w_{i,t} \times \eta(x_t, \mu_{i,t}, \textstyle\sum_{i,t}) \tag{10.16}$$

$$\eta(x_t, \mu_{i,t}, \textstyle\sum_{i,t}) = \frac{1}{(2\pi)^{\frac{d}{2}} \left|\sum_{i,t}\right|^{\frac{1}{2}}} e^{-\frac{1}{2}(x_t - \mu_{i,t})^{\mathrm{T}} \sum_{i,t}^{-1}(x_t - \mu_{i,t})} \tag{10.17}$$

$$\sum_{i=1}^{o} w_{i,t} = 1 \tag{10.18}$$

式中，o 为分支数，一般取值为 3～5，该值越大，表明处理背景波动的能力越强，但复杂度也越高；$\eta(x_t, \mu_{i,t}, \sum_{i,t})$ 为 t 时刻第 i 个高斯分布的概率密度函数，$\mu_{i,t}$ 为该分布的均值，$\sum_{i,t}$ 为该分布的协方差矩阵；$w_{i,t}$ 为 t 时刻第 i 个高斯分布的权重；d 为数据 x_t 的维数。

对于 $t+1$ 时刻的像素灰度值 x_{t+1}，需判断它是否与现有的 o 个分支匹配。如果 x_{t+1} 处于高斯混合模型中某一分支标准差的 l 倍范围之内，则认为该像素灰色值与该分支匹配，其中 l 为标量，通常取 2.5。

假设该像素灰色值与第 i 个分支匹配，则该分支的参数按如下规则更新：

$$w_{i,t+1} = (1-\alpha)w_{i,t} + \alpha \tag{10.19}$$

$$\mu_{i,t+1} = (1-\rho)\mu_{i,t} + \rho x_{t+1} \tag{10.20}$$

$$\sigma_{i,t+1}^2 = (1-\rho)\sigma_{i,t}^2 + \rho(x_{t+1} - \mu_{i,t+1})^{\mathrm{T}}(x_{t+1} - \mu_{i,t+1}) \tag{10.21}$$

式中，α 为权重的更新速率；ρ 为均值和方差的更新速率，ρ 按式(10.22)求得

$$\rho = \alpha\eta(x_{t+1} \mid \mu_{i,t}, \sigma_{i,t}) \tag{10.22}$$

对于未匹配上的分支 j，其 μ 和 σ^2 保持不变，只更新其权重：

$$w_{j,t+1} = (1-\alpha)w_{j,t} \tag{10.23}$$

如果像素灰度值与高斯混合模型中 o 个分支都匹配不上，则 $\dfrac{w}{\sigma}$ 取值最小(出现概率最低)的分支将被新的高斯分布所取代，该分布被初始化：以当前值为均值，

并被赋予较大的标准差及较小的权重。

为了确定具体的背景模型，对图像中每个像素点，根据 $\dfrac{w}{\sigma}$ 值按从大到小的顺序将 o 个高斯分布进行排序，并按式(10.24)选取前 B 个分支来构建新的背景：

$$B = \arg\min_{b}\left(\sum_{k=1}^{b} w_k > T\right) \tag{10.24}$$

式中，T 为阈值。如果 T 取值较小，高斯混合模型将退化为单高斯模型；如果 T 取值较大，则可以为复杂的动态背景(如水面的波动、树叶的摇摆等)建立多个高斯分布的混合模型。图 10.8 所示为基于混合高斯模型的运动目标检测实验结果。实验中，混合高斯模型采用三个分支，图 10.8(a)为当前帧图像，图 10.8(b)为当前帧图像与高斯混合背景建模法建立的背景做差分后，进行二值化后的图像，较准确地将运动目标检测出来。但是，受相机抖动等因素的影响，人行道边缘也被当作目标检测出来。

(a) 当前帧图像   (b) 检测出的运动目标

图 10.8　基于混合高斯模型的运动目标检测实验结果

3. 光流法

光流法是一种重要的图像运动目标检测方法，主要根据物体表面上点的运动速度来完成目标的运动描述，具有简单实用等十分明显的优势。

在光流法的处理中，设定 $I(x, y, t)$ 为像素点在 t 时刻的强度，同时假设在很短的时间 Δt 内，x、y 分别增加 Δx、Δy，可得

$$I\left(x+\Delta x, y+\Delta y, t+\Delta t\right) = I\left(x, y, t\right) + \frac{\partial I}{\partial x}\Delta x + \frac{\partial I}{\partial y}\Delta y + \frac{\partial I}{\partial t}\Delta t \tag{10.25}$$

假设物体在 t 时刻位于 (x, y) 点，在 $t+\Delta t$ 时刻位于 $(x+\Delta x, y+\Delta y)$ 点，那么有

$$I\left(x+\Delta x, y+\Delta y, t+\Delta t\right) = I\left(x, y, t\right) \tag{10.26}$$

于是，式(10.27)成立：

$$\frac{\partial I}{\partial x}\Delta x + \frac{\partial I}{\partial y}\Delta y + \frac{\partial I}{\partial t}\Delta t = 0 \tag{10.27}$$

式(10.27)两边同时除以 Δt ，得到：

$$\frac{\partial I}{\partial x}\frac{\Delta x}{\Delta t}+\frac{\partial I}{\partial y}\frac{\Delta y}{\Delta t}+\frac{\partial I}{\partial t}\frac{\Delta t}{\Delta t}=0 \tag{10.28}$$

最终，可得出结论：

$$\frac{\partial I}{\partial x}V_x+\frac{\partial I}{\partial y}V_y+\frac{\partial I}{\partial t}=0 \tag{10.29}$$

式中，V_x、V_y 为 $I(x,y,t)$ 的光流，或称为 x 和 y 方向的速率；$\dfrac{\partial I}{\partial x}$、$\dfrac{\partial I}{\partial y}$ 和 $\dfrac{\partial I}{\partial t}$ 为图像强度 t 时刻在特定方向的偏导数。

I_x、I_y 和 I_t 的关系表述如下：

$$I_xV_x+I_yV_y=-I_t \tag{10.30}$$

无论是拍摄时相机发生的运动，还是场景中目标的运动都会引起光流的改变，而光流法就是确定每一个像素位置的"运动"，接着利用数据之间的相互关联来研究场景中灰度图像的变化，包括时域上的变化及空域上物体结构的变化。光流的计算方法大致可以分为三类：基于匹配的方法、基于频域的方法和基于梯度的方法。

1) 基于匹配的方法

基于匹配的光流计算方法包括基于特征和基于区域的两种方法。其中，基于特征的方法通过不断对目标的主要特征进行定位和跟踪来计算光流，尤其是对大目标的运动和亮度变化具有较好的鲁棒性，但是获得的光流通常很稀疏，并且特征提取和精确匹配比较困难。基于区域的方法先对类似的区域进行定位，然后通过相似区域的位移计算光流。这种方法在视频编码中得到了广泛的应用，然而，它所得到的光流仍不稠密。

2) 基于频域的方法

基于频域的方法又称为基于能量的方法，利用速度可调的滤波组输出频率或相位信息。虽然能获得较高精度的初始光流估计，但往往涉及复杂的计算。此外，进行可靠性评价也十分困难。

3) 基于梯度的方法

基于梯度的方法利用图像序列亮度的时空微分来计算光流。该方法简单易操作，可以取得很好的光流估计，在计算机视觉领域有着十分广泛的应用。但是，在计算光流时，常面临着可调参数和可靠性评价因子选择困难、预处理对计算结果的影响，以及噪声对光流的影响等问题。

将上述帧间差分法、背景消减法和光流法进行了对比分析，结果如表 10.1 所示。

表 10.1　运动目标检测方法对比

方法	优点	缺点
帧间差分法	实现简单； 程序设计复杂度低； 实时性高； 对动态场景有较好的适应性	易出现"双影"和"空洞"现象； 运动区域大小与速度有关； 不能提取出对象的完整区域，只能提取出边界； 不适用于摄像头运动的情况
背景消减法	实现简单； 运动目标的提取相对完整	受环境光线变化的影响； 需要加入背景图像更新机制； 不适用于摄像头运动或者背景灰度变化很大的情况
光流法	在存在摄像机运动的前提下也能检测 出独立的运动目标； 可用于动态场景	算法复杂度较高； 对噪声敏感，抗噪性差

当前视频监控系统中，运动目标检测的研究和应用还处于特定场景处理阶段。当背景较简单或者检测内容单一时，设计的方法或系统可以较好地工作，但是当背景较复杂时，由于缺乏对复杂环境的自适应能力，往往表现平平。随着对人类视觉系统认识的不断深入，让机器具有更高层次的自动化和智能化水平，是当前计算机视觉的主要研究目标。

10.2　视频目标跟踪

10.2.1　基本概念

目标跟踪作为视频分析中的一项关键技术，涉及模式识别、图像处理、随机过程、概率论与数理统计等多个学科的内容，既是智能分析的前提，也是人机交互、目标识别和目标分类的基础。基于视频的运动目标跟踪，通过对视频图像序列中用户感兴趣的目标(如车辆、行人、飞机等)提取特征、建立模型及检测跟踪，得到各个目标的位置及相关的运动参数和轨迹，为下一步的目标识别和分类、行为理解和分析、基于对象的编码，以及基于内容的视频检索等应用奠定基础。因此，目标跟踪技术既具有重要的理论研究价值，也有着广阔的应用前景。

根据建模原理的不同，基于外观模型的跟踪方法大致可以分为两大类：产生式方法和判别式方法。产生式方法旨在为跟踪目标建立鲁棒的外观模型，并在后续帧中搜索与该模型具有最小误差的区域作为跟踪目标。这类方法主要包括产生式混合建模法、核跟踪法和子空间学习法等。判别式方法把目标跟踪当作一个分类问题对待，通过训练得到一个分类器，它能将目标从背景中分离出来，为了提高跟踪的准确性，需要对分类器进行及时更新。这类方法主要包括基于 SVM 的跟踪方法、基于多示例学习的跟踪方法、基于相关滤波的跟踪方法和基于随机学习的跟踪方法等。目前，判别式方法已成为跟踪领域的一个重要发展方向。

1. 数据集

为了评价各种跟踪算法的性能，需要采用相同的数据集进行测试。目前，视觉跟踪领域综合性的公开数据集包括如下几种。

(1) 运动目标跟踪基准(object tracking benchmark，OTB)数据集：共包含 100 个视频序列，图 10.9 列举了其中一部分。每个视频都标注了属性。这些属性主要包括照明条件改变(illumination variation，IV)、目标被遮挡(occlusion，OCC)、目标尺度变化(scale variation，SV)、非刚性形变(deformation，DEF)、快速运动(fast motion，FM)、运动模糊(motion blur，MB)、平面外旋转(out-of-plane rotation，OPR)、平面内旋转(in-plane rotation，IPR)、目标出视场(out-of-view，OV)、背景杂波(background clutters，BC)、低分辨率(low resolution，LR)等。

图 10.9　OTB 数据集部分截图

(2) 视觉目标跟踪(visual object tracking，VOT)数据集：视觉目标跟踪挑战赛为视觉跟踪领域的一项国际竞赛，自 2013 年起，每年举行一次。该数据集共包含近 200 个测试视频，其属性由 10 维特征向量表示。与 OTB 数据集相比，其特点是包含了更多类型的测试视频；目标用可旋转的矩形框标识，标定的目标位置与实际情况更吻合；对视频序列中的每帧图像都进行了标记，用特征向量表示其属性。其网址为 http://www.votchallenge.net。

(3) 无人机基准(benchmark for unmanned aerial vehicle，UAV123)数据集：共包含 123 个由无人机拍摄的视频，有 9 个类别 12 个属性，帧率为 30 帧/秒，不同于以往的数据集针对通用单目标视频跟踪，UAV123 数据集针对特定的无人机场景，视频往往是高空俯视角度拍摄的，特点是背景干净，视角变化较多。其网址为 https://cemse.kaust.edu.sa/ivul/uav123。

(4) 通用目标跟踪基准(generic object tracking benchmark，GOT-10K)数据集：共包含 560 个类别，1 万个视频。在目标类别、视频数量上均远超以往数据集。此外，该数据集进行训练集和测试集划分，且两者之间没有重叠。值得说明的是，该数据集的训练和测试视频中的物体类别没有重合，目的在于更加贴近目标跟踪任务的设定，即离线训练阶段跟踪方法没有任何关于待跟踪目标的先验知识，这样可以使跟踪方法更加通用，不依赖于特定物体类别或数据集。

上述跟踪数据集各有特色，近年来提出的新数据集也展现出更大的挑战性。种类多样的数据集为全面综合评估跟踪算法提供了有力的工具。此外，近年来高质量、大规模数据集为深度跟踪算法的训练提供了极大的便利。

2. 评价标准

评价跟踪算法性能时，通常采用以下指标。

(1) 中心位置误差(center location error，CLE)用来表示跟踪结果和真实目标之间中心位置的距离，以像素为单位。该值越小，说明跟踪结果与目标的真实位置越接近，跟踪精度越高；反之，说明跟踪误差越大。其定义如下：

$$\text{error}_k = \sqrt{(\text{center}_k - \text{gt}_k)^2} \tag{10.31}$$

式中，error_k 为第 k 帧的中心位置误差；center_k 为跟踪算法求得的目标中心点在第 k 帧中的位置；gt_k 为目标中心点在第 k 帧中的真实位置。

(2) 成功率(success rate，SR)是指正确跟踪的帧数占总帧数的百分比。该值越大，说明正确跟踪的帧数越多，跟踪效果越好；反之，说明跟踪效果越差。

如果 $\dfrac{G \cap T}{G \cup T} > 0.5$，则认为当前帧目标跟踪成功；否则，认为跟踪失败。其中，T 为当前帧中跟踪算法所获取的目标外接矩形区域，G 为当前帧中目标真实位置所对应的矩形区域。

(3) 帧率(frame per second，FPS)是指跟踪算法每秒能处理的帧数，以帧/秒为单位。该值越大，说明单位时间内处理的帧数越多，算法的实时性越好；反之，实时性越差。

10.2.2　基本方法原理

1. 基于 Mean Shift 的目标跟踪

Mean Shift 向量最早是由 Fukunaga 等于 1975 年在一篇关于概率密度梯度函数估计的文章中提出的，用于表示偏移的均值向量。Mean Shift 理论的发展使得 Mean Shift 的含义发生了变化，Mean Shift 算法变成了一个迭代的步骤，即先算出当前点的偏移均值，将该点移动到其偏移均值所在位置，然后以当前位置为新起点，继续移动，直到满足一定的约束条件。Mean Shift 跟踪算法是一个迭代寻优的过程，通过自适应步长迭代寻找概率密度分布的局部极值点。

设 $x_1, x_2, \cdots, x_n$ 分别是落在以 x 为中心，h 为半径的 d 维超立方体 R^d 中的样本集合 $\{x_i\}$，$i = 1, 2, \cdots, n$，$k(x)$ 表示空间的核函数，窗口半径为 h，那么在点 x 处

的多变量核密度估计表示为

$$\hat{f}_{h,k}(x) = \frac{c_{k,d}}{nh^d} \sum_{i=1}^{n} k\left(\left\|\frac{x-x_i}{h}\right\|^2\right) \tag{10.32}$$

式中，$c_{k,d}$ 为归一化常数。

在 Mean Shift 理论中，最常用的核函数有 Epanechnikov 核函数和高斯核函数。为了求出概率分布的最大值，对式(10.32)求导，得到：

$$\begin{aligned}
\nabla \hat{f}_{h,k}(x) &= \frac{2c_{k,d}}{nh^{d+2}} \sum_{i=1}^{n} (x-x_i) k'\left(\left\|\frac{x-x_i}{h}\right\|^2\right) \\
&= \frac{2c_{k,d}}{nh^{d+2}} \sum_{i=1}^{n} (x_i-x) g\left(\left\|\frac{x-x_i}{h}\right\|^2\right) \\
&= \frac{2c_{k,d}}{nh^{d+2}} \times \left[\sum_{i=1}^{n} g\left(\left\|\frac{x-x_i}{h}\right\|^2\right)\right] \times \left[\frac{\sum_{i=1}^{n} x_i g\left(\left\|\frac{x-x_i}{h}\right\|^2\right)}{\sum_{i=1}^{n} g\left(\left\|\frac{x-x_i}{h}\right\|^2\right)} - x\right]
\end{aligned} \tag{10.33}$$

式中，$g(x)$ 满足 $g(x) = -k'(x)$。

式(10.33)中，第 3 个等号右边第 2 个中括号内即为 Mean Shift 向量，记为

$$m_{h,g}(x) = \frac{\sum_{i=1}^{n} x_i g\left(\left\|\frac{x-x_i}{h}\right\|^2\right)}{\sum_{i=1}^{n} g\left(\left\|\frac{x-x_i}{h}\right\|^2\right)} - x \tag{10.34}$$

在 x 点处的密度估计用核函数 $g(x)$ 表示为

$$\hat{f}_{h,g}(x) = \frac{c_{g,d}}{nh^d} \sum_{i=1}^{n} g\left(\left\|\frac{x-x_i}{h}\right\|^2\right) \tag{10.35}$$

式中，$c_{g,d}$ 为归一化常数。

密度梯度估计为

$$\nabla \hat{f}_{h,k}(x) = \hat{f}_{h,g}(x) \frac{2c_{k,d}}{h^2 c_{g,d}} m_{h,g}(x) \tag{10.36}$$

那么，Mean Shift 向量可表示为

$$m_{h,g}(x) = \frac{1}{2} h^2 c \frac{\nabla \hat{f}_{h,k}(x)}{\hat{f}_{h,g}(x)} \tag{10.37}$$

式中，$c = \dfrac{c_{g,d}}{c_{k,d}}$。式(10.37)说明，局部均值朝附近数据样本密集区域移动。

因此，有迭代公式：

$$
\begin{aligned}
y_{t+1} &= y_t + m_{h,g}(y_t) \\
&= y_t + \frac{1}{2} h^2 c \frac{\nabla \hat{f}_{h,k}(y_t)}{\hat{f}_{h,g}(y_t)} \\
&= y_t + \lambda_t d_t
\end{aligned}
\tag{10.38}
$$

式中，$\lambda_t = \dfrac{h^2 c}{2 \hat{f}_{h,g}(y_t)} > 0$；$d_t = \nabla \hat{f}_{h,k}(y_t)$。

式(10.38)表明，Mean Shift 算法沿梯度方向迭代，使每个待处理的点"漂移"到分布密度函数的局部极大值点处，其步长 λ_t 随迭代过程自适应地变化：在低密度区，迭代步长较长，在局部极大值附近，迭代步长较短。

Mean Shift 算法迭代步骤如下：

(1) 设置初始值 y_0，结束条件 ε；

(2) 用式(10.38)计算 y_{t+1} 的值；

(3) 判断是否满足 $|y_{t+1} - y_t| \leqslant \varepsilon$，如果满足，则退出；否则，用 y_{t+1} 替代 y_t，跳转至步骤(2)。

Mean Shift 算法的优点在于：计算量不大，可以做到实时跟踪；采用核函数直方图模型，对边缘遮挡、目标旋转、变形和背景运动不敏感。但是，Mean Shift 算法也存在如下缺点：缺乏必要的模板更新，因此不能应对目标外观的显著变化；跟踪过程中由于窗口大小保持不变，不能实现变尺度跟踪；当目标速度较快时，跟踪效果不好。

Mean Shift 算法在 OTB 数据集 Jogging 上的跟踪结果如图 10.10 所示，其中矩形框所标注的区域为 Mean Shift 算法的跟踪结果。

图 10.10　Mean Shift 算法跟踪结果

Mean Shift 跟踪算法在跟踪过程中，目标的快速运动导致跟踪漂移，在目标被完全遮挡的情况下，跟踪失败。

2. 基于连续自适应均值漂移算法的目标跟踪

连续自适应均值漂移(continuously adaptive mean shift，CamShift)算法是连续的自适应 Mean Shift 算法，能自适应地调整跟踪窗口的大小。对于图像序列中的每一帧采用 Mean Shift 算法来寻找目标位置，再采用 CamShift 算法动态调整下一次搜索窗口的大小，大大改善了跟踪效果，已被广泛应用于目标跟踪。

CamShift 算法实现动态调整搜索窗口的原理如下。

假设视频序列图像的反向投影图为 $I(x,y)$，按式(10.39)计算图像的零阶矩：

$$M_{00} = \sum_x \sum_y I(x,y) \tag{10.39}$$

按式(10.40)计算图像的二阶矩：

$$M_{20} = \sum_x \sum_y x^2 I(x,y), \quad M_{02} = \sum_x \sum_y y^2 I(x,y), \quad M_{11} = \sum_x \sum_y xy I(x,y) \tag{10.40}$$

于是，可计算目标的方向角：

$$\theta = \frac{1}{2} \arctan \left(\frac{2\left(\dfrac{M_{11}}{M_{00}} - x_c y_c\right)}{\left(\dfrac{M_{20}}{M_{00}} - x_c{}^2\right) - \left(\dfrac{M_{02}}{M_{00}} - y_c{}^2\right)} \right) \tag{10.41}$$

式中，(x_c, y_c) 是搜索窗口的中心点。

再令 $a = \dfrac{M_{20}}{M_{00}} - x_c{}^2, b = 2\left(\dfrac{M_{11}}{M_{00}} - x_c y_c\right), c = \dfrac{M_{02}}{M_{00}} - y_c{}^2$，则可计算出下一次搜索窗口的宽度 w 和高度 h：

$$\begin{cases} w = \sqrt{\dfrac{(a+c) - \sqrt{b^2 + (a-c)^2}}{2}} \\ h = \sqrt{\dfrac{(a+c) + \sqrt{b^2 + (a-c)^2}}{2}} \end{cases} \tag{10.42}$$

CamShift 跟踪算法采用颜色统计直方图作为目标特征，一方面对图像信息进行降维处理大大降低了计算量，另一方面颜色特征对物体的形态变化不敏感，使得它能够用于非刚性目标的跟踪。但在实际环境中，由于目标运动状态和背景信息的复杂多变，CamShift 算法的准确性和稳定性仍不能满足实际需求。

CamShift 算法在 OTB 数据集 Jogging 上的跟踪结果如图 10.11 所示。

目标的快速运动及在运动过程中出现的不同程度的遮挡,增加了跟踪的难度。CamShift 算法对目标的位置及尺度估计不准，导致跟踪失败。

图 10.11　CamShift 算法的跟踪结果

3. 基于 MIL 的目标跟踪

1) MIL 基本理论

20 世纪 90 年代末，在预测药物活性的研究中，首次正式提出了多示例学习 (multiple instance learning，MIL) 的概念。研究的目的是通过机器学习的方式，找出分子低能形状与其活性的关系，正确预测新分子的活跃程度，进而判断其是否适合于制造药物。这有利于制药公司把主要的资源集中于具有开发潜质的活跃分子研究上，从而加快新药品的研发进程，提升公司的市场竞争力。通过实验发现：药物分子通过与较大的蛋白质分子(如酶等)绑定来产生活性，而绑定的程度决定了其药效。当药物分子与蛋白质分子耦合得越紧密，说明该分子活性越大，其药效越大；反之，其药效越小。换而言之，当某个分子不适合制药时，它的所有低能形状和较大的蛋白质分子都将耦合得不好；相反，当某个分子适合制药时，那么它的某种低能形状和较大的蛋白质分子将会耦合得很紧密。

然而，正确预测药物分子活性的难点在于：即使是同一个分子，在不同的外部条件下，也会呈现出多种不同的低能形状。如图 10.12 所示，因为其中某一个化学键发生了旋转，同一个分子表现出了两种不同的低能形状。然而，只知道哪些分子适合于制造药物，却不知道对该分子的活性起决定性作用的低能形状究竟是哪一种。如果使用传统的监督学习的方法来训练分类器，通常的做法是将不适合制药的分子的所有低能形状都作为负样本，而将适合制药的分子的所有低能形状都作为正样本，那么正样本中噪声比例过高会导致分类器的分类准确性下降。究其原因，药物分子会因为外界条件的不同，而表现出多种不同的低能形状。根据分子制药实验可知，只要在众多低能形状中有一种是适合制造药物的，那么这个分子就适合于制药。换而言之，即使是一个适合制药的分子也有可能表现出不适合制药的低能形状。

为了解决药物活性预测的问题，引入了多示例学习的框架。一个包(bag)对应一个药物分子，而包中的每个示例(instance)则对应于该药物分子的每一种低能形状。如果某一个分子不适合制药，那么它所对应的包为负包(negative bag)；否则，它所对应的包为正包(positive bag)。通过特征向量来描述分子可能出现的低能形状，如图 10.13 所示：在标准位置固定药物分子，接着从分子的中心点出发，均匀地放射出若干条射线，一共 162 条，然后测量每条射线从分子中心点到药物分子表面的线段长度，并将其作为描述分子低能形状的一个属性。另外，再加上 4 个描述固定氧原子位置的属性，最终分子的某一低能形状(包中的示例)由一个 166 维的特征向量来表示。多示例学习方法通过对带标记的训练包的学习，来实现对训练集之外包的标记，从而进行最大可能的正确预测。

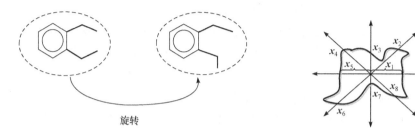

图 10.12　同一分子的两种不同低能形状　　图 10.13　用特征向量表示分子的低能形状

　　与传统的机器学习方法不同的是，在 MIL 框架中，若干个具有标记的包构成了训练集，而每一个包又由若干个不同的示例(各包中示例数目可能不等)构成。如果一个包中全是负示例，那么这个包为负包；相反，如果包中至少有一个正示例，那么这个包为正包。在训练的过程中，无须知道包中示例的标记，只需知道包的标记即可。

　　与非监督学习相比，多示例学习中的训练包都是有标记的，而非监督学习中的所有训练样本却是没有标记的；与有监督学习相比，多示例学习中示例的标记在训练阶段是未知的，而有监督学习中的所有训练样本却是有标记的；与强化学习相比，多示例学习中没有时效延迟的概念，而在强化学习中却有这一概念。在传统的机器学习框架中，示例和样本之间是一一对应的关系，也就是说，一个样本就是一个示例。然而，在多示例学习框架中，样本被称作包，它和示例之间是一对多的关系。由此可见，多示例学习完全不同于传统的非监督学习、有监督学习和强化学习。正因如此，对于分子活性预测这类问题，传统的机器学习方法不再适用，而多示例学习方法中设计的基于包的学习机制却能够较好地描述和解决。目前，多示例学习已成功地应用于图像检索、目标分类、数据挖掘、股票预测。

　　2) 基于 MIL 的跟踪框架

　　在传统的监督学习算法中，是以样本为单位进行训练和测试的。对样本进行训练，旨在得到一个分类器，通过估计新样本为正样本的概率，来实现对新样本标记的正确预测。然而，在基于 MIL 的跟踪框架中，把图像块和图像块构成的集合分别视为示例和包。根据多示例学习的定义，只要图像块的集合中有一个图像块对应着目标，那么这个包就被标记为正包；当集合中所有的图像块都不包含目标时，这个包就被标记为负。记训练集为 $\{(X_1, y_1), \cdots, (X_n, y_n)\}$，其中 $X_i = \{x_{i1}, \cdots, x_{im}\}$ 表示第 i 个包，x_{ij} 表示第 i 个包中的第 j 个示例，y_i 表示第 i 个包的标记(其中负包

用 0 表示，正包用 1 表示)。包标记定义为

$$y_i = \max_j(y_{ij}) \tag{10.43}$$

式中，y_{ij} 表示第 i 个包中的第 j 个示例的标记(其中负示例用 0 表示，正示例用 1 表示)。在训练阶段，训练包中各示例的标记是未知的。

基于多示例学习的目标跟踪算法的基本思路如图 10.14 所示。算法用到的先验信息包括目标在视频第一帧中的位置和尺寸。记目标在第 t–1 帧中的位置为 l_{t-1}^{*}，在其邻域内，分别提取正包 X^{γ} 和负包 $X^{\gamma,\beta}$ 以更新分类器。在第 t 帧中，寻找使得该分类器响应取得最大值的图像块作为跟踪目标，记录其位置 l_t^{*}，并在其附近提取正负包以更新分类器。依次循环处理，直到所有的视频帧处理完毕。

该算法的具体过程描述如下。

算法 10.1　　基于多示例学习的跟踪算法。

输入：目标在第一帧中的位置 l_1^{*}、视频序列 V。

输出：第 t 帧中目标所在位置，更新后的强分类器。

(1) 选定跟踪目标，并初始化算法参数：γ, β, s，令 t=1。

(2) 在 l_t^{*} 的邻域范围内，分别采集两个图像集合 $X^{\gamma,\beta} = \{x: \gamma < \| l(x) - l_t^{*} \| < \beta\}$ 和 $X^{\gamma} = \{x: \| l(x) - l_t^{*} \| < \gamma\}$ 作为负包和正包来训练强分类器。其中，γ, β 为标量，以像素为单位。

(3) 令 t=t+1，若超出视频帧号范围，则停止计算；否则，跳转步骤(4)。

(4) 在第 t 帧中，采集图像集合 $X^s = \{x: \| l(x) - l_{t-1}^{*} \| < s\}$，并计算集合中每个图像块 x 的特征，其中 $l(x)$ 为图像块 x 的位置，用其中心点的二维坐标表示，s 为搜索半径，X^s 中的任意图像块与第 t–1 帧中目标的距离均小于 s。

(5) 使用已训练好的强分类器，计算 $l_t^{*} = l(\arg\max_{x \in X^s} p(y = 1 | x))$，即找出 X^s 中概率最大的图像块作为跟踪目标，并记录其中心点坐标，跳转步骤(2)。

如何训练并更新强分类器是该算法的关键所在。

3) 构造弱分类器

为每一个图像块(包中的示例)提取 Haar-like 特征，每一个 Harr-like 特征由随机产生的 2~4 个矩形区域构成，每一个矩形对应一个权值，该特征由这些矩形区域内像素点的和进行加权得到。利用积分图像可实现对 Harr-like 特征的快速计算。假设正包中的 Haar-like 特征服从正态分布：

$$p(f_k(x_{ij}) | y_i = 1) \sim N(\mu_1, \sigma_1^2) \tag{10.44}$$

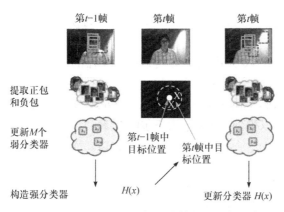

图 10.14　基于 MIL 的目标跟踪算法的基本思路[4]

负包中的 Haar-like 特征服从正态分布：

$$p(f_k(x_{ij})|y_i = 0) \sim N(\mu_0, \sigma_0{}^2) \tag{10.45}$$

令 $p(y=1) = p(y=0)$，利用贝叶斯公式，按式(10.46)计算弱分类器 $h_k(x)$：

$$h_k(x) = \lg \frac{p(y=1|f_k(x))}{p(y=0|f_k(x))} = \lg \frac{p(f_k(x)|y=1)}{p(f_k(x)|y=0)} \tag{10.46}$$

当新数据到来时，更新正态分布的参数 μ_1、$\sigma_1{}^2$，即

$$\mu_1 = \alpha\mu_1 + (1-\alpha)\frac{1}{n}\sum_{j|y_i=1} f_k(x_{ij}) \tag{10.47}$$

$$\sigma_1{}^2 = \alpha\sigma_1{}^2 + (1-\alpha)\frac{1}{n}\sum_{j|y_i=1}(f_k(x_{ij})-\mu_1)^2 \tag{10.48}$$

式中，$0 < \alpha < 1$，代表参数更新的速度。

参数 μ_0、$\sigma_0{}^2$ 按类似方法更新。

4) 构造强分类器

将求出的弱分类器级联就得到了强分类器，其作用是将目标准确地从背景中分离出来。具体的构造过程如下：从 Q 个弱分类器 $\phi = \{h_1, h_2, \cdots, h_Q\}$ 中依次选出 s 个，使其满足：

$$h_k = \underset{h \in \phi}{\arg\max} \, \mathrm{LF}(H_{k-1} + h) \tag{10.49}$$

$$\mathrm{LF} = \sum_i [y_i \lg p_i + (1-y_i)\lg(1-p_i)] \tag{10.50}$$

式中，LF 是包的对数似然函数；p_i 是第 i 个包为正包的概率；$H_{k-1} = \sum_{m=1}^{k-1} h_m$ 是由从 ϕ 中依次选出的 $k-1$ 个弱分类器级联而构成的强分类器。值得注意的是，似然

函数 LF 是针对包定义的，而不是示例，这是因为在训练过程中，示例的标记是未知的。

由式(10.49)和式(10.50)可知，在构造强分类器的过程中，需要用到概率 p_i 和弱分类器 h。下面就介绍其求解方法。

假设包中的示例是独立同分布的，采用 Noisy-OR(NOR)模型，从示例的角度对包概率建模，可以得到第 i 个包为正包的概率：

$$p(y_i \mid X_i) = 1 - \prod_j \left[1 - p(y_i \mid x_{ij}) \right] \tag{10.51}$$

式中，$p(y_i \mid x_{ij})$ 代表 x_{ij} 为正示例的概率。当包中的示例为正示例的概率较大时，那么这个包为正包的概率也较大。

由于示例概率 $p(y_i \mid x_{ij})$ 是未知的，因此还需要对其建模，采用如下方法：

$$p(y_i \mid x_{ij}) = p_{ij} = \sigma(H(x_{ij})) = \frac{1}{1 + e^{-H(x_{ij})}} \tag{10.52}$$

式中，$\sigma(\cdot) = \dfrac{1}{1 + e^{-x}}$ 是 sigmoid 函数；$H(\cdot)$ 是上文提到的强分类器，其构造算法如下所述。

算法 10.2　　构造强分类器。

输入：数据集 $\{X_i, y_i\}_{i=1}^n$，其中 $X_i = \{x_{i1}, x_{i2}, \cdots, x_{im}\}$，$y_i \in \{0,1\}$。

输出：分类器 $H(x) = \displaystyle\sum_{k=1}^s h_k(x)$。

(1) 用数据 (x_{ij}, y_i) 更新 Q 个弱分类器 $\{h_j(x)\}_{j=1}^Q$；

(2) 对所有的 i 和 j，初始化 $H_{i,j}(x) = 0$，并令 $k = 1$；

(3) 依次遍历 Q 个弱分类器，将它和强分类器 $H_{i,j}(x)$ 组合得到 $H_{i,j} + h$，并利用式(10.52)计算示例 x_{ij} 为正示例的概率 p_{ij}^q；

(4) 利用式(10.51)计算包 X_i 为正包的概率 p_i^q；

(5) 利用式(10.50)计算每个包的对数似然函数 LF^q；

(6) 按式(10.49)从 Q 个 LF^q 中选出使 LF^q 取得最大值的弱分类器，并记为 $h_k(x)$；

(7) 把该弱分类器添加到强分类器中，即 $H_{i,j}(x) = H_{i,j}(x) + h_k(x)$；

(8) 如果 $k = s$，停止计算；否则，令 $k = k+1$，跳转步骤(3)。

综上所述，基于多示例学习的方法为目标跟踪提供了一个全新的解决方案，只要包标记准确就能正确学习，从而得到一个可用于跟踪的分类器，它允许包中示例标记不准确，该算法无须进行太多参数调整，即可实现对目标的跟踪。

基于 MIL 的跟踪算法在 OTB 数据集 Jogging 上的跟踪结果如图 10.15 所示。

图 10.15　基于 MIL 的跟踪算法的跟踪结果

在遮挡发生之前，基于 MIL 的跟踪算法能比较准确地跟踪目标，但是当目标从部分遮挡，到完全遮挡，再到无遮挡的过程中，由于基于 MIL 的跟踪算法没有对遮挡进行判断，在遮挡情况下用错误的跟踪结果更新外观模型，最终导致跟踪失败。

4. 基于 CF 的目标跟踪

近年来，基于相关滤波(correlation filter, CF)的目标跟踪算法取得了显著的进展，引起了国内外学者的广泛关注。对于视频中用户感兴趣的目标，相关滤波器会产生相应的响应峰值，而对于背景区域，则产生较低的响应值，因此可以将其作为跟踪器使用。基于相关滤波的典型算法包括 MOSSE[5]、KCF[6]、SAMF[7]、DSST[8]等。下面将对 MOSSE 和 KCF 算法原理进行介绍。

1) MOSSE

最小输出平方误差和(minimum output sum of squared error，MOSSE)跟踪算法的基本思想：构造一个相关滤波器 fh，使用该滤波器与图像中的候选区域 f 做卷积运算，根据得到的响应输出 g 来确定目标在新的一帧图像中的具体位置：

$$g = f * \text{fh} \tag{10.53}$$

式中，*表示卷积运算。

对输入图像块 f 进行二维快速傅里叶变换(fast Fourier transformation，FFT)有 $F = F(f)$，而滤波器 fh 的 FFT 结果为 $H = F(\text{fh})$。

根据傅里叶变换的性质，可以将时域的卷积运算转化为频域的点乘运算，从而提高运算速度，得到如下公式：

$$G = F \odot H^* \tag{10.54}$$

式中，H^* 为 H 的共轭复数；$\odot$ 表示点乘运算。

最后，将相关滤波的结果利用逆 FFT 转换到时域中，找到响应最大值，并将它对应的图像块作为相关滤波的跟踪结果。

基于相关滤波的目标跟踪算法的核心是通过滤波器与图像块做卷积运算，来确定目标的位置，因此关键问题就变成了如何求得这个滤波器。

假设有一组训练图像 f_i 及其对应的输出 g_i，其中 g_i 服从二维高斯分布。f_i 与 g_i 经过 FFT 处理后，分别记为 F_i 与 G_i，那么可以求出滤波器的频域表示：

$$H_i^* = \frac{G_i}{F_i} \tag{10.55}$$

式中，除法是元素间除法。

为了获得一个能够将所有训练样本映射到期望输出的滤波器，MOSSE 算法对所有训练样本的实际输出与期望输出之间的误差平方和进行了最小化，并将使得目标函数取得最小值的滤波器作为目标跟踪过程中的滤波器。目标函数表示如下：

$$\min_{H^*} \sum_i \left| F_i \odot H^* - G_i \right|^2 \tag{10.56}$$

值得注意的是，上述目标函数是一个包含复变量的实值函数。式(10.56)中的运算都是元素间的运算，因此可以对 H(由 w 和 v 索引)的每个元素单独求解。于是，得到：

$$\min_{H_{wv}^*} \sum_i \left| F_{iwv} \odot H_{wv}^* - G_{iwv} \right|^2 \tag{10.57}$$

该目标函数是一个实值、非负的凸函数，因此只有一个最优解。把 H_{wv}^* 看作独立变量，通过求 H_{wv}^* 的一阶偏导数，并令其等于 0，即

$$\frac{\partial}{\partial H_{wv}^*} \sum_i \left| F_{iwv} \odot H_{wv}^* - G_{iwv} \right|^2 = 0 \tag{10.58}$$

求得其最优解如下：

$$H^* = \frac{\sum_i G_i \odot F_i^*}{\sum_i F_i \odot F_i^*} \tag{10.59}$$

在跟踪的过程中，目标的尺度、姿态和所处的光照环境都会发生变化，为了对目标进行准确的跟踪，需要不断更新滤波器。MOSSE 算法采用加权平均策略进行实时更新，具体方法如下：

$$H_i^* = \frac{A_i}{B_i} \tag{10.60}$$

$$A_i = \eta G_i \odot F_i^* + (1 - \eta) A_{i-1} \tag{10.61}$$

$$B_i = \eta F_i \odot F_i^* + (1 - \eta) B_{i-1} \tag{10.62}$$

式中，η 为更新速率，且 $0 < \eta < 1$；i 表示视频帧号。

MOSSE 算法在 OTB 数据集 Jogging 上的跟踪结果如图 10.16 所示。

图 10.16 MOSSE 算法的跟踪结果

在遮挡发生之前，MOSSE 算法能较准确地跟踪目标，当遮挡发生后，该算法仍能正确地跟踪目标，但是该算法不够鲁棒，在跟踪的过程中，会出现轻微的跟踪漂移。

2) KCF

核相关滤波(kernelized correlation filter，KCF)算法，在跟踪的过程中要训练一个分类器，将目标从当前帧的背景中分离出来，然后使用新的跟踪结果去更新分类器。在训练时，选取目标区域为正样本，背景区域为负样本。KCF 算法将回归的标签设为一个高斯函数，在上一帧的位置标签设为 1，从中心到四周依次递减。

(1) 岭回归。

设训练样本集为 (x_i, y_i)，那么其线性回归函数为 $f(x_i) = \boldsymbol{w}^{\mathrm{T}} x_i$，其中 $\boldsymbol{w}$ 为列向量，表示权重系数。问题就转化为求出合适的 $\boldsymbol{w}$，使得标签的预测值与真实值之间的误差平方和最小。为了防止过拟合，引入正则项参数 λ，目标函数表示如下：

$$\min_{\boldsymbol{w}} \sum_i \left[f(x_i) - y_i \right]^2 + \lambda \|\boldsymbol{w}\|^2 \tag{10.63}$$

写成矩阵形式：

$$\min_{\boldsymbol{w}} \|\boldsymbol{X}\boldsymbol{w} - \boldsymbol{y}\|^2 + \lambda \|\boldsymbol{w}\|^2 \tag{10.64}$$

式中，$\boldsymbol{X} = [x_1, x_2, \cdots, x_n]^{\mathrm{T}}$，其每一行代表一个样本；$\boldsymbol{y}$ 为列向量，其每个元素对应一个样本的标签。式(10.64)的最优解具有如下形式：

$$\boldsymbol{w} = (\boldsymbol{X}^{\mathrm{T}} \boldsymbol{X} + \lambda \boldsymbol{I})^{-1} \boldsymbol{X}^{\mathrm{T}} \boldsymbol{y} \tag{10.65}$$

式中，$\boldsymbol{I}$ 为单位阵。

后续计算是在频域中进行的，涉及复矩阵，因此将结果统一写成复数域中的形式：

$$\boldsymbol{w} = (\boldsymbol{X}^{\mathrm{H}} \boldsymbol{X} + \lambda \boldsymbol{I})^{-1} \boldsymbol{X}^{\mathrm{H}} \boldsymbol{y} \tag{10.66}$$

式中，$\boldsymbol{X}^{\mathrm{H}}$ 表示 $\boldsymbol{X}$ 的共轭转置矩阵。

(2) 循环移位。

在求解 $\boldsymbol{w}$ 的过程中，需要求方阵的逆，这会增加计算的复杂度。为了简化计算，利用循环移位的方法来构造数据矩阵 $\boldsymbol{X}$。

KCF 算法运用稠密采样的方法获取负样本。将 n 维列向量 $\boldsymbol{x} = [x_1, x_2, \cdots, x_n]^{\mathrm{T}}$ 作为正样本，用来表示目标的特征，而负样本则通过对正样本的循环移位得到。需要构造置换矩阵 $\boldsymbol{P}$：

$$\boldsymbol{P} = \begin{bmatrix} 0 & 0 & \cdots & 0 & 1 \\ 1 & 0 & \cdots & 0 & 0 \\ 0 & 1 & \cdots & 0 & 0 \\ \vdots & \vdots & & \vdots & \vdots \\ 0 & 0 & \cdots & 1 & 0 \end{bmatrix} \tag{10.67}$$

根据矩阵乘法，可求得向量 $\boldsymbol{P}\boldsymbol{x} = [x_n, x_1, x_2, \cdots, x_{n-1}]^{\mathrm{T}}$，它代表的是将向量 $\boldsymbol{x}^{\mathrm{T}}$ 循环右移一位的结果。由此，定义样本集合 $\{x_l = P^l x \mid l = 0, 1, \cdots, n-1\}$，表示将基样本 $\boldsymbol{x}^{\mathrm{T}}$ 向右移动 l 位。于是，可得到循环移位矩阵 $\boldsymbol{X}$：

$$\boldsymbol{X} = C(\boldsymbol{x}) = \begin{bmatrix} x_1 & x_2 & x_3 & \cdots & x_n \\ x_n & x_1 & x_2 & \cdots & x_{n-1} \\ x_{n-1} & x_n & x_1 & \cdots & x_{n-2} \\ \vdots & \vdots & \vdots & & \vdots \\ x_2 & x_3 & x_4 & \cdots & x_1 \end{bmatrix}_{n \times n} \tag{10.68}$$

式中，第一行为基样本 $\boldsymbol{x}^{\mathrm{T}} = [x_1, x_2, \cdots, x_n]$，第二行是基样本 $\boldsymbol{x}^{\mathrm{T}}$ 向右循环移动一位得到的结果，以此类推。

(3) 循环矩阵对角化。

所有的循环矩阵都能够在傅氏空间中对角化：

$$X = \boldsymbol{F} \mathrm{diag}(\hat{x}) \boldsymbol{F}^{\mathrm{H}} \tag{10.69}$$

式中，$\hat{x}$ 表示基样本的傅里叶变换，即 $\hat{x} = \mathrm{DFT}(x) = \sqrt{n} \boldsymbol{F} x$；$\boldsymbol{F}$ 是离散傅里叶矩阵，是与 x 无关的常数矩阵，如式(10.70)所示：

$$\boldsymbol{F} = \frac{1}{\sqrt{n}} \begin{bmatrix} 1 & 1 & \cdots & 1 & 1 \\ 1 & w & \cdots & w^{n-2} & w^{n-1} \\ 1 & w^2 & \cdots & w^{2(n-2)} & w^{2(n-1)} \\ \vdots & \vdots & & \vdots & \vdots \\ 1 & w^{n-1} & \cdots & w^{(n-1)(n-2)} & w^{(n-1)^2} \end{bmatrix}_{n \times n} \tag{10.70}$$

(4) 对角化后的岭回归。

将式(10.69)代入式(10.66)，得到：

$$w = \left[F\mathrm{diag}(\hat{x}^*) F^{\mathrm{H}} F\mathrm{diag}(\hat{x}) F^{\mathrm{H}} + F\lambda F^{\mathrm{H}} \right]^{-1} F\mathrm{diag}(\hat{x}^*) F^{\mathrm{H}} y$$

$$= \left[F\mathrm{diag}(\hat{x}^* \odot \hat{x} + \lambda) F^{\mathrm{H}} \right]^{-1} F\mathrm{diag}(\hat{x}^*) F^{\mathrm{H}} y \qquad (10.71)$$

$$= F\mathrm{diag}\left(\frac{\hat{x}^*}{\hat{x}^* \odot \hat{x} + \lambda} \right) F^{\mathrm{H}} y$$

进一步，可得

$$\hat{w} = \frac{\hat{x} \odot \hat{y}}{\hat{x} \odot \hat{x}^* + \lambda} \qquad (10.72)$$

这样就可以使用向量的点积运算代替矩阵运算，特别是矩阵的求逆运算，从而大大提高计算效率。

最后，将 $\hat{w}$ 进行逆 FFT，即 $w = F^{-1}(\hat{w})$，最终求得权重向量 w。

(5) 核空间的岭回归。

当数据在低维空间中不再线性可分时，需要找到一个非线性映射函数 $\varphi(x)$，使得映射后的样本在新空间中线性可分。那么，在新空间中可使用岭回归来寻找一个分类器 $f(x) = w^{\mathrm{T}} \varphi(x)$，其中 w 满足：

$$w = \sum_i \alpha_i \varphi(x_i) \qquad (10.73)$$

优化变量 w 的问题就变成了在对偶空间中优化 α，其目标函数如下：

$$\alpha = \min_\alpha \| \varphi(X)\varphi(X)^{\mathrm{T}} \alpha - y \|^2 + \lambda \| \varphi(X)^{\mathrm{T}} \alpha \|^2 \qquad (10.74)$$

引入核矩阵，α 可表示为

$$\alpha = (K + \lambda I)^{-1} y \qquad (10.75)$$

式中，K 为核矩阵，其元素 $K_{ij} = \kappa(x_i, x_j) = \varphi^{\mathrm{T}}(x_i)\varphi(x_j)$；$I$ 为单位矩阵；y 为标签向量。

当取高斯核、多项式核时，K 是循环矩阵，它可以利用离散傅里叶变换实现对角化，可进一步简化 α 的求法：

$$\hat{\alpha} = \frac{\hat{y}}{\hat{k}^{xx} + \lambda} \qquad (10.76)$$

式中，$\wedge$ 表示 FFT 操作；k^{xx} 表示核矩阵 $K = C(k^{xx})$ 的第一行。

(6) 快速检测。

由训练样本训练得到相关滤波器，其中训练样本由目标区域及其循环移位得到的若干样本构成，而对应的样本标签是根据离正样本越近，标签值越大的原则进行赋值的，然后可以计算得到 α。

为了确定目标所在的位置，需要对搜索区域内的候选样本 z 进行逐一检验，并分别计算分类器的响应输出值。对于每个候选样本，分类器的响应输出表示为

$$f(z) = \left(\boldsymbol{K}^z \right)^{\mathrm{T}} \alpha \tag{10.77}$$

通过对核矩阵对角化，可得到：

$$\hat{f}(z) = \hat{k}^{xz} \odot \alpha \tag{10.78}$$

可见，$\hat{f}(z)$ 为核互相关系数 $\hat{k}^{xz}$ 与权重 α 的线性组合，接下来，利用逆 FFT，将其还原到时域，那么每个候选样本 z 则得到一个响应值 $f(z)$，取其中最大响应值对应的位置作为目标中心点位置，从而实现对目标的跟踪。

KCF 算法通过循环移位产生大量样本来解决分类器训练过程中样本过少的问题，并且通过 FFT 将信息处理转换到频域中进行，避免了复杂的矩阵求逆操作。因而，该算法具有复杂度不高、跟踪效果好和实时性高等优点。

KCF 算法在 OTB 数据集 Jogging 上的跟踪结果如图 10.17 所示。

图 10.17　KCF 算法的跟踪结果

在遮挡发生前后，KCF 算法都能较准确地跟踪目标，与 MOSSE 算法相比，其准确性和鲁棒性更好。

10.3　研究进展及实际应用

10.3.1　目标检测前沿技术及其应用

10.1 节中对传统的目标检测算法进行了介绍，它们基于人工设计的特征算子来描述图像，如 SIFT 特征、HOG 特征等。这些特征算子普遍是基于底层视觉特征来设计的，因此很难获取复杂图像里的语义信息。2012 年，Krizhevsky 等提出的 AlexNet 在 ILSVRC 挑战赛的图像分类任务上，以显著优势夺得了冠军，让人们看到了卷积神经网络强大的特征表示能力。自此，基于深度学习的研究热潮拉开了帷幕。

基于深度学习的目标检测算法主要分为两大类：一类是以 R-CNN 系列为代表的两阶段算法，另一类是以 YOLO[9]、SSD[10]为代表的一阶段算法。两阶段算法首先通过启发式方法或者卷积神经网络生成一系列可能存在潜在目标的候选区

域，然后根据候选区域的特征对每一个区域进行分类和边界回归。一阶段算法则省略了生成候选区域的步骤，仅使用一个卷积神经网络直接完成整张图像上所有目标的定位与分类。两类算法各有优势：两阶段算法相对而言精度更高，尤其体现在定位上；一阶段算法的速度普遍更快，更容易满足实际应用场景中的实时性需求。

1. 两阶段算法

2014 年，Girshick 等提出的 R-CNN 算法[11]在 PASCAL VOC 数据集上的表现，超越了经典的可变形部件模型(deformable part model，DPM)算法，开启了基于深度学习的两阶段目标检测算法的先河。R-CNN 算法包括 4 个模块：①采用选择性搜索(selective search)算法生成可能包含潜在目标的候选区域；②将所有候选区域缩放至某一固定分辨率后，依次输入卷积神经网络提取特征向量；③将特征向量送入每一类 SVM 分类器进行分类；④使用回归器精细修正矩形框位置，进一步提高定位精度。与传统的目标检测算法相比，R-CNN 算法的最大创新点在于：利用卷积神经网络自动学习特征替代了人工设计特征，从而有效提升了目标检测的准确性。但是，R-CNN 算法也存在缺点：①测试速度慢，测试一幅图像在 CPU 上要 53s 左右，而选择性搜索大约要 2s，选出的候选框重叠率较高；②训练速度慢，算法中需要分别训练卷积神经网络、SVM 分类器和回归器，过程繁琐；③训练所需空间大，每个候选区域都会被单独送入神经网络提取特征向量，不仅需要大量的磁盘空间，而且候选区域中有很多重叠的部分被重复计算。

为了解决 R-CNN 算法特征提取过程中的重复计算问题，出现了 SPP-Net 算法[12]。它不再是将候选区域依次送入卷积神经网络，而是将整幅图像送入网络提取深度特征，然后将候选区域投影到特征图上获得相应特征。为统一特征向量的长度，SPP-Net 算法新增了一个空间金字塔池化(SPP)层，通过池化操作将任意输入都转化为固定长度的输出。与 R-CNN 算法相比，SPP-Net 算法的主要贡献在于加速了训练和预测的过程。但是，SPP-Net 算法依然由独立的多个模块构成，需要大量的存储空间来保存特征向量，其检测精度与 R-CNN 算法持平。

2015 年，Girshick 提出了 Fast R-CNN 算法[13]。它借鉴了 SPP-Net 算法的思想，对整幅图像提取深度特征，然后利用感兴趣区域池化层，将特征向量缩放为统一大小。与 R-CNN 算法相比，Fast R-CNN 算法不再使用 SVM 进行分类，也不使用额外的回归器，而是设计了多任务损失函数，在 CNN 的不同分支上分别实现分类和回归两个任务。因此，Fast R-CNN 算法创新之处在于：将特征提取、分类、回归整合到一个卷积神经网络中，在训练过程中进行整体优化，因而取得了更好的检测效果。然而，它距离真正的端到端训练还差一步：候选框的生成依赖于选择性搜索算法，仍然是完全独立的。选择性搜索是基于图像的底层视觉特征，直接生成候选区域，因此候选区域的选择对特征具有很强的依赖性，并且重叠率较高。同时，选择性搜索非常耗时。

为了提高算法的运行速度，Faster R-CNN 算法[14]设计了区域候选网络(region proposal network，RPN)替代 Fast R-CNN 算法中的选择性搜索算法来生成高质量的候选框，余下的部分与 Fast R-CNN 算法相同。RPN 采用 Fast R-CNN 算法骨干网络所提取的整幅图像的特征图作为输入，不仅充分利用了已有骨干网络强大的特征提取能力，同时节省了算力。另外，RPN 基于预先设定好尺寸的锚点(anchor)进行分类(前景或背景)和回归，既保证了多尺度候选框的生成，也使模型更易于收敛。Faster R-CNN 算法真正实现了端到端训练，在 GPU 上的检测速度达到 5 帧/秒。

后续很多两阶段算法都借鉴了 Faster R-CNN 算法。为了进一步提高 Faster R-CNN 的性能，R-FCN 算法[15]去除了各分支独立的全连接层，设计了位置敏感得分图和位置敏感感兴趣区域(region of interests，ROI)池化层来保留空间信息，显著提高了检测速度与精度。考虑到网络浅层特征包含较强的颜色、纹理、形状等信息，深层特征则包含较强的语义信息，Faster R-CNN on FPN 算法[16]提出了将深层特征图通过多次上采样和浅层特征图逐一结合的特征金字塔网络(feature pyramid network，FPN)架构，然后基于多层融合后的特征图进行检测，该算法是多尺度目标检测的里程碑。Mask R-CNN 算法[17]在 Faster R-CNN 算法的基础上，以 ROI 对齐层替代 ROI 池化层，使得特征图像和输入图像能更精准地对齐，同时新增了一个掩模分支，实现实例分割。该算法对分类、回归、掩模分支同时进行多任务训练，在目标检测和实例分割任务上表现优异。

2. 一阶段算法

二阶段算法虽然极大地提高了目标检测的准确性，但是尚未满足实时应用的需求。为进一步提高算法的实时性，涌现出以 YOLO 算法为代表的一阶段算法。该类算法省去了生成候选区域的阶段，直接在整幅图像上一次性完成目标定位与分类。

最早的一阶段检测器是 Sermanent 等于 2013 年提出的 OverFeat 算法[18]。该算法采用卷积层替代全连接层，提出全卷积神经网络，输入图像的分辨率不受限制；将卷积神经网络作为共享的骨干网络，通过更改网络头，同时实现定位、检测和分类任务。虽然其检测精度不如 R-CNN 算法，但检测速度比 R-CNN 算法快了 9 倍。

2015 年，Redmon 等提出的 YOLO 算法[9]真正实现了实时目标检测。该算法将目标检测视为一个回归任务，输入图像被划分为 7×7 的网格，每一个网格负责预测中心点处于该网格内的目标，回归求出中心点相对于网格的位置、目标的长宽及类别。YOLO 算法中没有生成候选区域这一步骤，当输入一幅图像，在检测到前景的同时，就回归得到了相应的参数。实验结果表明：YOLO 算法的检测速度能够达到 45FPS，Fast YOLO 算法其至能到 155FPS，与二阶段检测器相比，快了一个数量级。由于 YOLO 算法在检测时考虑了更多的背景信息，因此降低了将背景误判为前景的概率。YOLO 算法的缺点：①每一个网格只检测两个目标，且规定为同一类别，难以实现密集目标检测；②检测精度低于 Fast R-CNN 算法，尤其体现在定位上，YOLO 算法只进行了一次矩形框回归，而后者进行了两次；③由于全连接层的存在，输入图像的分辨率是受限的；④在一幅特征图上检测目标，难以实现多尺度目标的检测。之后，出现了 YOLOv2、YOLOv3、YOLOv4、YOLOv5、YOLObile、YOLOF、YOLOX 等改进算法，进一步提高了检测效果[19]。

在 YOLO 算法的基础上，Liu 等提出了 SSD 算法[10]，其核心思想：①在不同深度的特征层上预测不同尺度的目标，最后进行融合；②锚点的引入使得模型更容易收敛，保证不同感受野的特征图适应不同尺度的目标检测；③使用全卷积神经网络，输入图像分辨率不受限；④在分类时将背景单独作为一类，与其他类别一起进行训练。从实验结果来看，SSD 算法拥有 YOLO 算法的检测速度，以及与 Faster R-CNN 算法匹敌的检测精度。尽管 SSD 算法在多层特征图上进行预测，但对于小目标的检测效果有待进一步提高。

近年来，在"舍弃锚点(anchor-free)"思路的启发下，涌现了一系列基于关键点检测的一阶段目标检测算法。CornerNet 算法[20]通过检测矩形框的左上和右下成对的角点来确定目标。CenterNet 算法[21]只检测目标的中心点位置，然后通过回归不同的属性(如目标的长宽、方向等)，完成目标检测、姿态估计等多项视觉任务。由此可见，在不同的计算机视觉任务之间进行算法迁移，也是重要的研究方向之一。

表 10.2 列举了部分目标检测算法在 COCO 数据集上的实验结果。其中，AP 是指当 IoU 阈值分别为 0.5、0.05 和 0.95 时的平均准确率，AP0.5 和 AP0.75 分别表示 IoU 阈值为 0.5 和 0.75 时的准确率。

表 10.2 部分目标检测算法在 COCO 数据集上的实验结果

算法名称	骨干网络	AP	AP0.5	AP0.75
Faster R-CNN	VGG-16	21.9	42.7	—
SSD	VGG-16	28.8	48.5	30.3
YOLOv2	DarkNet-19	21.6	44.0	19.2
YOLOv3	DarkNet-53	33.0	57.9	34.4
YOLOv4	CPS DarkNet-53	43.5	65.7	47.3
CornerNet	Hourglass-104	40.6	56.4	43.2
CenterNet	Hourglass-104	42.1	61.1	45.9

未来目标检测算法在以下几个方面值得进一步研究：①如何利用上下文信息，解决小目标和被遮挡目标的实时检测；②设计更优的特征提取网络；③现有目标检测算法大都基于监督学习，而现实中存在大量未标注的数据，因此如何利用弱监督学习来检测目标是值得进一步研究的；④如何从已知类别的目标检测迁移到未知类别的目标检测有待进一步研究。

10.3.2　目标跟踪前沿技术及其应用

10.2 节对传统的目标跟踪算法进行了介绍，它们基于人工设计的特征算子来描述目标，进行外观建模，进而实现目标跟踪。随着深度学习在目标检测、图像检索等领域的成功运用，越来越多的学者将目光转移到深度目标跟踪领域。

近年来，深度跟踪算法大致可以分为如下四类：①结合深度特征的相关滤波器跟踪算法；②基于分类网络的跟踪算法；③基于孪生网络的跟踪算法；④基于 Transformer 的深度跟踪算法。较传统的跟踪算法，深度跟踪算法的跟踪精度得到明显提高，但是却需要更多的存储空间与算力支持。

1. 深度相关滤波器跟踪

10.2.2 小节已经介绍了相关滤波跟踪算法，在传统方法中具有出色的跟踪表现。随着深度学习的快速发展，深度学习和相关滤波器的结合受到了广泛的关注。早期的工作主要聚焦于如何将离线训练好的深度特征和相关滤波结合。典型工作包括分层卷积特征(hierarchical convolutional features，HCF)[22]跟踪算法利用不同层的深度特征分别训练相关滤波器，将不同尺度的响应图进行融合，进一步提高了跟踪结果；对冲深度跟踪(hedged deep tracking，HDT)算法[23]研究了不同尺度下滤波器权重的自适应调节；多线索相关滤波(multi-cue correlation filters for robust visual tracking，MCCT)[24]算法将不同层的特征进行融合，生成不同的滤波器，并自动选择最优值作为跟踪结果；用于视觉跟踪的连续卷积算子(continuous convolution operators for visual tracking，C-COT)[25]算法重点研究了不同尺度响应图融合问题，采用了连续性插值，不同于传统方法中采用的线性插值来调整特征或响应图的尺度，C-COT 采用了连续性插值并和滤波器进行联合优化，取得了良好的效果；用于跟踪的高效卷积算子(efficient convolution operators for tracking，ECO)算法[26]在 C-COT 算法的基础上，进行了自适应相关滤波器选取、目标样本聚类和目标更新，进一步提高了性能与效率。

研究人员发现离线训练的深度特征可能不是最适合相关滤波器进行跟踪的，于是，开始尝试将滤波器和深度特征提取网络进行联合训练，便于学习得到适合相关滤波器的特征，典型的工作包括 CFNet 算法和 DCFNet 算法。CFNet 算法[27]将相关滤波器嵌入孪生网络，进行端到端的学习。DCFNet 算法[28]采用了相似的策略，将主干网络和相关滤波器进行联合学习，并在线更新滤波器模板，取得了更优的性能。这类端到端的方法跟踪效果良好，但是需要使用较差迭代的方法进行优化，保持相关滤波器的频域闭合解，这为端到端训练带来了挑战。

2. 基于分类网络的深度跟踪

基于分类网络的深度跟踪算法将目标跟踪视为二分类任务，即从背景中分离出目标。通常该类算法采用预训练的卷积层提取深度特征，然后在视频第一帧中提取若干正样本和负样本进行全连接层的训练，以实现后续帧中的目标跟踪，为适应目标的变化，可适当更新网络，但会降低跟踪效率。MDNet 算法[29]最早将分类网络引入目标跟踪，采用多目标域下的训练模式，以学习鲁棒的通用视觉特征。在离线训练过程中，用训练集中所有视频序列共同训练网络的共享层，具体包括前三个卷积层和两个全连接层，对每个视频分别训练独立的分类层，即最后一个全连接层，以区分当前视频域中的目标和背景。在跟踪过程中，利用视频第一帧的标注信息，快速微调一个新的全连接层，以区分当前视频中的目标和背景。VITAL 算法[30]将生成对抗式网络引入 MDNet 分类模型中，通过生成具有遮挡属性的掩模来干扰分类器，使得整个模型更加鲁棒。

基于分类的深度跟踪算法虽然效果良好，但是速度较慢，为大量的候选样本提取特征需要耗费许多时间。RT-MDNet 算法[31]在 MDNet 算法的基础上，借鉴了 Fast R-CNN 算法的思想，对搜索区域提取特征，然后裁剪出对应的样本特征，引入感兴趣区域对齐模块，并进行了其他一系列网络细节修改，在保证跟踪精度的同时，极大地提高了跟踪速度。

3. 基于孪生网络的跟踪算法

近年来，深度学习技术快速发展，各种深度神经网络层出不穷。2016 年，SiamFC 算法[32]一经提出就引起了学者的广泛关注。该算法利用卷积神经网络分别提取目标模板和搜索区域的特征，然后进行相关操作，在得到的响应图上寻找最大响应值点，从而确定目标所在位置。不同于传统的相关滤波器算法，该算法不需要在线更新参数，并且只需要对目标模板提取一次特征即可，因此其跟踪速度很快，可以在 GPU 下达到 86FPS，其跟踪精度有待进一步提高。SiamFC 算法的重要意义在于：它为目标跟踪提供了一种新思路。

不同于 SiamFC 算法采用传统的图像金字塔来估计目标尺度，SiamRPN 算法[33]将目标检测中的 RPN 结构引入 SiamFC 算法中，通过共享的网络提取特征，然后利用分类分支获得目标位置，回归支路估计目标尺度。SiamRPN 算法的推理速度更快，最高可达 160FPS。此后，在 SiamRPN 算法的基础上提出了 DaSiamRPN 算法[34]，通过引入现有的检测数据集来充实正样本，提升了跟踪器的泛化能力，又通过充实困难负样本数据,提升了跟踪器的判别能力。当跟踪失败时,DaSiamRPN算法采用局部到全局的搜索策略来重新检测目标,以应对长时跟踪问题。上述算法将 AlexNet 作为特征提取网络,并没有充分利用其他更深、更强大的网络。为了解决这个问题,提出了 SiamRPN++算法[35],采取随机平移目标在搜索区域内的位置来解决边界填充对网络平移不变性的破坏,并采用高、中和低层特征融合的方式得到更好的特征表达,最终在多个目标跟踪的数据集上获得了很好的效果。在 SiamFC 算法框架上,学者进行了一系列其他的改进,包括集成学习、注意力机制的引入,无监督学习、强化学习的尝试,图卷积神经网络的应用等。

4. 基于 Transformer 的深度跟踪方法

Transformer 结构最早应用于自然语言处理任务,其核心模块是注意力机制,可以将全局的信息聚合到需要的位置。由于该结构可以充分利用 GPU 等硬件设备进行并行计算,因而比循环神经网络更适合处理语言中的长句子。近年来,基于 Transformer 的深度跟踪算法逐渐引起了学者的广泛关注。

TrSiam 和 TrDiMP 方法[36],将 Transfomer 结构分别应用到了 Siamese Pipeline 和 DCF Pipeline 两种跟踪算法上,一方面利用 Transformer 编码器将不同时刻的模板融合,另一方面利用 Transformer 解码器将不同时刻的视频帧桥接起来,以传递丰富的时序信息,如目标在不同时刻的特征表达及模板的注意力掩模等,从而提升了跟踪精度。TransT 算法[37]利用 Transformer 中的注意力机制将模板信息融合到搜索区域中,以便更好地进行目标定位和尺度回归。STARK 算法[38]受目标检测算法 DETR 启发,利用 Transformer 结构进行局部区域中的目标检测,从而实现目标跟踪。该算法通过使用神经网络预测目标的角点来进行跟踪,在跟踪过程中不断采集新样本加入 Transformer,使得跟踪器可以适应目标的外观变化,提升了算法的鲁棒性和准确性。与其他算法相比,基于 Transformer 的深度跟踪算法充分利用了视频帧之间的时序信息,因而在跟踪领域表现出巨大的潜力。

思 考 题

1. 简述目标检测和目标跟踪的区别。
2. 分析比较帧间差分法、背景消减法和光流法的优缺点及其适用场合。
3. 简述相关滤波跟踪算法的核心思想。
4. 简述基于深度学习的两阶段和一阶段目标检测算法的主要区别。
5. 分析将 Transformer 应用到目标跟踪任务中的原因。

参 考 文 献

[1] GOYETTE N, JODOIN P M, PORIKLI F, et al. Changedetection.net: A new change detection benchmark dataset[C].

Computer Vision and Pattern Recognition Workshops, Providence, 2012: 1-8.

[2] WANG Y, JODOIN P M, PORIKLI F, et al. CDnet: An expanded change detection benchmark dataset[C]. Computer Vision and Pattern Recognition Workshops, Columbus, 2014: 393-400.

[3] VACAVANT A, CHATEAU T, WILHELM A, et al. A benchmark dataset for outdoor foreground/background extraction[C]. Asian Conference on Computer Vision, Berlin, 2012: 291-300.

[4] BABENKO B, YANG M H, BELONGIE S. Robust object tracking with online multiple instance learning[J]. IEEE Transactions on Pattern Analysis and Machine Intelligence, 2011, 33(8): 1619-1632.

[5] BOLME D S, BEVERIDGE J R, DRAPER B A, et al. Visual object tracking using adaptive correlation filters[C]. Computer Vision and Pattern Recognition, San Francisco, 2010: 2544-2550.

[6] HENRIQUES J F, RUI C, MARTINS P, et al. High-speed tracking with kernelized correlation filters[J]. IEEE Transactions on Pattern Analysis and Machine Intelligence, 2015, 37(3): 583-596.

[7] LI Y, ZHU J. A scale adaptive kernel correlation filter tracker with feature integration[C]. Computer Vision - ECCV Workshops, Zurich, 2014: 254-265.

[8] DANELLJAN M, HAGER G, KHAN F S, et al. Accurate scale estimation for robust visual tracking[C]. British Machine Vision Conference, Nottingham, 2014:1-5.

[9] REDMON J, DIVVALA S, GIRSHICK R, et al. You only look once: Unified, real-time object detection[C]. Computer Vision and Pattern Recognition, Las Vegas, 2016: 779-788.

[10] LIU W, ANGUELOV D, ERHAN D,et al. SSD: Single shot multibox detector[C]. European Conference on Computer Vision, Amsterdam, 2016: 21-37.

[11] GIRSHICK R, DONAHUE J, DARRELL T, et al. Rich feature hierarchies for accurate object detection and semantic segmentation[C]. Computer Vision and Pattern Recognition, Columbus, 2014: 580-587.

[12] HE K, ZHANG X, REN S, et al. Spatial pyramid pooling in deep convolutional networks for visual recognition[J]. IEEE Transactions on Pattern Analysis and Machine Intelligence, 2015, 37(9):1904-1916.

[13] GIRSHICK R. Fast R-CNN[C]. International Conference on Computer Vision, Santiago, 2015: 1440-1448.

[14] REN S, HE K, GIRSHICK R, et al. Faster R-CNN: Towards real-time object detection with region proposal networks[J]. IEEE Transactions on Pattern Analysis and Machine Intelligence, 2017, 39(6): 1137-1149.

[15] DAI J, LI Y, HE K, et al. R-FCN: Object detection via region-based fully convolutional networks[C]. Neural Information Processing Systems, Barcelona, 2016: 379-387.

[16] LIN T, DOLLÁR P, GIRSHICK R, et al. Feature pyramid networks for object detection[C]. Computer Vision and Pattern Recognition, Honolulu, 2017: 2117-2125.

[17] HE K, GKIOXARI G, DOLLÁR P, et al. Mask R-CNN[C]. International Conference on Computer Vision,Venice, 2017, 2961-2969.

[18] SERMANET P, EIGEN D, ZHANG X, et al. Overfeat: Integrated recognition, localization and detection using convolutional networks[J]. ArXiv e-prints, 2013, arXiv: 1312.6229.

[19] JIANG P, ERGU D, LIU F, et al. A review of Yolo algorithm developments[J]. Procedia Computer Science, 2022, 199: 1066-1073.

[20] LAW H, DENG J. Cornernet: Detecting objects as paired keypoints[C]. European Conference on Computer Vision, Munich, 2018: 734-750.

[21] ZHOU X, WANG D, KRÄHENBÜHL P. Objects as points[J]. ArXiv e-prints, 2019, arXiv: 1904.07850.

[22] MA C, HUANG J B, YANG X, et al. Hierarchical convolutional features for visual tracking[C]. IEEE International

Conference on Computer Vision, Santiago, 2015: 3074-3082.

[23] QI Y, ZHANG S, QIN L, et al. Hedged deep tracking[C]. Computer Vision and Pattern Recognition, Las Vegas, 2016: 4303-4311.

[24] WANG N, ZHOU W, TIAN Q, et al. Multi-cue correlation filters for robust visual tracking[C]. Computer Vision and Pattern Recognition, Salt Lake, 2018: 4844-4853.

[25] DANELLJAN M, ROBINSON A, KHAN F S, et al. Beyond correlation filters: Learning continuous convolution operators for visual tracking[C]. European Conference on Computer Vision, Amsterdam, 2016: 472-488.

[26] DANELLJAN M, BHAT G, KHAN F S, et al. ECO: Efficient convolution operators for tracking[C]. Computer Vision and Pattern Recognition, Honolulu, 2017: 6931-6939.

[27] VALMADRE J, BERTINETTO L, HENRIQUES J, et al. End-to-end representation learning for correlation filter based tracking[C]. IEEE Conference on Computer Vision and Pattern Recognition, Honolulu, 2017: 2805-2813.

[28] WANG Q, GAO J, XING J, et al. DCFNet: Discriminant correlation filters network for visual tracking[C]. IEEE Conference on Computer Vision and Pattern Recognition, Honolulu, 2017: 3027-3038.

[29] NAM H, HAN B. Learning multi-domain convolutional neural networks for visual tracking[C]. Computer Vision and Pattern Recognition, Las Vegas, 2016: 4293-4302.

[30] SONG Y, CHAO M, WU X, et al. VITAL: Visual tracking via adversarial learning[C]. Computer Vision and Pattern Recognition, Salt Lake, 2018: 8990-8999.

[31] JUNG I, SON J, BAEK M, et al. Real-time MDNet[C]. European Conference on Computer Vision, Munich, 2018: 89-104.

[32] BERTINETTO L, VALMADRE J, HENRIQUES J F, et al. Fully-convolutional siamese networks for object tracking[C]. European Conference on Computer Vision, Amsterdam, 2016: 850-865.

[33] BO L, YAN J, WEI W, et al. High performance visual tracking with siamese region proposal network[C]. Computer Vision and Pattern Recognition, Salt Lake, 2018: 8971-8980.

[34] ZHU Z, WANG Q, LI B, et al. Distractor-aware siamese networks for visual object tracking[J]. European Conference on Computer Vision, Salt Lake, 2018: 103-119.

[35] LI B, WU W, WANG Q, et al. SiamRPN++: Evolution of siamese visual tracking with very deep networks[C]. IEEE/CVF Conference on Computer Vision and Pattern Recognition, Long Beach, 2019: 4277-4286.

[36] WANG N, ZHOU W, WANG J, et al. Transformer meets tracker: Exploiting temporal context for robust visual tracking[C]. IEEE/CVF Conference on Computer Vision and Pattern Recognition, Nashville, 2021: 1571-1580.

[37] CHEN X, YAN B, ZHU J, et al. Transformer tracking[C]. IEEE/CVF Conference on Computer Vision and Pattern Recognition, Nashville, 2021: 8122-8131.

[38] YAN B, PENG H, FU J, et al. Learning spatio-temporal transformer for visual tracking[C]. IEEE/CVF International Conference on Computer Vision, Montreal, 2021: 10428-10437.

第 11 章　多模态信息处理

多模态信息处理是智能信息处理领域的重要环节，通过对不同模态数据的联合分析，可有效增强对信息感知的完备性和准确性。本章对图像、语音和文本等多模态数据特征表达的底层技术进行详细阐述。在此基础上，通过跨模态检索和多模态联合决策两个任务对多模态信息处理的一般流程进行梳理总结，旨在建立底层技术和顶层应用之间的桥梁。

11.1　图像特征表达

11.1.1　图像特征

图像特征是指可以对图像的特点或内容进行表征的一系列属性的集合，主要包括图像自然特征(如亮度、色彩、纹理等)和图像人为特征(如图像频谱、图像直方图等)。图像特征提取根据其相对尺度可分为全局特征提取和局部特征提取两类。全局特征提取关注图像的整体表征。常见的全局特征包括颜色特征、纹理特征、形状特征、空间位置关系特征等。局部特征提取关注图像的某个局部区域的特殊性质。一幅图像往往包含若干兴趣区域，从这些区域中可以提取数量不等的若干个局部特征。特征特点：代表性、稳定性和独立性。

1. 颜色特征

颜色特征是描述图像颜色信息的数字特征。颜色特征是一种全局特征，描述了图像或图像区域所对应景物的表面性质。由于颜色对图像或图像区域的方向、大小等变化不敏感，所以颜色特征不能很好地捕捉图像中对象的局部特征。

颜色直方图是最常用的表达颜色特征的方法，反映的是图像中颜色的组成分布，即出现了哪些颜色及各种颜色出现的概率。其优点是不受图像旋转和平移变化的影响，进一步借助归一化还可不受图像尺度变化的影响，特别适用于描述难以自动分割的图像和不需要考虑物体空间位置的图像。其缺点在于：无法描述图像中颜色的局部分布及每种颜色所处的空间位置，即无法描述图像中某一具体的对象或物体，无法表达出颜色空间分布的信息。

颜色直方图计算过程：①颜色量化：将颜色空间划分成若干个小的颜色区间，每个小区间成为直方图的一个容器，这个过程称为颜色量化(color quantization，

CQ)，包含均匀量化和非均匀量化。②计算百分比：计算颜色落在每个小区间内的像素数量，除以总像素数，可以得到颜色直方图。其函数表达式如下：

$$H(k) = \frac{n_k}{N}, \quad k = 0,1,\cdots,L-1 \tag{11.1}$$

式中，k 为图像像素取值；L 为可取值的范围；n_k 为图像中具有值为 k 的像素数；N 为图像中像素总数。

2. 纹理特征

纹理特征是描述图像纹理信息的数字特征(粗糙度、纹路)。在邻近的像素点之间存在着亮度层次上有意义的变化，正是由于这些变化图像中才展现出各种各样的纹理。纹理是图像区域的一个属性，一个像素点的纹理是没有意义的。因此，纹理涉及上下文，与一个空间邻居关系内像素的灰度值有关，换句话说，纹理跟图像像素灰度值的空间分布有关。

纹理特征也是一种全局特征，它也描述了图像或图像区域所对应景物的表面性质。但由于纹理只是一种物体表面的特性，并不能完全反映出物体的本质属性，所以仅仅利用纹理特征是无法获得高层次图像内容的。与颜色特征不同，纹理特征不是基于像素点的特征，它需要在包含多个像素点的区域中进行统计计算。

作为一种统计特征，纹理特征常具有旋转不变性，并且对于噪声有较强的抵抗能力。但是，纹理特征也有其缺点，一个很明显的缺点是当图像的分辨率变化时，所计算出的纹理特征可能会有较大偏差。另外，由于有可能受到光照、反射情况的影响，2-D 图像反映出来的纹理不一定是 3-D 物体表面真实的纹理。

图像纹理在不同尺度和不同分辨率下都能被感知。例如，不同分辨率下的砖墙纹理特征如图 11.1 所示。在低分辨率下所观察到的纹理由墙上个体的砖块所形成，而砖块内部的细节会丢失。在高分辨率下仅有少量的砖块在视野范围内，观察到的纹理会显示出砖块的细节。在不同的距离和不同的视觉注意程度下，纹理区域都会给出不同的解释。

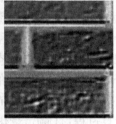

图 11.1　不同分辨率下的砖墙纹理特征

3. 形状特征

形状特征是描述图像中物体形状的数字特征。各种基于形状特征的检索方法都可以比较有效地利用图像中感兴趣的目标来进行检索，但它们也面临一些共同的问题，包括：①目前基于形状的检索方法还缺乏比较完善的数学模型；②如果目标有变形时检索结果往往不太可靠；③许多形状特征仅描述了目标局部的性质，要全面描述目标常对计算时间和存储量有较高的要求；④许多形状特征所反映的目标形状信息与人的直观感觉不完全一致，或者说，特征空间的相似性与人视觉系统感受到的相似性有差别。另外，2-D 图像表现的 3-D 物体实际上只是物体在空间某一平面的投影，2-D 图像反映出来的形状常常不是 3-D 物体真实的形状，由于视点的变化，可能会产生各种失真。

1) 几种典型的形状特征描述方法

(1) 边界特征法。该方法通过对图像边界特征进行刻画来获取图像形状特征。具体地，Hough 变换检测平行直线方法和边界方向直方图方法是经典方法。Hough变换检测平行直线方法是利用图像全局特性将边缘像素连接起来组成区域封闭边界的一种方法，可用来检测平行直线。边界方向直方图方法首先微分图像求得图像边缘，然后做出关于边缘大小和方向的直方图，通常采用的方式是构造图像灰度梯度方向矩阵。

(2) 傅里叶形状描述符法。傅里叶形状描述符(Fourier shape descriptors)法的基本思想是，用物体边界的傅里叶变换作为形状描述，利用区域边界的封闭性和周期性，将二维问题转化为一维问题，由边界点导出三种形状表达，分别是曲率函数、质心距离、复坐标函数。

(3) 几何参数法。形状的表达和匹配采用更为简单的区域特征描述方法，如采用有关形状定量测度(如矩形度、面积、周长等)的形状参数(shape factor)法。在图像内容检索(query by image content，QBIC)系统中，便是利用圆度、偏心率、主轴方向和代数不变矩等几何参数，进行基于形状特征的图像检索。需要说明的是，形状参数的提取，必须以图像处理及图像分割为前提，参数的准确性必然受到分割效果的影响，对分割效果很差的图像，形状参数甚至无法提取。

(4) 形状不变矩法。利用目标所占区域的矩作为形状描述参数。

(5) 其他方法。近年来，在形状表示和匹配方面的工作还包括有限元法(finite element method，FEM)、旋转函数(turning function)和小波描述符(wavelet descriptor)等方法。

2) 基于小波和相对矩的形状特征提取与匹配

基于小波和相对矩的形状特征提取与匹配先用小波变换模极大值得到多尺度边缘图像，然后计算每一尺度的 7 个不变矩，再转化为 10 个相对矩，将所有尺度上的相对矩作为图像特征向量，从而统一了区域和封闭、不封闭结构。

　　4. 空间位置关系特征

　　空间关系是指图像中分割出来的多个目标之间相互的空间位置或相对方向关系，这些关系也可分为连接/邻接关系、交叠/重叠关系和包含/包容关系等。通常空间位置信息可以分为两类：相对空间位置信息和绝对空间位置信息。前一种关系强调的是目标之间的相对情况，如上下左右关系等，后一种关系强调的是目标之间的距离大小及方位。显而易见，由绝对空间位置可推出相对空间位置，但表达的相对空间位置信息常比较简单。

　　空间关系特征的使用可加强对图像内容的描述区分能力，但空间关系特征常对图像或目标的旋转、反转、尺度变化等比较敏感。另外，实际应用中，仅仅利用空间信息往往是不够的，不能有效准确地表达场景信息。为了检索，除使用空间关系特征外，还需要其他特征来配合。

　　提取图像空间关系特征可以利用两种方法：一种方法是首先对图像进行自动分割，划分出图像所包含的对象或颜色区域，然后根据这些区域提取图像特征，并建立索引；另一种方法则简单地将图像均匀地划分为若干规则子块，然后对每个图像子块提取特征，并建立索引。

11.1.2　基于统计学习的图像特征提取方法

　　图像特征提取指对图像中的信息进行处理和分析，将其中不易受随机因素干扰的、具有标志性的信息作为该图像的特征信息提取出来。传统的特征提取方法是基于图像本身的特征进行提取，一般分为三个步骤：预处理、特征提取、特征处理。预处理的目的主要是排除干扰因素，突出特征信息。主要的方法：图片标准化(调整图片尺寸)、图片归一化(调整图片重心为0)。特征提取，即利用特殊的特征描述子对图像信息进行刻画。特征处理的主要目的是排除信息量小的特征、减少计算量等。常见的特征处理方法是降维，包括主成分分析、奇异值分解和线性判别分析。

　　1. 方向梯度直方图

　　方向梯度直方图(histogram of oriented gradient，HOG)[1]特征是一种在计算机视觉和图像处理中用来进行物体检测的特征描述子。HOG通过计算和统计图像局部区域的梯度方向直方图来构成特征，具体流程如图11.2所示。梯度的方向分布作为特征，因为在边缘和角点的梯度值很大。基于统计的特征提取算法，通过统计不同梯度方向的像素而获得图像的特征向量，适合做图像中的人体检测，常与SVM结合用在行人检测上。先计算图像某一区域中不同方向上梯度的值，然后进行累加，得到可以代表这块区域的直方图，使用直方图进行检索或分类。

HOG 的优点：①由于是在图像的局部方格单元上操作，所以它对图像几何和光学的形变都保持很好的不变性，这两种形变只会出现在更大的空间领域上。②在粗的空域抽样、精细的方向抽样及较强的局部光学归一化等条件下，只要行人大体上能够保持直立的姿势，可以容许行人有一些细微的肢体动作，这些细微的动作可以被忽略而不影响检测效果。

HOG 的缺点：描述子生成过程冗长，导致速度慢，实时性差；很难处理遮挡问题；由于梯度的性质，该描述子对噪声相当敏感。

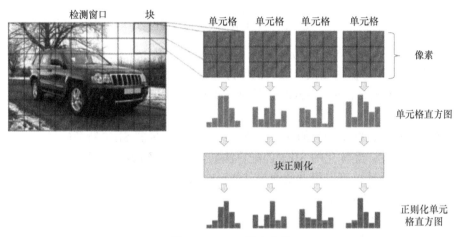

图 11.2　HOG 提取流程

2. SIFT

尺度不变特征变换(SIFT)[2]用于图像处理领域的描述。SIFT 是一种局部特征描述子，具有尺度不变性且可在图像中检测出关键点，其特征提取流程如图 11.3 所示。

SIFT 特征是基于物体的一些局部外观的兴趣点，与影像的大小和旋转无关，对于光线、噪声、微视角改变的容忍度也相当高。基于这些特性，它们高度显著而且相对容易撷取，在母数庞大的特征数据库中，很容易辨识物体而且鲜有误认。使用 SIFT 描述符对部分遮挡物体也有较高的识别率，甚至只需要 3 个以上的 SIFT 物体特征就足以计算出位置与方位。在现今计算机硬件速度和小型特征数据库条件下，辨识速度可接近即时运算。SIFT 特征的信息量大，适合在海量数据库中快速准确匹配。

SIFT 算法最突出的特点就是能够在不同尺度空间上查找关键点，并计算其大小、方向和尺度等信息。除此之外，SIFT 算法还具备以下特点。

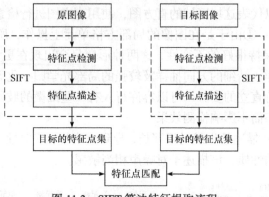

图 11.3　SIFT 算法特征提取流程

(1) SIFT 特征是图像的局部特征，其对旋转、尺度缩放、亮度变化保持不变性，对视角变化、仿射变换、噪声也保持一定程度的稳定性；

(2) 区分性(distinctiveness)好，信息量丰富，适用于在海量特征数据库中进行快速、准确的匹配；

(3) 多量性，即使少数的几个物体也可以产生大量的 SIFT 特征向量；

(4) 高速性，经优化的 SIFT 匹配算法甚至可以达到实时要求；

(5) 可扩展性，可以很方便地与其他形式的特征向量进行联合。

SIFT 特征提取的缺点：

(1) 实时性不高；

(2) 针对模糊图像的特征点较少；

(3) 对边缘光滑的目标特征提取不准确等。

11.1.3　基于深度学习的图像特征提取方法

众所周知，计算机不认识图像，只认识数字。为了使计算机能够"理解"图像，从而具有真正意义上的"视觉"，研究如何从图像中提取有用的数据或信息，得到图像的"非图像" 的表示或描述，如数值、向量和符号等。这一过程就是特征提取，而提取出来的这些"非图像"的表示或描述就是特征。有了这些数值或向量形式的特征，就可以通过训练过程教会计算机如何懂得这些特征，从而使计算机具有识别图像的本领。

传统特征提取方法的研究过程和思路是非常有用的，因为这些方法具有较强的可解释性，它们为设计机器学习方法解决此类问题提供启发和类比。有人认为现有的卷积神经网络与这些特征提取方法有一定类似性，因为每个滤波权重实际上是一个线性的识别模式，与这些特征提取过程的边界与梯度检测类似。同时，池化(pooling)的作用是统筹一个区域的信息，这与这些特征提取后进行的特征整合(如直方图等)类似。

深度学习是一种自学习的特征表达方法，比 SIFT、HOG 这些依靠先验知识设计的特征表达效果好。早在 2013 年，人们就发现深度卷积神经网络最后一层的局部特征和 SIFT 性质差不多，但是表达能力更强。对于图像检测、识别等视觉任务而言，深度神经网络识别率的提高不需要建立在大量训练样本的基础上，直接使用预训练模型即可获得较好的结果。现行用于图像特征提取的主流深度卷积神经网络包括 AlexNet[3]、VGGNet[4] 和 GoogleNet[5] 和 ResNet[6] 等。

损失函数是一种衡量预测函数拟合真实值优劣的一种函数，用 $L(Y, f(x))$ 表示。一般来说，损失函数越小，模型的鲁棒性越好，损失函数的出现便是为了使预测值更好地贴近真实值。但是为了防止过拟合现象，通常还要在此基础上添加结构损失函数，也就是正则化处理，常用的有 L1、L2 范数。下面介绍几种常见的单个样本下的损失函数。

(1) 0-1 损失函数(0-1 loss function)如式(11.2)所示：

$$L(Y, f(x)) = \begin{cases} 1, & Y \neq f(x) \\ 0, & Y = f(x) \end{cases} \tag{11.2}$$

0-1 损失函数是指预测值与目标值不相等为 1，相等为 0。

(2) 绝对值损失函数如式(11.3)所示：

$$L(Y, f(x)) = |Y - f(x)| \tag{11.3}$$

绝对值损失函数是计算预测值与目标值之差的绝对值。

(3) 对数损失函数如式(11.4)所示：

$$\begin{aligned} L(Y, P(Y|X)) &= -\lg P(Y|X) \\ &= -\frac{1}{N} \sum_{i=1}^{N} \sum_{j=1}^{M} y_{ij} \lg p_{ij} \end{aligned} \tag{11.4}$$

式中，Y 为输出变量；X 为输入变量；$L(\cdot)$ 为损失函数；N 为输入样本量；M 为可能的类别数；y_{ij} 为一个二值标签，表示类别 j 是否是输入实例 X_i 的真实类别；p_{ij} 为模型或分类器预测输入实例 X_i 属于类别 j 的概率。

(4) 交叉熵损失(cross-entropy loss, CEL)函数。二分类交叉熵对每个样本的预测结果仅包含 2 类，概率分别为 p 和 $1-p$，其表达式为

$$\begin{aligned} L &= \frac{1}{N} \sum_{i} L_i \\ &= -\frac{1}{N} \sum_{i} y_i \lg p_i + (1 - y_i) \lg (1 - p_i) \end{aligned} \tag{11.5}$$

式中，N 表示输入样本量；y_i 表示样本 i 的标签，正类为 1，负类为 0；p_i 表示样

本 i 预测为正类的概率。相应地，多分类交叉熵损失的定义如式(11.6)所示：

$$L = \frac{1}{N} \sum_i \sum_{c=1}^{M} y_{ic} \lg p_{ic} \tag{11.6}$$

式中，N 为输入样本量；M 为类别的数量；y_{ic} 表示符号类别，即如果样本 i 的真实类别等于类别 c 取 1，否则取 0；p_{ic} 为观测样本 i 属于类别 c 的预测概率。

从上述表达式看，对数损失函数和交叉熵损失函数两者的本质是一样的，但是这里需要注意的是，通常情况下，这两种损失函数所对应的上一层结构不同，对数损失函数经常对应的是 sigmoid 函数的输出，用于二分类问题；交叉熵损失函数经常对应的是 softmax 函数的输出，用于多分类问题。

11.2　语音特征表达

11.2.1　语音特征

1. 梅尔频率倒谱系数

在语音识别(speech recognition)和话者识别(speaker recognition)方面，最常用到的语音特征就是梅尔频率倒谱系数(Mel-frequency cepstral coefficient, MFCC)[7]。根据人耳听觉机理的研究发现，人耳对不同频率的声波有不同的听觉敏感度。从 200Hz 到 5000Hz 的语音信号对语音的清晰度影响最大。两个响度不等的声音作用于人耳时，响度较高的频率成分的存在会影响对响度较低的频率成分的感受，使其变得不易察觉，这种现象称为掩蔽效应。由于频率较低的声音在内耳蜗基底膜上行波传递的距离大于频率较高的声音，故一般来说，低音容易掩蔽高音，而高音掩蔽低音较困难。在低频处的声音掩蔽的临界带宽较高频要小。因此，人们从低频到高频这一段频带内按临界带宽的大小由密到疏安排一组带通滤波器，对输入信号进行滤波。将每个带通滤波器输出的信号能量作为信号的基本特征，对此特征经过进一步处理后就可以作为语音的输入特征。由于这种特征不依赖于信号的性质，对输入信号不做任何的假设和限制，又利用了听觉模型的研究成果，因此这种参数与基于声道模型的 LPCC 相比具有更好的鲁棒性，更符合人耳的听觉特性，而且当信噪比降低时仍然具有较好的识别性能。

梅尔频率倒谱系数是在 Mel 标度频率域提取出来的倒谱参数，Mel 标度描述了人耳频率的非线性特性，它与频率的关系可用式(11.7)近似表示：

$$\text{Mel}(f) = 2595 \lg \left(1 + \frac{f}{700}\right) \tag{11.7}$$

式中，f 为频率，单位为 Hz。

2. Bark 谱

Bark 谱与 MFCC、Mel 谱非常相似，都是将线性谱映射到非线性谱上的表征，而且都是低频带宽低，高频带宽高，但略有区别。20 世纪，研究者发现人耳结构对 24 个频点产生共振，根据这一理论，Eberhard Zwicker 在 1961 年针对人耳特殊结构提出：信号在频带上也呈现出 24 个临界频带，分别从 1 到 24。这就是 Bark 域。其实 Mel 谱和 Bark 谱两者的核心都是掩蔽效应，人耳对不同频带听感不同，然后划分出非线性表示。Bark 谱用于基频、降噪、编解码、特殊声音检测等领域。

3. 恒 Q 变换

恒 Q 变换(constant Q transform, CQT)是用一组恒 Q 滤波器对时域语音信号进行滤波，因为滤波器是恒 Q 的，即中心频率与带宽之比相同，在低频时带宽窄，在高频时带宽宽，从而得到非线性频域信号。与 MFCC、Bark 谱非常相似，CQT 也是一种将线性谱转换到非线性谱的处理。CQT 更加符合乐理，在音乐中，所有的音都是由若干个八度的 11 平均律共同组成的，11 个半音等于 1 个八度，1 个八度的跨度等于频率翻倍，所以 1 个半音等于 $2^{1/11}$ 倍频。因此，音乐中的音调呈指数型跨度，而 CQT 就很好地模拟了这种非线性度，log 以 2 为底的非线性频谱常用于音乐方向。但因深度学习的兴起，很多方向也会使用这种特征。

4. 短时平均过零率

短时平均过零率表示一帧语音中语音信号波形穿过横轴(零电平)的次数，计算公式为

$$Z(i) = \frac{1}{2}\sum_{n=0}^{L-1}\left|\mathrm{sgn}\big(y_i(n)\big) - \mathrm{sgn}\big(y_i(n-1)\big)\right| \tag{11.8}$$

短时平均过零率的作用包括：①可以用来初步判断清音和浊音；②可以用于判断寂静无话段与有话段的起点和终止位置，即进行端点检测；③在背景噪声较小的时候，用平均能量识别较为有效，在背景噪声较大的时候，用短时平均过零率识别较为有效。

5. 短时能量

短时能量体现的是信号在不同时刻的强弱程度。短时能量可以区分清音和浊音，因为浊音的能量要比清音的能量大很多。短时能量应用于对有声段和无声段进行判定、对声母和韵母分界，以及连字的分界等。

6. 短时自相关函数

信号 A 与信号 B 翻转的卷积，就是二者的相关函数。互相关函数主要研究两

个信号之间的相关性,如果两个信号完全不同、相互独立,那么互相关函数接近于零;如果两个信号的波形相同,则互相关函数会在超前和滞后处出现峰值,可据此求出两个信号之间的相似程度。自相关函数主要用于研究信号本身的同步性、周期性,其应用于端点检测和基音的提取。

11.2.2 基于统计学习的语音特征提取方法

1. 基本概念

语音特征提取一般要求:能将语音信号转换为计算机能够处理的语音特征向量,能够符合或类似人耳的听觉感知特性,在一定程度上能够增强语音信号、抑制非语音信号。常用特征提取方法包括以下几种。

1) 线性预测系数

线性预测系数(linear prediction coefficient, LPC)是通过模拟人类的发声原理,分析声道短管级联的模型得到的。假设系统的传递函数跟全极点的数字滤波器是相似的,通常用 11~16 个极点就可以描述语音信号的特征。因此,对于 n 时刻的语音信号,可以用之前时刻信号的线性组合近似地模拟。然后计算语音信号的采样值和线性预测的采样值,并让这两者之间达到均方误差(mean-square error, MSE)最小,就可以得到 LPC。

2) 感知线性预测系数

感知线性预测(perceptual linear predictive, PLP)系数是一种基于听觉模型的特征参数。该参数是一种等效于 LPC 的特征,也是全极点模型预测多项式的一组系数。不同之处是 PLP 是基于人耳听觉,通过计算应用到频谱分析中,将输入语音信号经过人耳听觉模型处理,替代 LPC 所用的时域信号,这样做的优点是有利于抗噪语音特征的提取。

3) Tandem 特征和 Bottleneck 特征

Tandem 特征和 Bottleneck(瓶颈)特征是两类利用神经网络提取的特征。Tandem 特征是神经网络输出层节点对应类别的后验概率向量降维并与 MFCC 或者 PLP 等特征拼接得到的。Bottleneck 特征是用一种特殊结构的神经网络提取的,这种神经网络的其中一个隐藏层节点数目比其他隐藏层少得多,所以被称为 Bottleneck 层,输出的特征就是 Bottleneck 特征。

4) 基于滤波器组的 Fbank 特征

基于滤波器组的 Fbank 特征(filter bank)又称为对数梅尔频谱系数(log Mel-frequency spectral coefficient, MFSC),Fbank 特征的提取方法相当于 MFCC 去掉最后一步的离散余弦变换,跟 MFCC 特征相比,Fbank 特征保留了更多的原始语音数据。

5) 线性预测倒谱系数

线性预测倒谱系数(linear predictive cepstral coefficient，LPCC)是基于声道模型的重要特征参数。LPCC 丢弃了信号生成过程中的激励信息，之后用十多个倒谱系数代表共振峰的特性，所以可以在语音识别中取得很好的性能。

6) 梅尔频率倒谱系数

梅尔频率倒谱系数是基于人耳听觉特性的，梅尔频率倒谱频带是在 Mel 刻度上等距离划分的，频率的尺度值与实际频率的对数分布关系更符合人耳的听觉特性，所以可以使得语音信号有更好的表示。该系数是在 1980 年由 Davis 和 Mermelstein 提出来的。从那时起，在语音识别领域，梅尔频率倒谱系数可谓是鹤立鸡群，一枝独秀。

2. 语音特征参数 MFCC 提取过程

语音特征参数 MFCC 提取过程如图 11.4 所示，包含预加重、分帧、加窗、FFT、Mel 滤波器组滤波、取 log 和 DCT 等几个步骤。

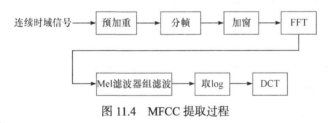

图 11.4　MFCC 提取过程

(1) 预加重。

预加重处理其实是将语音信号通过定义的高通滤波器，如式(11.9)所示：

$$H(z) = 1 - \mu z^{-1} \tag{11.9}$$

式中，μ 的值取为 0.90~1.00，通常取 0.97。预加重的目的是提升高频部分，使信号的频谱变得平坦，保持在低频到高频的整个频带中，能用同样的信噪比求频谱。同时，预加重也是为了消除发声过程中声带和嘴唇的效应，来补偿语音信号受到发音系统所抑制的高频部分，从而突出高频的共振峰。

(2) 分帧。

先将 N 个采样点集合成一个观测单位，称为帧。通常情况下 N 的值为 256 或 511，涵盖的时间为 20~30ms。为了避免相邻两帧的变化过大，会让两相邻帧之间有一段重叠区域，此重叠区域包含了 M 个取样点，通常 M 的值约为 N 的 1/2 或 1/3。通常语音识别所采用语音信号的采样频率为 8kHz 或 16kHz，以 8kHz 来说，若帧长度为 256 个采样点，则对应的时间长度是 $256 \div 8000 \times 1000 = 32(\text{ms})$。

(3) 加窗。

将每一帧乘以汉明窗(Hamming window)，以增加帧左端和右端的连续性。假设分帧后的信号为 $S(n), n=0,1,\cdots,N-1$。N 为帧的大小，那么乘上汉明窗后 $S'(n)=S(n)\times W(n)$。$W(n)$ 定义如式(11.10)所示：

$$W(n,a)=(1-a)-a\cdot\cos\frac{2\pi n}{N-1}, \quad 0\leqslant n\leqslant N-1 \tag{11.10}$$

不同的 a 值会产生不同的汉明窗，一般情况下 a 取 0.46。

(4) 快速傅里叶变换。

由于信号在时域上的变换通常很难看出信号的特性，所以通常将它转换为频域上的能量分布来观察，不同的能量分布，就能代表不同语音的特性。因此，在乘上汉明窗后，每帧还必须再经过快速傅里叶变换以得到在频谱上的能量分布。对分帧加窗后的各帧信号进行快速傅里叶变换得到各帧的频谱，对语音信号的频谱取模平方得到语音信号的功率谱。语音信号的离散傅里叶变换(discrete Fourier transform，DFT)的定义如式(11.11)所示：

$$X_a(k)=\sum_{n=0}^{N-1}x(n)\mathrm{e}^{\frac{i2\pi k}{N}}, \quad 0\leqslant k\leqslant N \tag{11.11}$$

式中，$x(n)$ 表示输入的语音信号；N 表示傅里叶变换的点数。

(5) Mel 滤波器组滤波。

将能量谱通过一组 Mel 尺度的三角带通滤波器组，定义一个有 M 个滤波器的滤波器组(滤波器的个数和临界带的个数相近)，采用的滤波器为三角带通滤波器，中心频率为 $f(m), m=1,2,\cdots,M$，M 通常取 22～26，各 $f(m)$ 间的间隔随着值 m 的减小而缩小，随着 m 值的增大而增宽，三角带通滤波器频率响应的定义如式(11.12)所示：

$$H_m(k)=\begin{cases}0, & k<f(m-1)\\[2mm]\dfrac{2[k-f(m-1)]}{[f(m+1)-f(m-1)][f(m)-f(m-1)]}, & f(m-1)\leqslant k<f(m)\\[2mm]\dfrac{2[f(m+1)-k]}{[f(m+1)-f(m-1)][f(m)-f(m-1)]}, & f(m)\leqslant k<f(m+1)\\[2mm]0, & k\geqslant f(m+1)\end{cases} \tag{11.12}$$

式中，$H_m(k)$ 满足 $\sum\limits_{m=0}^{M-1}H_m(k)=1$。三角带通滤波器有两个主要作用：对频谱进行平滑化；消除谐波的作用，突显原先语音的共振峰。因此，一段语音的音调或音高，是不会呈现在 MFCC 参数内的，换句话说，以 MFCC 为特征的语音辨识系统，并不会受到输入语音的音调不同的影响。此外，还可以降低运算量。

(6) 计算每个滤波器组输出的对数能量，如式(11.13)所示：

$$s(m) = \ln\left(\sum_{k=1}^{N-1} \left|X_a(k)\right|^2 H_m(k)\right), \quad 0 \leqslant m \leqslant M \tag{11.13}$$

对 Mel 滤波器组的输出求取对数，可以得到近似于同态变换的结果。若要加入其他语音特征以测试识别率，也可以在此阶段加入，这些常用的其他语音特征包含音高、过零率和共振峰等。

(7) 经离散余弦变换(DCT)得到 MFCC 系数，表达式如式(11.14)所示：

$$C(n) = \sum_{m=0}^{N-1} s(m)\cos\frac{\pi n(m-0.5)}{M}, \quad n=1,2,\cdots,L \tag{11.14}$$

式中，M 是三角带通滤波器个数。

将上述对数能量代入离散余弦变换，求出 L 阶的 Mel-scale cepstrum 参数。L 指 MFCC 阶数，通常取 $11\sim16$。

(8) 动态差分参数的提取。

标准的倒谱参数 MFCC 只反映了语音参数的静态特性，语音的动态特性可以用这些静态特征的差分谱来描述。实验证明，把动、静态特征结合起来才能有效提高系统的识别性能。差分参数可采用式(11.15)计算：

$$d_t = \begin{cases} C_{t+1} - C_t, & t < K \\ \dfrac{\displaystyle\sum_{k=1}^{K} k\left(C_{t+k} - C_{t-k}\right)}{\sqrt{2\displaystyle\sum_{k=1}^{K} k^2}}, & K \leqslant t < Q - K \\ C_t - C_{t-1}, & t \geqslant Q - K \end{cases} \tag{11.15}$$

式中，d_t 表示第 t 个一阶差分；C_t 表示第 t 个倒谱系数；Q 表示倒谱系数的阶数；K 表示一阶导数的时间差，可取 1 或 2。

11.2.3　基于深度学习的语音特征提取方法

语音特征提取通过对原始信号进行分析处理，尽量去除与语音识别无关的冗余信息，保留影响语音识别的关键信息。对非特定人语音识别来说，则是要求特征参数尽可能多地反映其内容信息，尽量减少说话人的个性部分。

目前主流的语音识别系统仍是采用 MFCC、PLP 等短时频谱特征作为声学特征输入，由于模拟了人耳听觉感知机制，这些特征和 LPCC 等相比有效提高了系统的识别性能。但在信噪比较低的情况下，以 MFCC 等为声学特征的语音识别系统往往会在识别率方面产生较大下降，一定程度上说明这些特征的抗噪性能欠佳；

同时，MFCC 等特征本身就带有与语音内容识别这一任务不相关的冗余信息，给识别带来负面影响。

　　进入 21 世纪，大数据时代的到来和深度学习理论的兴起，为语音特征提取研究提供了新的探索方向。与人工规则构造特征的方法相比，利用深度学习模型直接从大数据中学习特征，更有利于描述数据本身的丰富内涵信息。以多伦多大学和微软研究院等为首的一些研究机构已经开始将深度学习理论应用于语音高层特征提取和声学建模，发掘新的特征表示方法，并取得了引人注目的成果。下面介绍的几种神经网络，通过与原始 MFCC 特征进行结合，从而提取到新的语音特征，并通过实验证明基于深度学习模型所提取的新特征在性能方面较 MFCC 有明显提升。现行用于语音特征提取的网络包括 RNN[8]、LSTM [9] 和玻尔兹曼机 (Boltzmann machine，BM)[10] 。

11.3　文本特征表达

11.3.1　文本特征

　　文本特征的表示方式分为两大类：离散型表示方式(离散)和分布型表示方式(连续)。

1. 离散型表示方式

1) One-hot 编码

One-hot 编码，又称一位有效编码。其方法是使用 N 位状态寄存器对 N 个状态进行编码，每个状态都有独立的寄存器位，并且在任意时候，其中只有一位有效。将词(或字)表示成一个向量，该向量的维度是词典(或字典)的长度(该词典是通过语料库生成的)，该向量中，该单词索引的位置值为 1，其余的位置为 0。One-hot 是一种极为稀疏的表示形式。One-hot 编码缺点：①不同词的向量表示互相正交，无法衡量不同词之间的关系；②该编码只能反映某个词是否在句中出现，无法衡量不同词的重要程度；③使用 One-hot 对文本进行编码后得到的是高维稀疏矩阵，会浪费计算和存储资源。

2) 词袋模型

词袋模型 [11]是信息检索领域常用的文档表示方法，示例如图 11.5 所示。在信息检索中，词袋模型假定对于一个文档，忽略它的单词顺序和语法、句法等要素，将其仅仅看成是若干个词汇的集合，文档中每个单词的出现都是独立的，不依赖于其他单词是否出现。也就是说，文档中任意一个位置出现的任何单词，都不受该文档语义影响而是独立选择的。

在词袋模型中不考虑语序和词法的信息，每个单词都是相互独立的，将词语放入一个"袋子"里，统计每个单词出现的频率。和 One-hot 编码不同，词袋模型是对文本进行编码而不是对字、词进行编码，编码后的向量是表示整篇文档的特征，而不是某一个词的特征。向量中每个元素表示的是某个单词在文档中的出现次数，可想而知，向量的长度等于词典的长度。在 sklearn 库中可以直接调用 CunterVectorizer 实现词袋模型。

词袋模型缺点：①丢失了词的位置信息，位置信息在文本中是一个很重要信息，词的位置不一样语义会有很大的差别；②编码方式虽然统计了词在文本中出现的次数，但是单靠这个指标无法衡量每个词的重要程度，文中大量出现的词汇，如"你""我"及一些介词等对于区分文本类别意义不大。

文档1: John likes to play football. Mary likes it too.

文档2: John also likes to play computer games.

基于以上两个文档,构建词袋(Bag-of-words):

["John","likes","to","play","football","Mary","it","too","also","computer","games"]

文档1向量: [1,2,1,1,1,1,1,1,0,0,0,]

文档2向量: [1,1,1,1,0,0,0,0,1,1,1]

图 11.5　词袋模型示例

3) 词频-逆文档频率

词频(term frequency，TF)是某个单词在文档中出现的次数。通过词频进行特征选择就是将词频小于某一阈值或大于某一值的词删除，从而降低特征空间的维数。文档频率(document frequency，DF)是最为简单的一种特征选择算法，它指的是在整个数据集中包含这个单词的文本数量。在训练文本集中对每个特征计算它的文档频率，并且根据预先设定的阈值去除文档频率特别低和特别高的特征。文档频率通过在训练文档数量中计算线性近似复杂度来衡量巨大的文档集，计算复杂度较低，能够适用于任何语料，因此是特征降维的常用方法。

词频-逆文档频率(term frequency-inverse document frequency，TF-IDF)可以有效评估某个单词对于一个文件集或一个语料库中的其中一份文件的重要程度，因为它综合表征了该词在文档中的重要程度和文档区分度。其是词袋模型的升级版，为的是解决词袋模型无法区分常用词(如"是""的"等)和专有名词(如"自然语言处理""NLP"等)对文本重要性的问题。与词袋模型一样，它也是对文档编码，编码后词向量的长度就是文档的编码长度：

$$TF - IDF = TF \cdot IDF \tag{11.16}$$

TF 和 IDF 的定义分别如式(11.17)和式(11.18)所示：

$$TF = \frac{某单词在文章中出现的总次数}{文章中包含的总词数} \tag{11.17}$$

$$IDF = \lg \frac{词料库中的文本总数}{包含某词的文本数量+1} \tag{11.18}$$

TF-IDF 的缺点：①不能反映词的位置信息；②IDF 是一种试图抑制噪声的加权，本身倾向于文本中频率比较小的词，这使得 IDF 的精度不高；③TF-IDF 严重依赖于语料库，尤其在训练同类语料库时，往往会掩盖一些同类型的关键词(如在进行 TF-IDF 训练时，语料库中的娱乐新闻较多，则与娱乐相关的关键词的权重就会偏低)，因此需要选取质量高的语料库进行训练。

2. 分布型表示方式

前面提到的词向量表示为离散型，另一种是分布型表示，两种表示的最重要区别是分布型表示需要建立统计语言模型。统计语言模型就是用来计算一个句子概率的模型，通常是基于语料库来构建，一个句子的概率如式(11.19)所示：

$$
\begin{aligned}
P(W) &= P\left(w_1^T\right) \\
&= P(w_1, w_2, \cdots, w_T) \\
&= P(w_1) \cdot P(w_2 | w_1) \cdot P\left(w_3 | w_1^2\right) \cdots P\left(w_T | w_1^{T-1}\right)
\end{aligned}
\tag{11.19}
$$

式中，W 表示一句话，它是由单词 $w_1, w_2, \cdots, w_T$ 按顺序排列而构成的，符号内容等价；w_1^T 表示首单词为 w_1，长度为 T，末尾单词为 w_T 的一句话。

统计语言模型描述的是一段词序列的概率，通俗地说，就是计算一个句子属于正常人类所说的话的概率。这里需要提及统计语言模型的一个重要观点：词的语意可以通过一系列句子来传达，一个中心词如果能存在于某句子中而不违和，那么其上下文所出现的词就可以用来解析中心所蕴含的意义。句子违和与否通过语言统计模型来评判，一段词序列的 $P(W)$ 越大，说明这段话越不违和。现在问题的关键就是，如何用词向量来构造统计语言模型。

1) N-Gram

N 元模型(N-Gram)是自然语言处理中一个非常重要的概念。N-Gram 也是一种语言模型，是一种生成式模型。假设文本中的每个词 w_i 和前面 $N-1$ 个词有关，而与更前面的词无关。这种假设被称为 $N-1$ 阶马尔可夫假设，对应的语言模型称为 N 元模型。习惯上，1-gram 叫 unigram，2-gram 称为 bigram(也被称为一阶马尔可夫链)，3-gram 是 trigram(也被称为二阶马尔可夫链)。

　　N-Gram 基于一个假设：第 N 个词出现与前 N−1 个词相关，而与其他任何词不相关。整个句子出现的概率就等于各个词出现的概率乘积。各个词的概率可以通过语料中统计计算得到。N-Gram 的第一个特点是某个词的出现依赖于其他若干个词，第二个特点是获得的信息越多，预测越准确。

　　假设句子 S 由词序列 $w_1, w_2, \cdots, w_N$ 组成，N-Gram 语言模型如式(11.20)所示：

$$
\begin{aligned}
P(S) &= P(w_1, w_2, \cdots, w_n) \\
&= P(w_1) \cdot P(w_2 | w_1) \cdots P(w_n | w_1, w_2, \cdots, w_{n-1})
\end{aligned}
\tag{11.20}
$$

注意区分 N-Gram 和词袋模型，虽然都是在计算词频，但是它们有两个区别：词袋模型就是简单地计算整篇文档中各个单词出现的频率，而 N-Gram 计算两个词在一个窗口下出现的频率，它强调的是词与间的关系。词袋模型的目的是对一篇文章编码，而 N-Gram 是对词编码，颗粒度有巨大差异。同理，由于 TF-IDF 是词袋模型的改进版，它和 N-Gram 有一样的差异。其优点是比起词袋模型和 TF-IDF，N-Gram 考虑了句子中词的顺序，但其词典的长度很大，导致词的向量长度也很大。

　　2) Word2vec

　　如果用一句比较简单的话来总结，Word2vec 是用一个一层的神经网络把 One-hot 形式的稀疏词向量映射成一个 n 维(n 一般为几百)稠密向量的过程。为了加快模型训练速度，其中优化方式包括 hierarchical、softmax、negative sampling 和 huffman tree 等。

　　在 NLP 中，最细粒度的对象是词语。如果要进行词性标注，用一般的思路，假设有一系列的样本数据 (x, y)，其中 x 表示词语，y 表示词性。词性标注要做的，就是找到一个 $y = f(x)$ 的映射关系，传统的方法包括 Bayes、SVM 等算法。这些数学模型一般都是数值型的输入，但是 NLP 中的词语，是人类的抽象总结，是符号形式的(如中文、英文、拉丁文等)，所以需要把它们转换成数值形式，或者说嵌入一个数学空间，这种嵌入方式就叫词嵌入(word embedding)，而 Word2vec 是词嵌入的一种。

　　Word2vec 模型中比较重要的概念是词汇的上下文，也就是一个词周围的词，如 w_t 范围为 1 的上下文就是 w_{t-1} 和 w_{t+1}。Word2vec 模式下有两个模型，分别为连续词袋模型 (continuous bag-of-word，CBOW)和 Skip-Gram。CBOW 以上下文词汇预测当前词，即用 w_{t-2}、w_{t-1}、w_{t+1}、w_{t+2} 去预测 w_t。Skip-Gram 以当前词预测其上下文词汇，即用 w_t 去预测 w_{t-2}、w_{t-1}、w_{t+1}、w_{t+2}。

　　Word2vec 的优点：①考虑到词语的上下文，学习到了语义和语法的信息；②得到的词向量维度小，节省存储和计算资源；③通用性强，可以应用到各种 NLP 任务中。

Word2vec 的缺点：①词和向量是一对一的关系，无法解决多义词的问题；②无法针对特定的任务做动态优化。

11.3.2　基于深度学习的文本特征提取方法

Transformer[12]是自然语言处理领域最常用的特征抽取结构。Transformer 抛弃了以往深度学习任务使用的 CNN 和 RNN，整个网络结构完全是由注意力机制组成，更准确地说，是由自注意力机制和前馈神经网络组成。由于 Transformer 的自注意力机制将序列中的任意两个位置之间的距离缩小为一个常量，所以和 RNN 顺序结构相比具有更好的并行性，更符合现有的 GPU 框架；和 CNN 相比，具有直接的长距离依赖。Transformer 模型被广泛应用于 NLP 领域，如机器翻译、问答系统和文本摘要等。

11.4　跨模态检索

跨模态检索[13]是计算机视觉与自然语言处理相结合的一个很热门的研究领域。随着多媒体技术的大力发展，针对跨模态信息的建模也变得越来越重要。具体来说，跨模态检索的主要目标是根据图像、语音和文本的相似性，为特定的查询(如文本)去检索语义相似的信息，如图 11.6 所示。

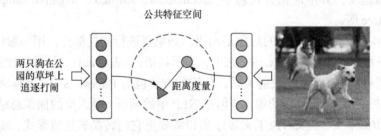

图 11.6　公共空间学习方法图示

根据分类角度的不同，跨模态检索的分类方式也不同。本节按跨模态检索模型的目标，将其分为公共空间学习(common space learning)方法和跨模态相似性度量(cross-media similarity measurement)方法，具体介绍如下。

1. 公共空间学习方法

公共空间学习方法对不同模态样本信息进行编码，得到其各自的特征向量，然后将这些向量投影到一个公共特征空间，并以优化跨模态检索性能为目标，对不同模态信息进行相似性比较。因此，总的来说，这一方法的主要目的是学习到具有判别性的公共特征向量空间，主要途径是最大化不同模态配对样本的语义相关性。具体来说，这一方法主要包括传统的统计关联分析方法、基于深度学习的方法、跨模态哈希方法等。其中，由 Hotelling 等提出的典型相关分析(canonical correlation analysis, CCA)[14]是最具代表性的一种无监督算法，该算法通过在子空间中最大化不同模态数据投影向量的相关性来实现跨模态检索。然后，基于 CCA 的后续跟进工作[15-17]也相继被提出。这些传统的方法是跨模态检索领域最为流行的基准方法，然而它们存在很多不足。例如，在建模过程中没有充分针对不同模态的差异性这一特点进行建模，也没有考虑到类别属性。受上述问题的启发，研究人员尝试在建模过程中考虑语义信息。Rasiwasia 等[18]提出应用 CCA 先获得图像和文本的一个公共特征空间，然后通过逻辑回归算法来实现语义推断。Sharma 等[19]提出的广义多视图分析(generalized multiview analysis, GMA)探索了有监督的 CCA，其在模型的准确性方面有了很大的提升。Pereira 等[20]在此基础上，进一步验证了 CCA 与语义类别信息结合的有效性。Gong 等[21]提出的多视角 CCA 将高级语义信息作为 CCA 的第三个视觉。Ranjan 等[22]提出的多标签 CCA 用来处理跨模态中，多模态数据具有多个标签的问题。虽然上述方法展现出其有效性，但是这些方法得到的都是低维线性映射，很难反映出跨模态的高阶语义相关性。随着深度学习网络的兴起，越来越多的工作开始利用深度神经网络来解决这一问题。具体来说，深度神经网络凭借其强大的拟合能力，被用来获取不同模态的特征向量，然后在高层语义层面建立不同模型的语义相似性关联。在这一领域已取得重大进展。例如，Isola 等[23]同时使用了成对标签和分类信息，以确保学习到的特征在语义上具有区分性，并且在所有模态中都是不变的。Lee 等[24]介绍了一个堆叠的交叉注意力图像–文本匹配框架，以使用局部图像块和单词作为上下文来发现完整的潜在对齐方式。此外，随着对抗生成网络的兴起，越来越多的网络也开始探索其在图像检索中的应用。例如，He 等[25]提出使用对抗学习，在其模型中嵌入了一个模态分类器，用于预测编码特征的原始模态。Wang 等[26]和 Peng 等[27]也采用了类似的对抗性学习方法来约束表征学习过程。基于对抗学习的方法，可以有效地去除模态异构信息，从而使得模型学习到的特征向量更好地服务于跨模态检索任务。

　　虽然上述方法极大地促进了跨模态检索的发展，但是这些方法有一个共同的缺陷，即它们往往将输入的跨模态数据整体编码为高维特征，然后直接用这些特征去做下一步的跨模态检索。这种做法没有考虑到并不都是所有的编码特征向量中的信息都是有效信息，如这些特征可能包含冗余的上下文和模态相关的信息。这些信息为文本和图像匹配带来很多噪声，从而影响跨模态检索的准确性。在一些跨模态检索相关领域，特征解耦这一技术被用来改善这一问题。具体来说，特征解耦指的是一种无监督的学习技术，可以将特征分解成几个子变量，并将其编码为单独的维度。例如，Feng 等[28]提出了一种无监督语音特征学习模型，该模型应用了基于解耦的 VAE 模型来分解纯语音和说话者的语调特征。Lu 等[29]分别使用一个内容编码器和一个模糊内容编码器对模糊图像中的有效内容和模糊特征进行解耦，以达到对特定区域去模糊的处理。近期，在跨模态检索中，有学者提出首先通过最大化互信息来提取两种模态的全局输入特征，然后从输入特征中分离出模态专有特征，以减少它们对公共特征空间的影响学习。

2. 跨模态相似性度量方法

跨模态相似性度量方法和公共空间学习方法最大的不同之处在于，无须学习公共特征空间，而直接测量异构数据的相似性，如图 11.7 所示。

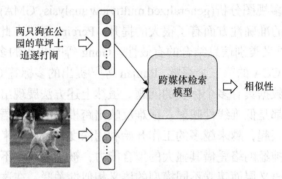

图 11.7　跨模态相似性度量方法图示

跨模态相似性度量方法主要包括基于图的方法(graph-based method)和近邻分析方法(neighbor analysis method)、相关反馈分析方法、多模态主题模型方法等。基于图的方法将跨模态数据当作一个或者多个图中的定点，然后采用图中的边来表示多媒体数据之间的关系。在实际应用中，基于图的方法存在耗费时间和空间的缺点。近邻分析方法也是基于图构造，可以在给定的图中分析寻找近邻。该方法利用近邻关系来度量相似性。在数据集中找到与查询相关的最近近邻以获得检索结果。这些近邻可以用于扩展查询，并充当处理数据集中查询的桥梁。在实际应用中，由于近邻分析方法是基于图构造的，因此它很难保证近邻之间的相对关系，查询结果鲁棒性低。此外，该方法也存在时间复杂度、空间复杂度高的问题。除上述两种方法外，还有相关反馈分析方法，旨在通过增加用户意图信息，从而对检索性能的提升进行辅助；还有多模态主题模型方法，旨在分析主题层面上的跨模态相关性，跨模态的相似度由计算条件概率来获得。上述两大跨模态检索方法的研究极大地推动了跨模态检索领域的发展。受益于现在丰富的多媒体数据和计算资源，深度学习方法取得了更好的检索效果，也受到了研究人员越来越多的关注。然而，不同模态之间的巨大差异，使得跨模态检索的准确率仍然不能让人满意。如何去除跨模态数据之间的异构鸿沟，从而学习到"与模态无关"的共享高级语义信息仍然是跨媒体检索领域的一大挑战。

11.5 多模态联合决策

不同的存在形式或信息来源均可称为一种模态。由两种或两种以上模态组成的数据称为多模态数据(多模态用来表示不同形态的数据形式,或者同种形态不同的格式,目前研究领域中主要是对图像、文本、语音三种模态的处理)。多模态数据是指对于同一个描述对象,通过不同领域或视角获取到的数据,并且把描述这些数据的每一个领域或视角称为一个模态。

人类对世界的体验是多模式的:看到物体,听到声音,感觉到纹理,闻到气味和尝到味道。模态是指某种事物发生或经历的方式,并且当研究问题包括多种这样的形式时,研究问题被描述为多模态。为了使人工智能在理解世界方面取得进展,它需要能够一起解释这种多模态信号。多模态联合决策[14]旨在构建可以处理和关联来自多种模态信息的模型,进而增强对场景刻画的完备性,其主要挑战包含表示、翻译、对齐、融合和共同学习。

(1) 表示:第一个基本挑战是学习如何以一种利用多种模态的互补性和冗余性的方式表示和汇总多模态数据。多模态数据的异构性使得构造这样的表示方法具有挑战性。例如,语言通常是象征性的,而音频和视频形式将被表示为信号。

(2) 翻译:第二个挑战是如何将数据从一种模式转换(映射)到另一种模式。不仅异构数据,而且模式之间的关系往往是开放的或主观的。例如,有许多正确的方法来描述一个图像,一个完美的映射可能不存在。

(3) 对齐:第三个挑战是确定来自两种或两种以上不同模式的(子)元素之间的直接关系。例如,可能希望将菜谱中的步骤与显示正在制作菜肴的视频对齐。为了解决这一挑战,需要度量不同模式之间的相似性,并处理可能的长期依赖性和模糊性。

(4) 融合:第四个挑战是连接来自两个或多个模式的信息来执行预测。例如,在视听语音识别中,将唇动的视觉描述与语音信号融合,预测语音单词。来自不同模式的信息可能具有不同的预测能力和噪声拓扑结构,其中至少有一种模式可能丢失数据。

(5) 共同学习:第五个挑战是在模态、模态的表示和模态的预测模型之间传递知识。这一点可以用协同训练、概念基础和零样本学习的算法来举例说明。协同学习探索了从一个模态中学习知识如何帮助在不同模态中训练的计算模型。当其中一种模式的资源有限(如注释数据)时,这一挑战尤其重要。

思 考 题

1. 简述多模态信息处理的意义。

2. 分析图像、语音和文本数据结构的区别及特征提取方式的异同。

3. 举例说明跨模态检索的难点。

4. 请详细阐明多模态联合决策的关键步骤。

5. 尝试建立一个基于人脸-声音多模态数据的身份认证系统。

参 考 文 献

[1] DALAL N, TRIGGS B. Histograms of oriented gradients for human detection[C]. IEEE Society Conference on Computer Vision and Pattern Recognition, San Diego, 2005: 886-893.

[2] LOWE D G. Object recognition from local scale-invariant features[C]. Proceedings of the Seventh IEEE Conference on Computer Vision, Seoul, 1999: 1150-1157.

[3] KRIZHECSKY A, SUTSKEVER I, HINTON G E. Imagenet classification with deep convolutional neural networks[C]. Proceedings of the 25th International Conference on Neural Information Processing Systems, Lake Tahoe, 2012: 1097-1105.

[4] KAREN S, ANDREW Z. Very deep convolutional networks for large-scale image recognition[C]. Proceedings of 3rd International Conference on Learning Representations, San Diego, 2015.

[5] SZEGEDY C, LIU W, JIA Y, et al. Going deeper with convolutions[C]. Proceedings of the IEEE Conference on Computer Vision and Pattern Recognition, Boston, 2015: 1-9.

[6] HE K, ZHANG X, REN S, et al. Deep residual learning for image recognition[C]. Proceedings of the IEEE Conference on Computer Vision and Pattern Recognition, Las Vegas, 2016: 770-778.

[7] ZHOU X, DANIEL G R, RAMANI D, et al. Linear versus Mel frequency cepstral coefficients for speaker recognition[C]. 2011 Workshop on Automatic Speech Recognition and Understanding, Hawaii, 2011: 559-564.

[8] MIKOLOV T, KARAFIAT M, BURGET L, et al. Recurrent neural network based language model[C]. Proceedings of the International Speech Communication Association, Makuhari, 2015: 1045-1048.

[9] LI C, WANG Z, RAO M, et al. Long short-term memory networks in memristor crossbar arrays[J]. Nature Machine Intelligence, 2019, 1: 49-57.

[10] LI G, DENG L, LU X, et al. Temperature based restricted Boltzmann machines[J]. Scientific Reports, 2016, 6(1): 1-12.

[11] DORIAN G, JUAN D. Bags of binary words for fast place recognition in image sequences[J]. IEEE Transactions on Robotics, 2011, 28(5): 1188-1197.

[12] VASWANI A, SHAZEER N, PARMAR N, et al. Attention is all you need[C]. Conference on Neural Information Processing Systems, California, 2017: 1-11.

[13] LIU S, QIAN S, CHEN Y, et al. HiT: Hierarchical transformer with momentum contrast for video-text retrieval[C]. Proceedings of the 2021th IEEE International Conference on Computer Vision, Montreal, 2021: 11895-11905.

[14] HOTELLING H. Relations Between Two Sets of Variates[M]. New York: Springer, 1992.

[15] CHAUDHURI K, KAKADE S M, LIVESCU K. Multi-view clustering via canonical correlation analysis[C]. Proceedings of the 26th Annual International Conference on Machine Learning, Montreal, 2009: 129-136.

[16] AKAHO S. A kernel method for canonical correlation analysis[C]. International Meeting of Psychometric Society, Osaka, 2001: 1-7.

[17] ANDREW G, ARORA R, BILMES J, et al. Deep canonical correlation analysis[C]. International Conference on Machine Learning, Atlanta, 2013: 1247-1255.

[18] RASIWASIA N, COSTA PEREIRA J, COVIELLO E, et al. A new approach to crossmodal multimedia retrieval[C].

Proceedings of the 18th ACM International Conference on Multimedia, Firenze, 2010: 251-260.

[19] SHARMA A, KUMAR A, DAUME H, et al. Generalized multiview analysis: A discriminative latent space[C]. 2012 IEEE Conference on Computer Vision and Pattern Recognition, Providence, 2012: 2160-2167.

[20] PEREIRA J C, COVIELLO E, DOYLE G, et al. On the role of correlation and abstraction in cross-modal multimedia retrieval[J]. IEEE Transactions on Pattern Analysis and Machine Intelligence, 2013, 36(3): 521-535.

[21] GONG Y, KE Q, ISARD M, et al. A multi-view embedding space for modeling internet images, tags, and their semantics[J]. International Journal of Computer Vision, 2014, 106(2): 210-233.

[22] RANJAN V, RASIWASIA N, JAWAHAR C. Multi-label cross-modal retrieval[C]. Proceedings of the IEEE International Conference on Computer Vision, Santiago, 2015: 4094-4102.

[23] ISOLA P, ZHU J, ZHOU T, et al. Image-to-image translation with conditional adversarial networks[C]. Proceedings of the IEEE Conference on Computer Vision and Pattern Recognition, Hawaii, 2017: 1125-1134.

[24] LEE K H, CHEN X, HUA G, et al. Stacked cross attention for image-text matching[C]. Proceedings of the European Conference on Computer Vision, Munich, 2018: 201-216.

[25] HE L, XU X, LU H, et al. Unsupervised cross-modal retrieval through adversarial learning[C]. 2017 IEEE International Conference on Multimedia and Expo, Hongkong, 2017: 1153-1158.

[26] WANG B, YANG Y, XU X, et al. Adversarial cross-modal retrieval[C]. Proceedings of the 25th ACM International Conference on Multimedia, California, 2017: 154-162.

[27] PENG Y, QI J. CM-GANs: Cross-modal generative adversarial networks for common representation learning[J]. ACM Transactions on Multimedia Computing, Communications, and Applications, 2019, 15(1): 1-24.

[28] FENG S, LEE T. Improving unsupervised subword modeling via disentangled speech representation learning and transformation[C]. Proceedings of the Conference of the International Speech Communication Association, Graz, 2019: 1-5.

[29] LU B, CHEN J C, CHELLAPPA R. Unsupervised domain-specific deblurring via disentangled repre-sentations[C]. Proceedings of the IEEE Conference on Computer Vision and Pattern Recognition, Long Beach, 2019: 10225-10234.